Feuer im Meer

Walter L. Friedrich

Feuer im Meer

Vulkanismus und
die Naturgeschichte der Insel Santorin

Spektrum Akademischer Verlag Heidelberg · Berlin · Oxford

Für Andreas und Michael

Anschrift des Autors:

Prof. Dr. Walter L. Friedrich
Geologisk Institut
Aarhus Universität
C. F. Møllers Allé 120
DK-8000 Århus C

Die Deutsche Bibliothek – CIP-Einheitsaufnahme

Feuer im Meer : Vulkanismus und die Naturgeschichte der Insel Santorin /
Walter L. Friedrich – Heidelberg ; Berlin ; Oxford : Spektrum, Akad. Verl., 1994
    ISBN 3-86025-191-0
NE: Friedrich, Walter L.

Lektorat: Merlet Behncke-Braunbeck
Produktion: Brigitte Achauer, Myriam Nothacker
Umschlaggestaltung: Kurt Bitsch, Birkenau
Gesamtherstellung: Aarhuus Stiftsbogtrykkerie, DK-Højbjerg

Spektrum Akademischer Verlag Heidelberg · Berlin · Oxford

EIN VERLAG DER *SPEKTRUM FACHVERLAGE GMBH*

Inhalt

Vorwort

Jules Verne schildert in seinem Science-Fiction-Roman *20 000 Meilen unter dem Meer*, wie das Unterwasserboot „Nautilus" plötzlich in den heißen Wasserstrom des Vulkans bei Santorin gerät. Kapitän Nemo und seine Mannschaft beobachten daraufhin fasziniert den Ausbruch auf Nea Kameni. Dort erleben sie das einmalige Naturspiel der Eruption des Georgios-Vulkans vom Jahre 1866.

Heute befindet sich der Georgios zwar in einem Zustand trügerischer Ruhe, er kann jedoch jederzeit wieder aufwachen. Die Touristen, die auf seinen schwarzen Lavafeldern in der glühenden Sonnenhitze herumklettern, merken nur an den heißen Dämpfen, daß der Vulkan noch „atmet". Auch heute noch kann man – fast wie zu Jules Vernes Zeiten – mit dem Schiff in das Innere des Vulkangebäudes der Santorin-Inselgruppe hineinfahren und die Innenwände eines riesigen Vulkankessels mit ihren bunten Gesteinen bewundern: Ein einzigartiger Einblick in die Geschichte unserer Erde bietet sich hier.

Doch nicht nur Erdwissenschaftler werden von dieser Vulkaninsel magisch angezogen. Auch für Archäologen ist der Vulkan eine Reise wert. Der oberste Rand der Kesselwand mit den malerischen Ortschaften verbirgt unter dem weißen Leichentuch aus Bimsstein die Reste einer bronzezeitlichen Kultur: ein Pompeji der Bronzezeit, das zur Zeit ausgegraben wird. Naturfreunde und geschichtlich Interessierte werden von der „phantastischen Insel" begeistert sein. Wenn es nach mir ginge, sollte man den Namen, den sie in der Antike trug, wieder benutzen: „Kalliste", die Schönste.

Åarhus, Juni 1994   Walter L. Friedrich

Danksagung

Das vorliegende Buch wäre nie zustandegekommen, wenn ich nicht von verschiedenen Seiten Unterstützung, Ratschläge und Ermutigung erhalten hätte. Mein Interesse an der Naturgeschichte von Santorin wurde schon während meines Studiums in Köln durch meinen späteren Doktorvater Professor Martin Schwarzbach, Köln, sowie Professor Hans Pichler, Tübingen, geweckt. Letzterem verdanke ich auch die erste Einführung in die Vulkangeschichte Santorins. Finanzielle Unterstützung erhielt ich von Carlsbergfondet, Kopenhagen, sowohl für die Geländearbeiten, die ich seit 1975 auf Santorin durchgeführt habe, als auch für den Farbdruck dieses Buches. Den griechischen Kollegen und besonders dem Geologischen Dienst in Athen (IGME) sei für die Forschungserlaubnis und für zahlreiche Diskussionen und Hinweise gedankt. Besonders möchte ich dem Direktor der Akrotiri Ausgrabung, Professor Christos G. Doumas, Athen, danken. Zu danken habe ich auch meiner Familie, die mich auf Santorin begleitet und meinen Arbeiten stets großes Interesse entgegengebracht hat. Freunde, Kollegen und Studenten, die mich bei meinen Feldarbeiten auf Santorin begleitet oder mir bei der Sammlung von verschiedenen Informationen geholfen haben, sei ebenfalls Dank gesagt. Dies waren cand. scient. Rud Friborg, Tønder, Professor Alfred Böttcher, Aachen, Professor Evangelos Velitzelos, Athen, Professor David Dilcher, Florida, der Ephoros der Kykladen Charalambos Sigalas und Hannelore Sigala, Fira, Dr. Horst Noll, Köln, die Professoren Sidsel Grundvig und Ole Bjørslev Nielsen, beide Århus, cand. scient. Ulrike Eriksen, Kiel, Dozent Dr. Asker Ken Pedersen und Dr. Lotte Melchior Larsen, Kopenhagen. Auf Santorin waren es besonders Katherina Gavala, Parthenios Gavalas und Natasha Koroneoy, denen ich für ihre Gastfreundschaft danken möchte. Es war mir eine besondere Freude, daß Professor Arne Noe-Nygaard bei zwei Reisen mit zu den Reisegefährten zählte. Alte Handschriften besorgte mir Pater Nicolas Kokkalakis, Fira. Bei der Reinschrift des Manuskriptes hat mir Mette Dybdahl geholfen, bei der Fertigstellung der Zeichnungen Andreas Friedrich und Grethe Nielsen. Für Übersetzungsarbeiten bin ich Ulla Viskum zu Dank verpflichtet, und für kritische Anmerkungen und Kommentare zum Manuskript möchte ich den Professoren Kirsten Søholm, Kirsten Gomard, Hans Dieter Zimmermann, alle Århus, Dr. Henrik Tauber, Kopenhagen, Dr. Bettina Klare, Bochum, sowie Dr. Horst Noll, Köln, danken. Hans Georg Hansen, Thomas Nordal und Leif Eriksen von der Firma Aarhuus Stiftsbogtrykkerie, Højbjerg, danke ich für die drucktechnische Beratung und die gelungene Fertigstellung des Buches. Das Titelbild hat freundlicherweise Dr. Kristján Sæmundsson, Reykjavik, zur Verfügung gestellt. Für die vorzügliche Betreuung sei auch Spektrum Akademischer Verlag, Heidelberg, und insbesondere Merlet Behncke-Braunbeck, Myriam Nothacker und Dr. Brigitte Achauer gedankt.

Einleitung

Vulkane prägen das Gesicht der Erde und beeinflussen direkt oder indirekt auch den Menschen. Man denke nur an die jüngsten Vulkanausbrüche wie zum Beispiel den des Pinatubo. Warum sind Vulkane auf bestimmte Gebiete konzentriert? Welchen Einfluß haben sie auf das Klima, die Oberflächenformen der Erde und die Vegetation? Fragen, die sich die Menschen seit Jahrtausenden stellen und die Forschungsfeld zahlreicher Wissenschaftler aus der Geologie, Archäologie, Botanik und Klimatologie sind. Dieses Buch befaßt sich mit der Entwicklungsgeschichte einer aktiven Vulkaninsel, mit Santorin. Kaum irgendwo sonst auf der Erde können wir so viel über vulkanische Prozesse lernen wie auf der griechischen Insel in der Ägäis. Wir finden dort Beobachtungsmaterial, das etwa zwei Millionen Jahre zurückreicht und es uns erlaubt, Veränderungen eines aktiven Vulkans genau zu verfolgen und uns ein Bild von den Verwüstungen zu machen, die er im Laufe der Zeit verursacht hat. Eines der zahlreichen Beispiele dafür ist der Minoische Ausbruch, die vermutlich größte Vulkankatastrophe der Bronzezeit. Durch ihn wurde die Entwicklung des Abendlandes entscheidend beeinflußt, da man sowohl den Niedergang der Minoischen Kultur als auch das Aufkommen der griechischen Schrift mit diesem Ereignis in Verbindung bringt. Ja sogar, ob die in der Bibel erwähnte Verfinsterung – eine der sieben Plagen von Ägypten – auf diese Eruption zurückzuführen ist, wird zur Zeit immer noch diskutiert.

Aber auch zur Erforschung und Aufklärung elementarer erdgeschichtlicher Zusammenhänge hat Santorin beigetragen. Die Naturereignisse übten bereits in alter Zeit eine solche Macht auf die Menschen aus, daß die Erinnerung an sie in unterschiedlicher Form, sei es als direkte schriftliche Überlieferung oder aber als Legende, noch bis in unsere Zeit hinein vernehmbar und analysierbar ist.

Geologisch gesehen hat Santorin eine einmalige Lage im Spannungsfeld zwischen Europa und Afrika, dort, wo die Kontinente zusammenstoßen und im Vulkanbogen neues Gestein hervorbringen. Santorin ist – zusammen mit einigen anderen Vulkaninseln – das Produkt dieser Kollision. Diese Vulkaninsel hat mit ihren Naturereignissen auch zur Entwicklung von geologischen Theorien beigetragen, zum Beispiel zu der Theorie über die Erhebungskrater, die Leopold von Buch zu Beginn des vergangenen Jahrhunderts aufstellte und dadurch die Fachgelehrten zu eifrigen Diskussionen über die Geologie von Santorin anregte. So schrieb etwa der berühmte Naturforscher Alexander von Humboldt in seinem „Kosmos" (1845): »Unter den Eruptions-Inseln, welche den Reihenvulkanen zugehören, ist Santorin die wichtigste«; und er fährt fort, indem er folgendes Zitat von Leopold von Buch übernimmt: »... Sie vereinigt in sich die ganze Geschichte der Erhebungs-Inseln.« Allerdings wurde diese Theorie später von anderen Santorin-Forschern widerlegt, da sie auf der falschen Angabe von Tournefort (1700) beruhte, daß vulkanische Kräfte das Eliasmassiv gehoben hätten.

Heute dagegen diskutiert man besonders den Themenkreis um die Plattentektonik, wie Vulkanismus und Mineralbildungen an Subduktionszonen. Es gibt kaum ein anderes Gebiet der Erde, das so intensiv untersucht und über das so viel geschrieben, aber auch gerätselt wurde. In der Informationsfülle gleicht Santorin einem Fraktal: Gleichgültig welche Wissensebene man gerade erforscht, es gibt noch weitere Details in anderen Ebenen. Für Naturwissenschaftler und Archäologen ist es ein wahres Eldorado, das nur in enger Zusammenarbeit erforscht werden kann. Es ist, als ob man mit Santorin ein natürliches Experimentierfeld vor sich hat, in dem fast alle Disziplinen der Naturwissenschaften ihr eigenes Labor haben: Geophysiker können sich hier über die Struktur der Erdkruste, der Lithosphäre, informieren, Gesteinskundler diese Informationen durch chemische Einzelheiten ergänzen und die Zusammensetzung des Magmas ermitteln; Paläontologen können das Alter der Schichten bestimmen und den ehemaligen Lebensraum mit seiner Fauna und Flora rekonstruieren. So bietet Santorin dem interessierten Naturforscher zahlreiche Möglichkeiten, wie durch ein Fenster in die Vergangenheit unserer Erde zu blicken.

Einmalig und faszinierend ist auch Santorins Landschaft: Gleich einer Zirkusmanege, umgeben von der kreisförmigen Zuschauertribüne, kennen die Bewohner seit altersher die Caldera (spanisch für „Kessel") von Santorin. Inzwischen wissen wir, daß schon in der Bronzezeit die Inseln Thera, Therasia und Aspronisi einen ähnlichen Ring wie heute gebildet haben und man von den besiedelten Rändern einen vorzüglichen Blick auf den tief unten liegenden Schauplatz hatte.

Santorin – auch Kallisti oder Thera genannt – befand sich bereits in der Antike im Zentrum alter Kulturen. Zwischen dem griechischen Festland, Kreta, Kleinasien und Ägypten gelegen, konnte Santorin kulturelle Impulse empfangen und schnell aufgreifen. Und umgekehrt wurden auch alle Veränderungen in diesem Zentrum von den Nachbarn registriert und der Nachwelt überliefert. Nehmen wir die Entstehung der Insel Hiera im zweiten vorchristlichen Jahrhundert als Beispiel: Da dieses Ereignis von den damaligen Schriftgelehrten aufgezeichnet und der Zeitpunkt genau beschrieben wurde, können wir heute leicht errechnen, wann sie entstand: »Es war im vierten Jahre der 145sten Olympiade, als Phillip III. mit den Römern einen Waffenstillstand einging, als sich zwischen Thera und Therasia eine neue Insel bildete, die man Hiera nannte und auf der die Rhodier, die damals die Seeherrschaft hatten, dem Poseidon Asphalios einen Tempel erbauten«, wie wir von Strabo (66 vor Christus – 24 nach Christus) in seinem Werk *Geographica* (1.3.16) erfahren. Ganz ähnliche Berichte über vulkanische Ereignisse bei Santorin (Thera und Therasia) haben wir auch von anderen Autoren. So berichten zum Beispiel Pindar, Herodot, Kallimachos, Apollonios Rhodios, Seneca, Plinius der Ältere, Orosius, Dio Cassius, Plutarch, Pausanias, Justinus, Eusebius und Ammianus Marcellinus über vulkanisches Geschehen in diesem Gebiet, Schriftsteller, die aus der Kulturgeschichte des Abendlandes bekannt sind. Das Entstehen einer neuen Insel war für die Menschen der damaligen Zeit – und ist es auch heute noch – ein so gewaltiges, ja göttliches Ereignis, daß man darüber berichtete. Die griechischen Namen *Hiera*, die Heilige, und *Thia*, die Göttliche, die man den neuen Inseln bei Thera und Therasia gab, sind deutliche Beispiele hierfür. So ist die Faszination, die von solchen Naturereignissen ausging, auch heute noch in den Schriften von Seneca über die Inselbildung in der Ägäis zu verspüren, wo er sich verwundert fragt, wie es zugehen kann, daß Feuer im Meer nicht erlischt, selbst wenn es von ungeheuren Wassermassen bedeckt wird. »Verwunderung der Seefahrer« ist auch im Bericht von Justinus (*Trogi Pompei*, 30.4.4) zu vernehmen, der im zweiten Jahrhundert nach Christus lebte und ebenfalls über die Entstehung von Hiera berichtete.

Ein weiteres Beispiel ist die Atlantislegende, die uns Platon in den Dialogen „Kritias" und „Timaios" überliefert hat. In ihr wird der Untergang einer Insel mit blühender Kultur geschildert. Einige Forscher glauben im Kern dieser Legende den Minoischen Ausbruch der Bronzezeit erkennen zu können, der Santorin ein ganz ähnliches Schicksal zuteilte.

Die Vorstellung über die Entstehung dieses Inselkomplexes hat sich im Laufe der Zeit gewandelt. Im Altertum sah man in den Göttern jene Mächte, welche die Vorgänge auf unserer Erde steuerten. Zum Beispiel herrschte Poseidon über Meere und Erdbeben. Ein Vulkanausbruch war ein deutliches Zeichen der Götter, so auch beim Ausbruch 46 nach Christus, als in der Nacht der Achthundertjahrfeier Roms eine totale Mondfinsternis herrschte, sich der Vogel Phoenix aus Arabien zeigte und Flammen in der Ägäis die Geburt einer neuen Insel verkündeten. Diese Häufung von bösen Omen konnte nur eine Bedeutung haben: Der Untergang des Römischen Reiches war nahe, wie Aurelius Victor im vierten Jahrhundert nach Christus in seinem Werk *Historiae Abbreviatae* berichtet.

Auch in christlicher Zeit deutete man verheerende Vulkanausbrüche als Zeichen von Gottes Zorn über die Untaten der Menschen. Diese schicksalhafte Bedeutung mißt man zum Beispiel dem Ausbruch von 726 nach Christus auf Palaea Kameni zu, der den Anstoß zur Krise zwischen Rom und Konstantinopel gab. Heute dagegen sind die Menschen ganz auf die Wissenschaft fixiert: Man glaubt den Vorhersagen von Statistikern über kommende Ausbrüche, und viele vertrauen blind den Fähigkeiten der Spezialisten, rechtzeitig mitzuteilen, wann sich wieder eine Katastrophe anbahnt. Doch ob die göttlichen Mächte sich an diese Statistik halten, ist ungewiß.

Am Beispiel von Santorin soll in diesem Buch die Entwicklungsgeschichte einer aktiven Vulkaninsel dargestellt werden. Besonderes Gewicht wird hierbei auf die Vielzahl und Verschiedenheit der vulkanischen Ereignisse gelegt, die sich seit dem Oberpliozän, also vor etwa zwei Millionen Jahren, an der Grenzzone zwischen der Europäischen und der Afrikanischen Lithosphärenplatte abgespielt haben und auch heute noch wirksam sind. Auch auf paläontologische Befunde sowie die ersten menschlichen Besiedlungsspuren wird eingegangen. Der Schwerpunkt des Buches liegt auf der Analyse des Minoischen Ausbruchs, der die blühenden bronzezeitlichen Siedlungen auf Santorin unter einem riesigen Leichentuch aus vulkanischen Aschen begrub und der Nachwelt ein prähistorisches Pompeji hinterließ.

Teil 1

Der geologische Aufbau

»Dasselbe geschah in unserer Zeit noch einmal im Konsulat des Valerius Asiaticus. Und wozu erzähle ich das? Es sollte deutlich werden, daß das Feuer weder durch das darüber hinströmende Meer verlöschte noch daß das Gewicht der ungeheuren Wassermasse sein machtvolles Hervorbrechen zu hindern vermochte. Asklepiodotos, der Schüler des Poseidonos, überliefert, es sei eine Tiefe von 200 Fuß gewesen, aus der das Feuer durch das zerteilte Wasser emporbrach«
(Seneca, *Naturales Quaestiones*, 2. 26.6).

Seneca lebte im ersten nachchristlichen Jahrhundert. Er war Philosoph am Hof von Kaiser Nero in Rom.

1.0 Die Stadt Oia liegt im Norden von Thera, der Hauptinsel der Santorin-Inselgruppe, ganz oben an der steilen Calderawand. Vom Meer erreicht man Oia über die im Bild sichtbare steile Treppe oder über die Fahrstraße vom Hafen Athinios aus. Das Erdbeben vom 5. Juli 1956 zerstörte Oia, aber heute ist der größte Teil bereits wieder aufgebaut.

1

Santorins Geographie

Die Vulkaninsel Santorin in der Ägäis hat in den letzten Jahrtausenden nicht nur ihr Aussehen, sondern auch ihren Namen mehrfach gewechselt. Die alten Griechen nannten sie **Kalliste** – die Schönste.

Die Inselgruppe von Santorin gehört zum Kykladen-Archipel, der in der südlichen Ägäis liegt und aus unzähligen Inseln und Klippen besteht (Abbildung 1.1). Sie liegt etwa 120 Kilometer nördlich von Kreta und ist die schönste Insel Griechenlands, jedenfalls wenn wir dem alten Namen Kallisti aus der Antike Glauben schenken wollen. Ursprünglich war Santorin einmal eine mehr oder weniger runde Vulkaninsel mit mehreren Vulkanen, die ihre Aschen, Schlacken und Laven über einen alten Gebirgskern aus nichtvulkanischen Gesteinen drapiert hatten. Vor der katastrophalen Minoischen Eruption der Bronzezeit bildete die Inselgruppe noch einen zusammenhängendes ringförmiges Vulkangebäude, das im folgenden *Ringinsel* genannt werden wird. Eine ähnliche Bezeichnung, nämlich *Stronghyle*, was auf griechisch „rund" bedeutet, hatten die Geologen in den letzten Jahrzehnten für diesen Inselkomplex verwendet. Der Name soll nach Galanopoulos und Bacon (1969) aus der Antike überliefert sein. Dies stimmt zwar, allerdings ist eine Textstelle bei Plinius, der von 24–79 nach Christus lebte und übrigens beim Ausbruch des Vesuv 79 umkam, nicht eindeutig auf Thera (Santorin) zu beziehen. Plinius (*Naturalis Historiae* I.III.94) sagt nämlich: »Zwischen ihr und Sizilien liegt eine andere (Insel), früher Therasia genannt, jetzt Hiera, weil sie dem Volcanos heilig ist, da auf ihr ein Berg nächtliche Flammen ausspeit. Die dritte ist Stronghyle, von Lipara sechs Meilen nach Sonnenaufgang entfernt, auf der Aiolos herrschte ...« Zwar nennt Plinius Therasia und Hiera im ersten Satz, aber hier ist vermutlich die heutige Insel Volcano gemeint, die zu den Äolischen Inseln gehört, und nicht die gleichnamigen Inseln der Santoringruppe. Der Name Stronghyle (gesprochen: Strongili) bezieht sich ebenfalls auf einen Vulkan der Äolischen Inselgruppe, nämlich den Stromboli, was auch aus den weiteren Einzelheiten dieses Textes hervorgeht.

In der Bronzezeit zerstörte jedoch eine riesige Eruption die Ringinsel, so daß heute nur noch Reste davon übrig sind, die sich um einen meergefüllten Innenbereich gruppieren. Der Rand der Caldera wird aus den Resten der alten Ringinsel Thera, Therasia und Aspronisi gebildet, deren Gesteine noch aus der Zeit vor der riesigen Minoischen Eruption der Bronzezeit stammen. Außerdem liegen in der Mitte der Caldera zwei weitere Vulkaninseln, die Palaea Kameni und Nea Kameni genannt werden. Sie sind bedeutend jünger als die Reste der ehemaligen Ringinsel, denn sie entstanden erst in historischer Zeit und sind auch heute noch aktiv (Abbildung 1.2). Trotz der bescheide-

nen Fläche der Hauptinsel Thera von nur 75,8 Quadratkilometern (Tabelle 1.1) und einer Einwohnerzahl von 7083 (1985) ist die Insel ein Zentrum des internationalen Tourismus und wird jährlich von mehreren Tausend Touristen besucht. Die größte Attraktion der Insel ist die Ausgrabung der bronzezeitlichen Siedlung bei Akrotiri, die in der Saison täglich bis zu 2 000 Besucher hat.

Tabelle 1.1: Santorin (Thera und Therasia) verglichen mit den anderen großen Inseln der Kykladen (nach National Statistic Service of Greece 1990):

Insel	Fläche (km²)	Einwohner	Einwohner km²	Höhe über N.N.
Naxos	428,1	14 037	32,8	1 004
Andros	379,7	9 020	23,8	994
Paros	194,3	7 881	40,5	771
Tinos	184,2	7 730	39,8	713
Milos	150,6	4 554	30,2	751
Kea	130,6	1 648	12,6	570
Amorgos	120,7	1 718	14,2	822
Ios	107,8	1 451	13,5	732
Kythinos	99,3	1 502	15,1	368
Mykonos	85,5	5 503	64,4	392
Syros	83,6	19 668	235,3	442
Thera	75,8	7 083	93,4	566
Therasia	9,3	245	0,038	295
Serifos	73,2	1 133	15,5	586
Sifnos	73,2	2 087	28,5	680

Klimatisch gesehen liegt Santorin in der Zone der mediterranen Winterregengebiete mit ausgeprägt trockenen Sommern und feuchten Wintern. Im Sommer herrschen im östlichen Mittelmeergebiet Nordwinde, die Etesien (griechisch *meltemi*), vor, die als willkommene Erfrischung in der glühenden Sommerhitze begrüßt werden. Die Sonne scheint etwa 3 250 Stunden jährlich. Die Wintermonate sind von Stürmen und heftigen Gewittern geprägt, und in den höheren Lagen kann sogar Schneefall vorkommen (Abbildung 1.3).

Thera – die Hauptinsel Santorins

Thera ist der größte Rest der ehemaligen Ringinsel. Sie hat einen halbmondförmigen Umriß und enthält in ihrem Kern die ältesten Gesteine der Inselgruppe: Es sind dies die Reste des nichtvulkanischen Kykladenmassivs, die bei Profitis Elias mit 565 Metern Höhe auch die höchsten Erhebungen von Santorin bilden.

1.1 Das Satellitenbild vom 6. September 1977 zeigt Kreta (unten), Santorin (oben, in der Mitte) und weitere Inseln in der Ägäis. Die Entfernung Kreta-Santorin beträgt etwa 120 Kilometer.

1.2 Die wassergefüllte Caldera von Santorin hat eine Größe von etwa 84 Quadratkilometern. In ihrer Mitte liegen die beiden Vulkaninseln Palaea Kameni (links) und Nea Kameni.

Dieser alte, aus metamorphen Gesteinen bestehende Komplex setzt sich nach Westen im Rücken bei Pirgos und am Calderarand in einem Streifen bei Athinios und Kap Plaka fort. Auch der Platinamos-Rücken, der noch heute mit einigen Windmühlen gekrönt ist, besteht aus diesen alten Gebirgsteilen. Im Osten ragt mit etwa 20 Metern in der Nähe des Flughafens ein kleiner Kalkfelsen empor, der treffend *Monolithos* (griechisch *monos* für „ein", *lithos* für „Stein") genannt wird. Er bildete vor dem Minoischen Ausbruch noch eine Insel, die dann durch die Ausbruchsmassen der Minoischen Eruption mit Thera verbunden wurde.

Außer den oben genannten Relikten aus der vorvulkanischen Periode Santorins findet man auch Berggebiete, die aus Vulkaniten bestehen. Sie haben den größten Anteil auf Thera. Im Norden sind dies die Vulkankegel Megalo Vouno (330 Meter), Kokkino Vouno (283 Meter) und Mikros Profitis Elias (314 Meter), die aus Laven, Aschen und Schlacken aufgebaut sind.

Die Hauptstadt der Insel ist Fira (Phira). Sie krönt den Calderarand mit ihren malerischen weißen Häusern und Kirchen. Von dem kleinen Hafen bei Katofira ist sie über eine mehrfach gewundene Treppe und seit einigen Jahren auch über eine Seilbahn zu erreichen.

Der eigentliche Hafen, den auch größere Schiffe anlaufen können, liegt weiter im Süden bei Athinios (Abbildung 1.4). Im Norden befinden sich die Ortschaften Oia, die auch Apanomeria genannt wird (Abbildung 1.0), und Phönikia. Zentral auf der Insel liegen Karterados und Messaria, Pirgos, Vothonas, Exo Gonia, Megalochorion sowie Emporion, im Westen an der Außenseite der Insel die Ortschaften Kamari und Perissa und im Süden der Ort Akrotiri. Seit etwa 1977 gibt es auch einen Flughafen auf Thera, der in der Nähe von Monolithos angelegt wurde.

Therasia – das kleine Thera

Den nordwestlichen Teil des Inselkranzes bildet die Insel Therasia, das „kleine Thera", die auch schon in der Antike so genannt wurde. Sie besteht ausschließlich aus vulkanischen Gesteinen, die bei Viglos Vouno die Höhe von 295 Metern erreichen. Die größte Ortschaft ist Manolas, die oberhalb des Hafens Corfos am Rande der Caldera liegt. Von der Anlegestelle erreicht man Manolas über eine steile, mehrfach gewundene Treppe und neuerdings auch auf der neuen Fahrstraße von Riva her, der Anlegestelle im Nordwesten der Insel. Der Ort Potamos liegt nicht weit von Manolas entfernt, versteckt in einer Erosionsrinne, die in der Regenzeit des Winters einen Bach (griechisch *potamos*) führt. Bis zum Erdbeben von 1956 gab es noch die Ortschaft Agrila, die aber heute verlassen ist. Das Kloster Kimisi an der Südspitze von Therasia ist nur wenige Tage im August zum Fest der Muttergottes bewohnt.

Aspronisi – die weiße Insel

Wie der griechische Name Aspronisi (*aspros*, „weiß", *nisos*, „die Insel") schon besagt, ist diese kleine Insel weiß. Sie ist wie Thera und Therasia von den weißen Bimsmassen der Minoischen Eruption bedeckt. Aspronisi ist unbewohnt und trotz ihrer geringen Höhe von etwa 60 Metern nur schwer zugänglich.

Die Kameni-Inseln

Die „Alte Verbrannte", wie der Name Palaea Kameni zu übersetzen ist, entstand erst nach der Minoischen Eruption. Wahrscheinlich begann hier die Vulkanaktivität erst wieder im Jahre 197 vor Christus, wie wir aus verschiedenen schriftlichen Quellen wissen (siehe Kapitel 12). Palaea Kameni ist – mit Ausnahme von einem Ziegenhirten und seiner Herde – heute unbewohnt. Palaea Kamenis Umriß und ihre Morphologie verraten, daß sie einmal bedeutend größer war. Dies bezeugt zum Beispiel die steile Abbruchkante an der Nordostseite. Vergleicht man die Insel mit der gleichmäßiger geformten Nea Kameni, so gewinnt man den Eindruck, daß von Palaea Kameni nur noch ein kleiner Rest übrig geblieben ist. Der größte Teil verschwand vermutlich in den ersten Jahrhunderten nach Christus oder im frühen Mittelalter in der Tiefe der Caldera. Ferner erkennt man unmittelbar auch an der Vegetation, den Lavatypen und dem Grad der Erosion durch Wind und Meer, daß die Insel aus Teilen mit unterschiedlichem Alter besteht. Der alte Teil entstand vermutlich in zwei Eruptionsphasen: In der ersten Phase bildete sich eine Lavazunge im Nordosten und in der zweiten eine Aufwölbung von Lava, ein Lavadom, im zentralen Bereich (Abbildung 1.5). Außerdem ragt der alte Teil höher aus dem Meer heraus und ist nach Süden hin abgeschrägt. An seiner Oberfläche klaffen mehrere Spalten, die parallel zur steilen Abbruchkante im Nordosten verlaufen. Der junge Teil fällt sofort durch sein ganz anderes Ausse-

hen auf: Er ist flacher und besteht aus einer pechschwarzen, glasig glänzenden Blocklava. Dieses flache Lavafeld an der Nordostseite, an der sich auch die Kirche Agios Nikolaos und eine kleine Anlegestelle für Boote befinden, entstand vermutlich bei der Eruption im Jahre 726. Palaea Kameni erreicht eine Höhe von 103 Metern in ihrem alten Teil.

Die „Neue Verbrannte" (Nea Kameni) ist die jüngste Vulkaninsel in der Caldera. Sie entstand erst 1707 durch die Verschmelzung der neuen Ausbruchsmassen mit der bereits früher entstandenen Mikra Kameni. Ihr fast kreisrunder, gleichförmig gestalteter Schild baut sich aus Laven, Schlacken und Aschen auf. Der Georgios, am höchsten Punkt der Insel (124 Meter) gelegen, ist der markanteste Krater. An seinem Rand gibt es auch heute noch Solfataren und Fumarolen, also Gasaustritte von Schwefelwasserstoff und Wasserdampf.

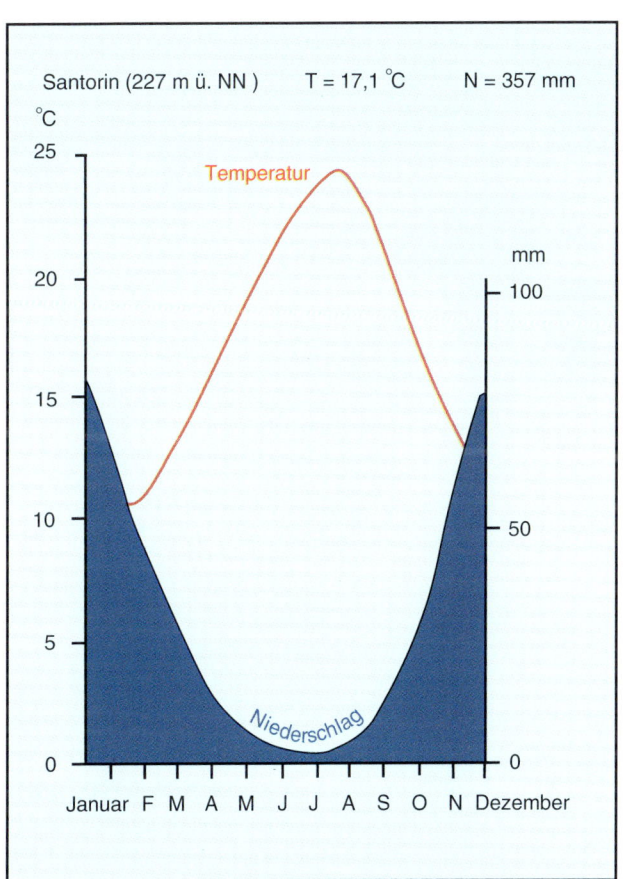

1.3 Santorin hat ausgesprochen warme Sommer und stürmische, feuchte Winter. Das Klimadiagramm von Santorin enthält außerdem Angaben über die mittlere Jahrestemperatur (T), die maximalen Niederschläge (N) sowie über die Höhe der Meßstation Fira über dem Meeresspiegel. Rot: Temperaturkurve. Blau: Niederschläge.

1.4 Etwa 220 Meter über dem Meer liegt die Hauptstadt Fira, dicht am Calderarand. Sie ist im obersten Teil des Bildes zu sehen. Man erreicht sie über eine steile Treppe zu Fuß oder auf dem Maulesel reitend vom Hafen aus. Seit einigen Jahren gibt es auch eine Seilbahn. Der kleine Hafen unterhalb des Ortes kann nur von Booten und kleineren Schiffen angelaufen werden. Größere Schiffe legen an einer Boje an, die einige hundert Meter vom Hafen entfernt in der Caldera verankert ist. Wegen der enormen Tiefe der Caldera können sie nämlich nur dort anlegen. Die Passagiere steigen auf kleinere Boote um und werden an Land gebracht. Ein größerer Hafen, zu dem eine steile Fahrstraße hinunterführt, liegt bei Athinios. Er ist unten im Bild zu sehen.

Die Caldera – der große Zentralkessel

Der von den Inseln Thera, Therasia und Aspronisi ringförmig umkränzte Meereskessel, die Caldera, hat eine Ausdehnung von 84,5 Quadratkilometern. Tiefenlotungen zeigen, daß der Calderaboden nicht einheitlich gestaltet ist, sondern aus vier Teilbecken besteht. Die größte Tiefe wird im nordöstlichen Teilbecken mit fast 400 Metern unter dem Meeresspiegel erreicht. Vermutlich wurde dieses Teilbecken durch die Minoische Eruption gebildet, während die anderen Teilbek-ken bereits vorher entstanden waren (siehe Kapitel 11). Wenn man sich die Caldera einmal ohne Wasser vorstellen würde, so könnte man vom Vulkan Megalo Vouno aus in ein über 700 Meter tiefes Loch sehen.

1.5 Der alte Teil der in der Caldera liegenden Vulkaninsel Palaea Kameni endet im Nordosten abrupt an einer Steilwand. Dort sieht man den Querschnitt durch einen Lavadom, der wie eine auf dem Kopf stehende, durchgeschnittene Zwiebel aussieht. Der schalige Aufbau des Domes entstand durch Schrumpfrisse, die sich beim Abkühlen der zähflüssigen Lava bildeten.

Santorin, eine Insel mit vielen Namen

Kaum eine andere Insel in Griechenland ist so oft in Sagen und Mythen erwähnt wie Santorin. Schon aus den ältesten schriftlichen Berichten hört man Wissenswertes von dieser interessanten Inselgruppe, die im Laufe der Zeit nicht nur ihr Aussehen, sondern auch ihren Namen mehrfach geändert hat. Immer wenn sich etwas Dramatisches, wie ein Vulkanausbruch oder das Auftauchen einer neuen Insel, in diesem Gebiet ereignete, hat dies einen tiefen Eindruck bei der Bevölkerung hinterlassen und wurde den Nachkommen schriftlich oder mündlich überliefert. Die Namen, die in solchen Quellen auftauchen, bezogen sich auf den gesamten Inselkomplex oder aber nur auf einzelne Inseln. Santorin wurde seit der Steinzeit von Völkern aus dem Inselreich der Kykladen, von Kreta und vom Festland besiedelt. Und nach dem gewaltigen Minoischen Ausbruch waren es Ionier, Spartaner, Ptolemäer, Römer, Byzantiner, Franken und Türken, die die Inselgruppe eroberten und bewohnten. Sie alle haben ihre Spuren in der Geschichte, den Sagen und Bauwerken auf der Insel hinterlassen. Die Namensliste reicht von Filotera, Kalauria, Teusia, Kalliste, Stronghyle, Thera und vielleicht auch bis zu Platons sagenumwobenem Atlantis, jener Insel, die Poseidon selbst erschuf (Abbildung 1.6). Für die nach dem großen Bimsausbruch von 1645 vor Christus entstandenen Inseln in der Caldera wurden Namen wie Hiera, Thia, Palaea, Mikra und Nea Kameni gefunden.

Die älteste Erwähnung des Namens *Thera* finden wir bei Pindar (522–441 vor Christus) in der vierten *Pythischen Ode* (Vers 10). Er ist es auch, der den Namen Kalliste, die Schönste, (Vers 258) überliefert. In dieser Ode wird über den Argonautenzug und die Entstehung der Insel *Thera* aus der Erdscholle von *Libyen* berichtet.

Den gleichen Sachverhalt bringt auch Kallimachos (um 250 vor Christus), dessen Dichtungen nur fragmentarisch überliefert sind. Aber auch Apollonius

Rhodius (3. Jahrhundert vor Christus) beschreibt in der *Argonautica* jenes Ereignis, bei dem offenbar die Götter ihre Hand mit im Spiel hatten: So werden besonders Poseidon und seine Familie mehrfach in den alten Sagen in Verbindung mit Thera genannt: Auf der Heimfahrt der Argonauten erhielt Euphemos (Euphamos), der Sohn Poseidons, in Libyen von Triton eine weiße Erdscholle als Gastgeschenk, die er nach der Abfahrt von Anaphe, durch ein „Zeichen mit dem Donner" gemahnt, ins Meer warf und aus der sich dann die Insel Kalliste, die Schönste, bildete, welche man später Thera nannte (Apollonios Rhodius *Argonautica*, 4. 1550f, 1730f). Dieser Name geht auf den Heerführer Theras, den Sohn von Autesion aus Sparta,

1.6 In der antiken Stadt Thera auf dem Mesa Vouno findet man den Themenos des Artemidoros, einen geweihten Bezirk, mit Altären, Denkmälern und Reliefs, den Artemidoros, Admiral der ptolemäischen Flotte etwa 280 vor Christus errichten ließ. Neben seinem eigenen Porträt findet man dort Apollon, Poseidon und Zeus, repräsentiert in den Symbolen Löwe, Delphin und Adler. Poseidon ist auch in der Literatur mehrfach in Berichten über Kalliste und Thera erwähnt. Kadmos erbaute ihm einen Tempel, wie Herodot berichtet. Auch als die Insel Hiera 197 vor Christus aus dem Meer auftauchte, ehrten die Rhodier ihn durch den Bau eines Tempels. In Platons Atlantis-Sage, die einige Forscher mit Santorin in Verbindung bringen, tritt ebenfalls Poseidon auf. Der Delphin hat eine Länge von etwa einem Meter, und über ihm ist eine Inschrift in den Fels gemeißelt.

Die älteste Überlieferung des Namens *Thera* findet man in der vierten *Pythischen Ode* von Pindar, der 522 – 441 vor Christus lebte. In der deutschen Übersetztung von Ludwig Wolde 1958, Seite 77, heißt es:

»Ja, daß Thera großer Stätte Mutterstadt werde, verbürgt ein Pfand das an des Tritonsees' Ausgang dazumal Euphamos nahm.
Vom Bug stieg er nieder, da gab ihm der Gott, der Menschenansehn
Trug, als Gastgeschenk ein Stück der Krume, ein glückkündend Zeichen mit dem Donner.«

In der gleichen Ode wird auch der Name Kalliste, die Schönste, erstmalig genannt (Vers 258, Seite 91):
»Sie
Zogen zu lakeidaimonischer Männer Sitzen; als dann
Reif ihrer Stunde, zum Eiland, das ehedem „Die Schönste" hieß.«

zurück, der Siedler nach Kalliste führte, wie Herodot (484–424 vor Christus) berichtet (Herodot, Buch IV, Seite 147 in der deutschen Übersetzung): »Nun lebten auf der Insel, die jetzt Thera genannt wird, früher aber Kalliste, Nachkommen des Membliaros, des Sohnes des Poikiles, eines Phöniziers. Kadmos nämlich, der Sohn des Agenor, landete auf der Suche nach Europa auf der jetzt Thera genannten Insel. Als er dort angelegt hatte – ob ihm der Platz gefiel oder ob er es sonst gern tun wollte – kurz, er läßt auf der Insel sonst noch Phönizier zurück und so denn auch einen seiner Verwandten, Membliaros. Die bewohnten jene Kalliste schon viele Menschenalter, acht bis zur Ankunft des Theras aus Lakedeimona.« Aus dieser Textstelle erfahren wir auch über Kadmos, der die von Zeus entführte Europa suchte, und somit ergibt sich eine Verbindung zu einer der ältesten griechischen Legenden überhaupt: Agenor, der Sohn von Lybia und Poseidon, verließ Ägypten und ließ sich im Lande Kanaa nieder, wo er Telephassa heiratete. Diese gebar ihm fünf Söhne (Kadmos, Phoenix, Cilix, Thasus, Phineus) und eine Tochter, Europa. Zeus verliebte sich in Europa und, in einen Stier verwandelt, nahm er Europa auf seinen Rücken und schwamm davon. Aus der Vereinigung von Europa und Zeus entstammen Minos, Rhadamanthys und Sarpedon. Nach dem Verschwinden von Europa hatte ihr Vater, Agenor, seine Söhne ausgeschickt, um nach ihr zu suchen. Er befahl ihnen, nicht ohne Europa zurückzukommen. Da sie nicht wußten, in welche Richtung der Stier geschwommen war, beschlossen sie, jeder solle einen anderen

Weg nehmen. Einer von ihnen, Kadmos, begleitet von seiner Mutter Telephassa, segelte erst nach Rhodos und dann nach Thera, wo er Poseidon durch einen Tempel ehrte.

Aber auch in einer anderen Sage ist der Göttervater Zeus mit Santorin verknüpft. So ist das heutige Aussehen der Insel auf den Kampf zwischen Zeus und den Titanen zurückzuführen: Als er die fliehenden Titanen endgültig vernichten wollte, griff er mit seiner mächtigen Hand in die Eingeweide von Santorin, riß den Mittelteil heraus und schleuderte ihn den Titanen nach. Heute erkennt man tatsächlich – zumindest nach Durazzo-Morosini (1936) – noch die Umrisse seiner riesigen Hand. So sieht man vier kleine Buchten an der Innenseite von Thera (zwischen Oia und dem Skaros-Felsen, zwischen diesem und Fira, zwischen Fira und Athinios und schließlich zwischen Athinios und Balos), die den vier Fingern einer rechten Hand entsprechen, deren Daumen die Durchfahrt zwischen Akrotiri und Therasia eindrückte.

Spuren aus jener Hellenistischen Periode, in der diese Sagen und Berichte niedergeschrieben wurden, sind noch heute in den Ruinen der antiken Stadt Thera auf dem Mesa Vouno sichtbar, die der deutsche Archäologe Friedrich Hiller von Gärtringen um die Jahrhundertwende ausgegraben und beschrieben hat (Abbildung 1.7). Hier begegnen uns auch Zeus, Apollon und Poseidon im Heiligtum des Artemidoros, die gleichen Götter also, die auch bei Pindar in der vierten Pythischen Ode in Verbindung mit der Gründung von Thera genannt werden. So sieht man an der Felswand als Relief Adler, Löwe und Delphin, die diese Götter symbolisieren. In zahlreichen Schriften der Antike ist der Name Thera in verschiedenen Zusammenhängen zu finden, meist jedoch in Verbindung mit Naturereignissen, wie in Kapitel 12 noch näher dargestellt werden wird. So erfährt man zum Beispiel von Plinius dem Älteren, daß Thera damals eines der wichtigsten Liefergebiete des aus Krokussen gewonnenen Safran war.

Heute verwendet man den Namen Thera nur für die Hauptinsel. Er kommt ebenfalls im Namen Therasia vor. Der heute gebräuchliche Name Santorin oder Santorini stammt aus der Zeit der Kreuzzüge, als 1204 Konstantinopel erobert wurde. So übergab damals der Eroberer des Archipels Marco Sanudo dem Venezianer Iacomo Barozzi Thera und Therasia. Seine Nachkommen behielten die Inseln bis 1336. Von dieser Zeit an wurde Santorin in das Herzogtum Naxos einbezogen, nur unterbrochen in der Zeit von 1479–1487 von dem Venezianer Domenico Pisani. Die Venezianer hatten

1.7 Der Adler symbolisiert den Göttervater Zeus im Heiligtum des Artemidoros auf dem Mesa Vouno. Eine Inschrift neben dem Relief, die Hiller von Gärtringen (1936) übersetzte, hat folgenden Text: »Dem Zeus Olympios. Einen Adler, den hochfliegenden Boten des Zeus, hat Artemidoros für alle Zeiten der Stadt und den unsterblichen Göttern gestiftet.« Der Adler ist etwa 50 Zentimeter lang.

auf Therasia eine Anlegestelle bei Riva. Dort errichteten sie auch eine Kapelle zu Ehren der Hagia Eirene (Heilige Irene), die am 23. März 303 in Thessaloniki den Märtyrertod erlitten hatte. Man findet den Namen *Sant-Erini* in einigen alten Karten, so auch in der von Tournefort, der Santorin im Jahre 1700 besuchte.

Den Namen Santorin benutzt man heute mehr und mehr als Bezeichnung für den gesamten Vulkankomplex, der ja vor dem Minoischen Ausbruch eine zusammenhängende Ringinsel gebildet hatte.

2.0 Die etwa 220 Meter hohe Calderawand bei Fira auf der Insel Thera zeigt einen Ausschnitt aus Santorins Vulkangeschichte, der hier den Zeitraum von etwa einer Million Jahren umfaßt. Rechts oben sieht man die weißen Häuser von Fira und unten den kleinen Hafen. Der charakteristische Skaros-Felsen ist links oben zu erkennen.

2

Santorin im Puzzle der Plattentektonik

In der Ägäis gibt es eine bogenförmige Reihe von Vulkaninseln, die durch den Zusammenstoß von Eurasien und Afrika entstanden ist. Diese Reihe wird *Hellenischer Bogen* genannt. Auf ihm ist Santorin heute der einzige aktive Vulkan, mit drei Ausbrüchen allein in diesem Jahrhundert.

Um das Jahr 1965 vollzog sich ein Wandel in der Geologie. Alte, festgefahrene Vorstellungen über die Entstehung der Kontinente und Gebirge wurden plötzlich von neuen abgelöst. Das statische Weltbild wurde durch ein dynamisches ersetzt. Die Plattentektonik wurde zur grundlegenden Theorie der Geologie. Aufbauend auf Theorien über die *Kontinentaldrift*, die auf Alfred Wegener (1915) zurückgehen, kombiniert mit neuen Erkenntnissen, gewann sie in kurzer Zeit eine große Schar von Anhängern (Abbildung 2.1). Wichtige Indizien für die Richtigkeit der neuen Plattentektonik lieferten die magnetischen Streifenmuster der Ozeanböden sowie die häufigen Erdbeben, die man besonders an den Rändern der Kontinente beobachtet. Sie waren der Schlüssel zur neuen geologischen Interpretation unserer Erde: Erdbeben zeichnen deutlich die Nahtstellen zwischen den Platten nach. Auch Bauelemente wie untermeerische Gebirgsketten, Inselbögen und Tiefseegräben konnten nun in ein neues dynamisches Mosaik einer sich ständig verändernden Erde eingefügt werden. Selbst der Vulkanismus ist ein Resultat der sich bewegenden Erdplatten.

Besonders interessante Entdeckungen machte man, als man die vulkanischen Gebiete in Japan, auf den Aleuten und in Indonesien näher untersuchte, wo aktive Vulkane in Form von Inselbögen angeordnet sind. Es zeigten sich dort Zusammenhänge zwischen den meist in 150 bis 170 Kilometer Tiefe ausgelösten Erdbeben und der Zusammensetzung der vulkanischen Gesteine. Diese Erkenntnisse konnte man mit Erfolg auch auf das Mittelmeergebiet anwenden (Pichler et al. 1972, Ninkovich und Hays 1972). Ein solcher Vulkanbogen formiert sich auch in der Ägäis, vom griechischen Festland ausgehend über die Inseln Ägina, Methana, Poros, Milos, Santorin, weiter über Kos, Yali und Nisyros, bis zur Bodrum-Halbinsel in der Türkei. Dieser Bogen markiert die geologische Grenze Eurasiens zu Afrika (Abbildung 2.2).

An dieser Plattengrenze wird Erdkruste verschluckt. Das steht in krassem Gegensatz zu dem, was sich an den untermeerischen Rücken, die alle Ozeane durchziehen, ereignet. Während sich die Platten an solchen Rücken, an den *divergierenden* Rändern, immer weiter voneinander entfernen und neue ozeanische Kruste

2.1 Die Erde ist aus riesigen, etwa 100 Kilometer dicken Platten aufgebaut, die ständig in Bewegung sind. Wie gigantische Eisschollen nähern sie sich, kollidieren oder entfernen sich voneinander. Bei der Kollision taucht eine von ihnen in die Asthenosphäre ab und wird aufgeschmolzen. Auch Erdbeben und Vulkanismus werden größtenteils durch die Bewegung dieser Platten gesteuert.

2.2 Santorin liegt auf einem Inselbogen in der Ägäis, dem Hellenischen Bogen. Dieser aus einer Kette von Vulkaninseln bestehende Bereich erstreckt sich vom griechischen Festland bis zur Bodrum-Halbinsel in der Türkei. Santorin ist hier das einzige heute noch aktive Vulkanzentrum mit drei Ausbrüchen allein in diesem Jahrhundert. Der letzte ereignete sich 1950 (nach McKenzie 1978, Figur 18).

- Kontinentaldrift
  eine Theorie, die von Alfred Wegener (1915) erstmalig aufgestellt und zuletzt 1936 zusammenfassend dargestellt wurde. Sie beruht auf der Annahme, daß die leichten Landmassen horizontal auf der schwereren Unterschicht driften können.

- Inselbogen
  ist ein bogenförmig ausgerichtetes Gebiet von (meist) vulkanischen Inseln, das sich besonders durch starke Erdbebentätigkeit auszeichnet. Es wird in der Regel durch Tiefseegräben gekennzeichnet, die sich an der ozeanwärts liegenden Seite befinden. Beispiele hierfür sind der Indonesische und der Hellenische Inselbogen. Auf dem letzteren liegt auch die Vulkaninsel Santorin.

- Plattentektonik
  eine Theorie, die von Wilson (1965), McKenzie und Parker (1967) sowie Morgan (1968) aufgestellt wurde und davon ausgeht, daß die Lithosphäre, welche aus der Erdkruste und Teilen des Oberen Mantels – des partiell aufgeschmolzenen Bereiches unterhalb der Erdkruste – besteht, weltweit in sechs große und eine Anzahl kleinerer „Platten" aufgeteilt ist. Diese verhalten sich mehr oder weniger wie starre

Körper. Solche Platten können sich horizontal bewegen und sich dabei von den Nachbarplatten entfernen (divergierende Platten) oder mit anderen Platten kollidieren (konvergierende Platten). Sie können auch aneinander vorbeigleiten (konservierende Plattengrenzen). An einer Plattengrenze kann eine Platte abtauchen und somit unter die Nachbarplatte gedrückt werden, wobei eine Subduktionszone entsteht.

- Subduktionszone
  ist eine Zone, an der zwei Lithospärenplatten kollidieren, wobei die eine unter die andere Platte gedrückt wird. Hierbei kommt es zum Absinken und Aufschmelzen von Plattenteilen. Sie wird zuweilen auch Benioffzone genannt, nach dem Geophysiker Benioff.

- Tsunami (japanisch)
  ist eine plötzlich auftretende Riesenwelle (auch seismische Woge genannt), die im Küstengebiet enorme Schäden anrichten kann. Sie werden in Zusammenhang mit Erdbeben gebracht, die besonders häufig in Gebieten von Inselbögen und Tiefseegräben auftreten.

bilden, wird die Kruste an den *konvergierenden* Rändern, wo Platten kollidieren, vernichtet. Solche Bereiche bezeichnet man als Benioff- oder Subduktionszonen. Afrika und Eurasien bewegen sich im Mittelmeerraum wie gigantische Eisschollen aufeinander zu, wobei der Plattenrand von Afrika unter den von Eurasien gedrückt wird. Die Ägäische Platte, eine Teilplatte der Eurasischen Platte, und die Afrikanische Platte nähern sich mit zirka einem Zentimeter pro Jahr (Abbildung 2.3).

Wie kommt es eigentlich zum Vulkanismus im Hellenischen Bogen? Die Haupttriebkraft ist die Plattentektonik, deren nordwärts gerichtete Bewegung Veränderungen in Form von Dehnungen, Kompressionen, Verbiegungen und Verschiebungen in der Lithosphäre, also in den obersten 100 Kilometern der Erde, verursacht. Magma kann nur dann aufsteigen, wenn ihm in Zeiten der Zerrung der Kruste Aufstiegswege geschaffen werden. Der Aufstieg kann über lange Zeiträume erfolgen und sogar wieder ins Stocken geraten, wobei sich Reservoirs in der unteren Erdkruste, sogenannte Magmakammern bilden, die das geschmolzene Gestein aufnehmen. Durch Aufschmelzen von Krustenmaterial können die chemischen und physikalischen Eigenschaften des ursprünglichen Magmas stark verändert werden. Kommt das Stam-

magma mit einem Teilmagma mit anderen Eigenschaften in Kontakt, so gerät das System in der Magmakammer in Unordnung: Stoffe entmischen, Gase bilden sich, und der Druck in der Magmakammer steigt so gewaltig, bis es schließlich zur Druckentlastung kommt. Solche veränderten Magmen können zu stark explosivem Vulkanismus führen, weil sie einen hohen Gasanteil haben.

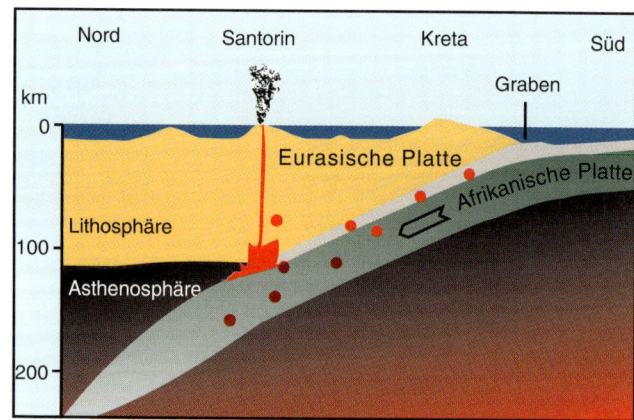

2.3 Der Nord-Süd verlaufende Schnitt durch die Subduktionszone südlich von Kreta zeigt das Abtauchen der Afrikanischen Platte unter die Eurasische. Die roten Punkte markieren die in diesem Bereich häufig auftretenden Erdbeben, die in Tiefen von 150 bis 170 Kilometern entstehen.

In der Ägäis und den Nachbargebieten führt die Plattentektonik zu umfassenden Deformationen, allerdings sind die Deformationsraten im Bereich des Bogens nicht gleichmäßig. So hat man fünf Zentren, Sousaki, Methana, Milos, Santorin und Nisyros, ermitteln können, die eine Richtung von N59° E haben. Schon der Geologe von Seebach (1868) kannte diese Zentren. So berichtete er von Querspalten in der Ägäis, auf denen eng benachbarte Vulkane sitzen. Doch damals hatte man noch kein geodynamisches Konzept wie die Plattentektonik, um solche Beobachtungen einzuordnen. Diese Zentren sind, wie man heute weiß, alle an Verwerfungen gebunden. Sie sind durch Vulkane, Fumarolenfelder und in geringen Tiefen bis 20 Kilometer ausgelösten Erdbeben gekennzeichnet. Die Richtungen an den fünf Zentren sind auch morphologisch anhand von Gräben, Inseln und geophysikalischen, geologischen und seismologischen Daten (Entstehung von Tsunamis) erkennbar (Papazachos und Panagiotopoulos 1992). Die höhere vulkanische Aktivität in den östlichen Zentren (Santorin und Nisyros) ist mit einer höheren Deformationsrate gekoppelt. Sie beträgt im Osten des Vulkanbogens 26 Millimeter pro Jahr (Santorin und Nisyros) und nur zwei Millimeter pro Jahr im westlichen Teil des Bogens. Diese

Subduktionszone läuft girlandenartig an den Rändern von kleineren Platten an der Südkante der Eurasischen Platte entlang. Die östliche Girlande ist der Hellenische Bogen, der durch die bereits erwähnten geologischen Phänomene gekennzeichnet ist. Die Vulkanite, die in diesem Bereich gefördert wurden, sind Kalk-Alkali-Gesteine wie Andesit und Rhyodazit in der für Kontinentalränder typischen Zusammensetzung (Pichler et al. 1972, Keller 1982; siehe Exkurs Vulkanische Gesteine in Kapitel 3). Sie entstanden durch Aufschmelzung von Teilen der oberen Erdkruste.

Der ägäische Raum ist heute in zahlreiche Inseln zerstückelt. Dies ist, geologisch gesehen, ein recht junges Erscheinungsbild (Tabelle 2.1). Noch im Miozän war dieses Gebiet ein zusammenhängender Landkomplex, die Ägäische Landmasse, die im Laufe der Alpenfaltung, hauptsächlich an der Wende Kreide/Tertiär vor etwa 60 Millionen Jahren, entstanden war (Schröder 1986). Im Kykladen-Massiv erkennt man noch heute an den zutage tretenden tektonischen Strukturen, welche Kräfte hier tätig waren. Man sieht Falten, Überschiebungen – an denen eine Gesteinsscholle über die andere geschoben wurde – und andere Verwerfungen. Das Absinken einzelner Becken begann im Mittelmiozän und wurde gefolgt vom gleich-

Tabelle 2.1: Erdgeschichtlicher Überblick für die südliche Ägäis im Zeitabschnitt Perm bis Quartär.

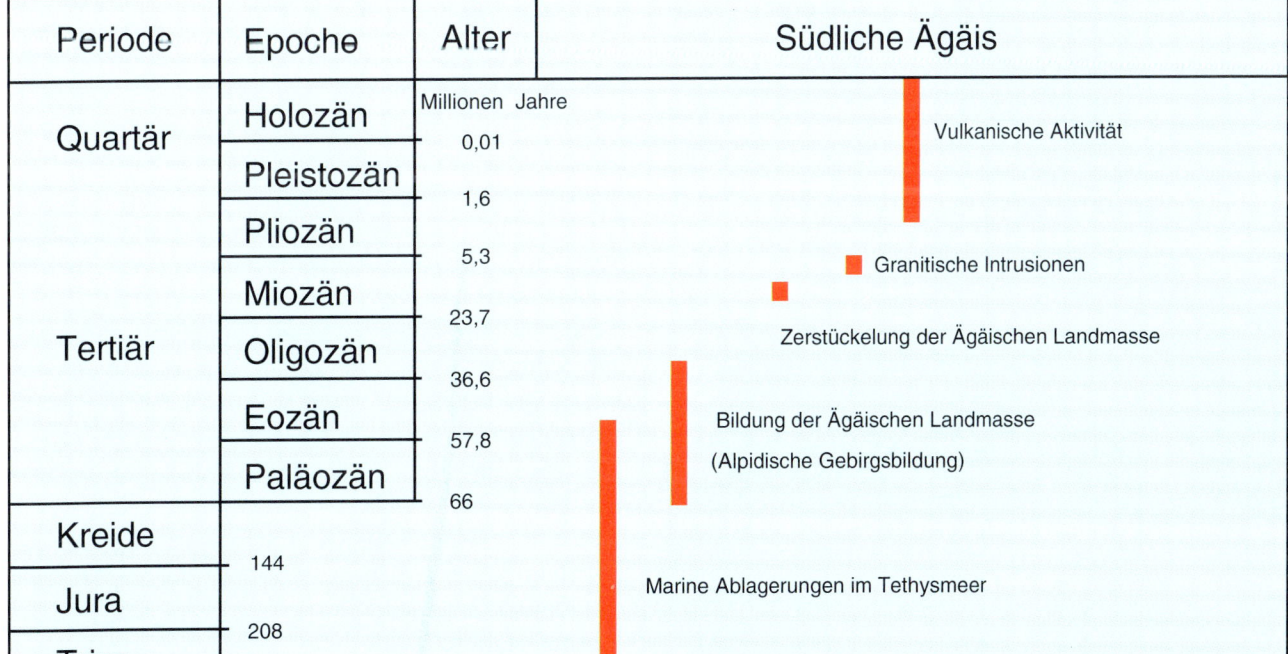

zeitigen Einbruch der Nördlichen Ägäis und der Kretischen See im Tortonium (Obermiozän). Im Messinium (Obermiozän) führten tektonische Bewegungen zum Abbrechen der Meeresverbindung zum Atlantik, und das Mittelmeergebiet fiel infolgedessen trocken. So kam es zum Eindampfen von Salz und Gips in großen Bereichen des Mittelmeers. Vermutlich gehören die Gipsblöcke, die man sehr selten auf Santorin in den Auswurfsmassen der Minoischen Eruption als Fremdgestein findet, in diese Periode. Die sogenannte Salinitätskrise dauerte nur etwa 500 000 Jahre, und im

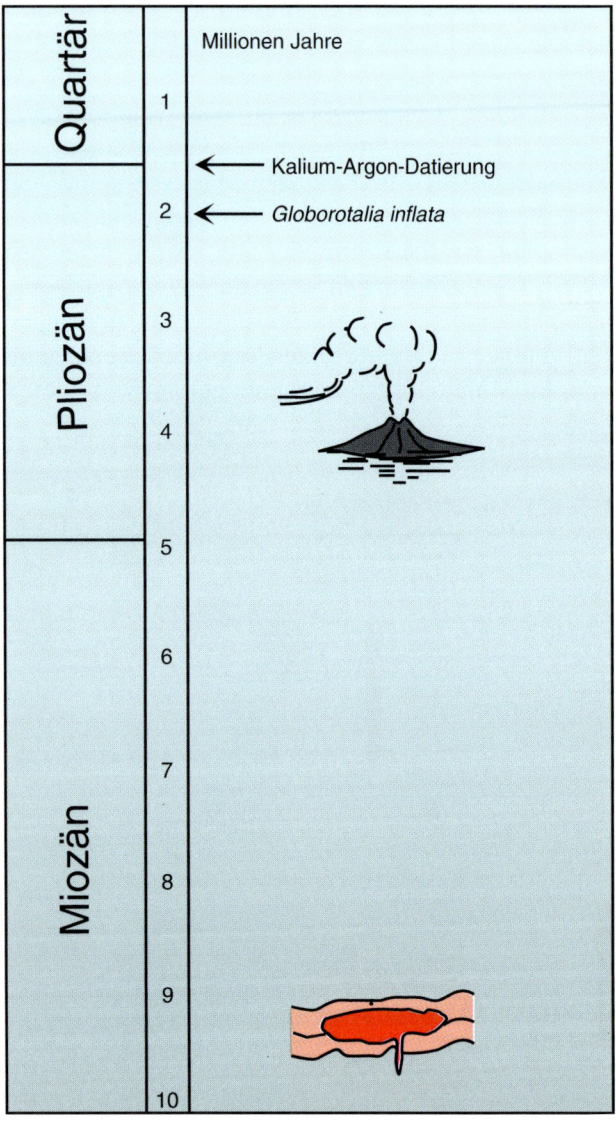

2.4 Das Schema zeigt die zeitliche Abfolge der vulkanischen Tätigkeit auf der Akrotiri-Halbinsel, wo die ältesten Spuren von Santorins Vulkanismus zu finden sind. Auf Santorin begann der Vulkanismus im Pliozän – während Granitintrusionen bereits im Miozän erfolgten. Die Hauptaktivität lag jedoch im Quartär. Der Artname bezieht sich auf marine Fossilien (Foraminiferen), mit denen die marinen Schichten im Lumaravi-Archangelos-Komplex datiert werden konnten.

obersten Miozän war die Meeresverbindung zum Atlantik wiederhergestellt. Ebenfalls im Miozän setzte im ägäischen Gebiet die magmatische Aktivität mit der Bildung der Kykladen-Granitoid-Provinz ein, der im Pliozän eine generelle vulkanische Aktivität folgte. Erneute Bewegungen an den Plattenrändern im Pliozän führten zum Einbruch und zur Überflutung des Kykladen-Massivs. Sie lösten auch eine neue Phase vulkanischer Aktivität aus, der wir die Existenz des Hellenischen Bogens zuschreiben können.

In den Kaltzeiten des Quartärs muß dieses Gebiet, verglichen mit heute, ein völlig anderes Aussehen gehabt haben. Die quartären Vereisungen führten zu einer Senkung des Meeresspiegels, weil riesige Wassermassen als Eis auf den polnahen Landmassen gebunden wurden. Während heute im Raum der Ägäis nur die höchsten Erhebungen als Inseln aus dem Meer ragen, war die Landfläche des Kykladen-Massivs in den Kaltzeiten bedeutend größer. Letzteres erleichterte die Besiedlung des ägäischen Raumes durch Flora und Fauna und schließlich auch durch den Menschen.

Der Vulkanbogen ist etwa 500 Kilometer lang und 20 bis 40 Kilometer breit. Barberi et al. (1974) vertreten die Auffassung, daß die vulkanische Aktivität im Hellenischen Bogen vor drei Millionen Jahren begonnen hat. Dies wird auch durch eine Datierung von 3,14 Millionen Jahre bestätigt, die man mit der Kalium-Argon-Methode am Gestein der Insel Kimolos (Milos Vulkangruppe) durchgeführt hat. In einer Übersicht über die Alter der einzelnen Zentren vertreten Ferrara et al. (1980) sowie Fytikas und Vougioukalakis (im Druck) die Ansicht, daß sich zum Beispiel die ersten vulkanischen Bildungen bereits im Oberpliozän bemerkbar machten, während sich die Hauptaktivität innerhalb des Hellenischen Bogens im Quartär abspielte. Ganz ähnliche Resultate erzielt man auch für Santorin (Seidenkrantz und Friedrich 1992), wo der Vulkanismus ebenfalls im Pliozän einsetzte (Abbildung 2.4). Die Hauptmenge der vulkanischen Produkte auf Santorin wurde jedoch in den letzten 200 000 Jahren gefördert, und zwar von etwa zwölf vulkanischen Zentren.

Etwas früher scheint der Vulkanismus auf der Insel Kos eingesetzt zu haben. Von dort haben Keller et al. (1990) über Bildungen von trachytischen Ignimbriten aus dem Miozän (10–11 Millionen Jahre) berichtet, während Dazite und Rhyolithe von der dortigen Kefalos-Halbinsel Alter von 3,4–1,6 Millionen Jahren ergaben.

Absolute Datierungsmethoden

Vulkanische und magmatische Gesteine können radioaktive Minerale enthalten. Mit diesen ist es möglich, den Bildungszeitpunkt des betreffenden Gesteins zu ermitteln. Generell für die absoluten Datierungsmethoden gilt, daß ein radioaktives, unstabiles Mutterisotop über kurzlebige Zwischenglieder in ein stabiles, nicht-radioaktives Tochterisotop zerfällt. Die Dauer dieses Zerfalls kann als geologische Uhr benutzt werden. Bei der Kalium-Argon-Methode bildet sich aus dem Mutterisotop Kalium 40 das Tochterisotop Argon 40. Von besonderer Bedeutung für die Datierung ist die sogenannte Halbwertzeit. Als Halbwertzeit (T) bezeichnet man die Zeitdauer, in der von einer ursprünglichen Isotopmenge nur noch die Hälfte übrig ist. Bei der Kalium-Argon-Zerfallsreihe beträgt die Halbwertzeit 1,31 Milliarden Jahre.

Tabelle 2.1.E: Die absoluten Datierungsmethoden im Vergleich

Methode	Mutterisotop	Zerfall	Halbwertzeit (Jahre)	Tochterisotop
Uran-Blei-Methode (^{238}U-^{206}Pb-Methode)	Uran 238	$8\alpha, 6\beta^-$	$4,50 \times 10^9$	Blei 206
Uran-Blei-Methode (^{235}U-^{207}Pb-Methode)	Uran 235	$7\alpha, 4\beta^-$	$7,14 \times 10^8$	Blei 207
Thorium-Blei-Methode (^{232}Th-^{208}Pb-Methode)	Thorium	$6\alpha, 4\beta^-$	$1,39 \times 10^{10}$	Blei 208
Kalium-Argon-Methode (K-Ar-Methode)	Kalium 40	K-Einfang	$1,31 \times 10^9$	Argon 40
Rubidium-Strontium-Methode (Rb-Sr-Methode)	Rubidium 87	β^-	$4,72 \times 10^{10}$	Strontium 87
Radiokarbonmethode (^{14}C-Methode)	Kohlenstoff 14	β^-	$5,73 \times 10^3$	Stickstoff 14

3.0 Bei Kap Lumaravi sind die ältesten vulkanischen Tuffe aus Santorins Übergangsphase von submariner zu subaerischer Vulkanaktivität aufgeschlossen. Die hellen Tuffe der A_1-Serie enthalten marine fossilführende Gesteine, die durch das Eindringen des Magmas in diese Tuffe aufgewölbt und über das Meeresniveau gehoben wurden. Diese Aufdomungen sind zirka zwei Millionen Jahre alt. Rechts im Bild ist die weiße Insel Aspronisi sichtbar, die von einer hellen Kappe aus Bimsstein bedeckt wird.

3

Santorins geologische Entwicklung

Sedimentgesteine und vulkanische
Ablagerungen in allen Farben vereinen
sich auf Santorin zu einem bunten Mosaik.
Über einen alten Kern von umgewandelten
Sedimenten hat sich eine vulkanische Schale
aus Laven, Schlacken und Aschen gelegt.
So entstand eine Vulkaninsel aus Gesteinen
von unterschiedlichster Herkunft.

Die nichtvulkanischen Gesteine

Die höchsten Erhebungen der Inselgruppe bestehen aus nichtvulkanischen Gesteinen. Es sind Relikte des sogenannten Kykladen-Massivs, die man auf Thera am Profitis Elias (565 Meter), am Platinamos, bei Monolithos, bei Pirgos sowie an der Innenseite der Caldera bei Athinios, Kap Plaka und Kap Thermia antrifft. Es handelt sich hier um Sedimente des ehemaligen Tethysmeeres, das sich seit der Trias bis ins Tertiär von Südeuropa bis Sumatra erstreckte und dessen Ablagerungen hauptsächlich in der Erdneuzeit aufgefaltet und verändert wurden. So bestehen heute die Gebirgszüge von den Alpen über die Himalayaketten bis nach Indonesien aus seinen Sedimenten. Auf Santorin, wie auf den meisten Inseln des Kykladen-Massivs, sind diese ursprünglichen Meeresablagerungen stark durch die Metamorphose umgewandelt worden: Kalke wurden zu Marmoren, Sandsteine zu Quarziten und Tonsteine zu Glimmerschiefern. Über die Gesteine des Kykladen-Massivs gibt es Arbeiten von Fouqué (1879), Philippson (1899), Neumann van Padang (1936), Papastamatiou (1958), Tataris (1963), Davis und Bastas (1978), Murad und Hubberten (1975) sowie Skarpelis und Liati (1990) und Skarpelis et al. (1992). Das Alter der ursprünglichen Gesteine ist bisher noch nicht mit Sicherheit bestimmt. Fossilfunde deuten aber darauf hin, daß sie im Zeitraum von Trias bis Tertiär abgelagert wurden.

Sedimentgesteine:

- Konglomerat
  Verfestigter Schotter mit deutlich zugerundeten Geröllkomponenten.

- Brekzie
  Verfestigtes Trümmergestein mit eckig-kantigen Bruchstücken. Nach Murawski (1992) unterscheidet man zwischen tektonischen Brekzien, vulkanischen Brekzien, Eruptionsbrekzien, Schlotbrekzien sowie Einsturz- oder Einbruchsbrekzien. Als Primärbrekzie bezeichnet man ein eckig-kantiges, verfestigtes Schuttsediment (zum Beispiel Bergsturz- oder Bergrutschmaterial).

- Grauwacke
  Aus dem Harz stammende Bezeichnung. Es sind graue bis graugrüne Sandsteine, die aus Quarz, Feldspat, Glimmer, Chlorit, Karbonaten und Gesteinsbruchstücken bestehen. Es sind Absätze von Trübeströmen (turbidity currents).

Das nichtvulkanische Grundgebirge bei Athinios und Kap Thermia an der Innenseite der Caldera ist geologisch besonders interessant. Hier sind die ursprünglichen Sedimente in der sogenannten Blauschiefer-Metamorphose in metamorphe Gesteine umgewandelt worden. Sie gehören somit dem Kykladen-Blauschiefer-Gürtel an, der auch mehrere andere Inseln der Kykladen umfaßt. Dieser Gürtel entstand im Oligozän bis Miozän durch tektonische Bewegungen, die vom Zusammenstoß der Platten herrührten.

Magmatische Tiefengesteine:

- Gabbro
  Dunkles magmatisches Tiefengestein, das nach der Ortschaft Gabbro in Italien benannt ist.

- Granit
  Das verbreiteste Tiefengestein, das aus Feldspat, Quarz und Glimmer oder Amphibol besteht.

In die metamorphen Gesteine bei Athinios ist zudem im Obermiozän ein Granit eingedrungen, für den man nun ein absolutes Alter von 9,5 Millionen Jahren ermitteln konnte (Skarpelis et al., 1992). Er bildet somit das südlichste Vorkommen dieser Art in der kykladischen Granitoid-Provinz. Die Granitintrusion verursachte die Bildung von einigen Mineralen, darunter Skarn, der durch stengeliges Aussehen charakterisiert ist. In diesen Skarngesteinen findet man zuweilen Adern von Pyrophyllit, Magneteisen (Magnetit), Kupferkies (Chalcopyrit) und Talk. Es sind Minerale, die wegen ihrer Farbe auch als Pigmente für Wandmalereien benutzt werden können. Hierüber wird in Kapitel 10 noch näher berichtet. Die Blei-Zink-Vorkommen, die man zu Beginn dieses Jahrhunderts bei Athinios an der Innenwand der Caldera abgebaut hat, entstanden durch zirkulierende, heiße Lösungen in der Schlußphase der Granitintrusion. Diese Minerale enthalten auch Silber. So hat man im Mineral Bleiglanz (Galenit) von Athinios zirka 940 ppm (*parts per million*, Millionstel Volumenanteile) Silber nachweisen können (Murad und Hubberten 1975). Die Granitintrusion wurde auch bei einer Bohrung bei Megalochorion auf Thera in einer Tiefe von 252 Metern angetroffen (Skarpelis und Liati 1990).

Metamorphose:

Wie alle Materialien sind auch Gesteine nicht beliebig druck- und temperaturbeständig. Wenn sie in größere Tiefen versenkt werden und damit unter steigende Drucke und Temperaturen geraten, passen sie sich den neuen Bedingungen an und wandeln sich um. Diese Umwandlung geschieht im festen Zustand und wird als Metamorphose bezeichnet.

Metamorphosen, die hauptsächlich durch Erwärmung verursacht sind, nennt man *Thermometamorphosen*. Sie sind die typischen Umwandlungen bei hohen Temperaturen und gleichzeitig niedrigen Drucken. Sie lassen sich beobachten, wo oberflächennahe heiße Magmen das Nebengestein stark aufgeheizt und in der Nähe des Kontakts verändert haben. Man spricht deshalb auch von *Kontaktmetamorphose*. Sie ist nur lokal, das bedeutet nur über einige Meter bis – in seltenen Fällen – einige hundert Meter vom Kontakt wirksam.

Viel großräumiger ist die sogenannte *Regional-* oder *Thermodynamo-Metamorphose*. Sie umfaßt Gesteinskomplexe von Hunderten bis zu Tausenden von Quadratkilometern und tritt in Verbindung mit Gebirgsbildungen auf, wenn Druck und Temperatur gleichzeitig zunehmen. Mit Druck und Temperatur steigt auch der Umwandlungsgrad des Gesteins. Man spricht deshalb von metamorphen Graden oder Stadien. Auf Santorin findet man an metamorphen Gesteinen vor allem *Phyllit*, *Blauschiefer* und *Marmor*. Dies sind Bildungen relativ niedrigen Metamorphosegrades. Phyllit ist ein helles, ausgeprägt schiefriges Gestein aus feinsten Glimmerschüppchen, dem Serizit, aus Chlorit und Quarz. Blauschiefer ist ein bläulich dunkles Gestein mit Mineralien wie zum Beispiel Glaukophan, Epidot und Muskovit. *Marmor* ist petrographisch gesehen ein durch Metamorphose veränderter Kalkstein, allerdings bezeichnen die Steinmetze und Bautechniker oft auch schleiffähige Karbonatgesteine als Marmor.

Ebenfalls zu den metamorphen Bildungen im weiteren Sinne gehörend lassen sich die Vererzungen bei Athinios ansehen. Sie entstanden in Verbindung mit dem Eindringen einer granitischen Schmelze, aus der während der Erstarrung heiße, metallreiche – sogenannte hydrothermale – Lösungen in das Nebengestein abgesondert wurden, mit dem sie chemisch reagierten und damit zur Erzbildung führten. Auf diese Weise entstanden auf der Insel Thera die kupfer-, blei-zink- und silberhaltigen Minerale bei Athinios.

Die vulkanischen Gesteine und ihre Lagerung

Wenn man mit dem Schiff in Santorins riesige Caldera einfährt und die Calderawände der Inseln Thera, Therasia und Aspronisi betrachtet, so bietet sich ein einmaliger Anblick: Man sieht Gesteine in allen Farben, und Strukturen fallen auf, die horizontal verlaufen und von vertikalen oder schrägen Einheiten durchkreuzt oder abgeschnitten werden. Es ist zunächst ein verwirrendes, aber dennoch imponierendes Bild. Versteht man es zu deuten, so besitzt man den Schlüssel zu Santorins umfassender Vulkangeschichte. Man erkennt am großartigen Wechsel von Strukturen und Farben, daß der Vulkankomplex nicht in einem einzigen Guß entstand, sondern in vielen Phasen und über lange Zeiträume. Erst nach einiger Zeit sieht man, daß sich die vulkanischen Schichten wie ein Mantel über den alten Kern aus metamorphen Gesteinen gelegt haben. Dieser Kern ragte im Pliozän als Insel aus dem Meer heraus (Abbildung 3.1A).

Auf Santorin waren es mehr als zwölf Vulkanzentren, die seit etwa drei Millionen Jahren mit verschiedenen vulkanischen Produkten zum Aufbau dieses Vulkangebäudes beigetragen haben. In seinem Werdegang änderten sich mit der Zeit sowohl die Zusammensetzung der geförderten Gesteine als auch die geographische Lage der Eruptionszentren. Vulkanisches Material wurde jedoch nicht nur abgelagert, sondern verschwand zum Teil auch wieder in der Tiefe. Mindestens viermal bildeten sich Einsturzkessel, die im Laufe der Zeit wieder mit vulkanischen Produkten aufgefüllt wurden. Doch auch in anderer Weise kam man dem veränderlichen und pulsierenden Magma auf die Spur: Aufgrund von chemischen Analysen der Gesteine konnten Druitt et al. (1989) zwei Großzyklen in der Gesteinszusammensetzung rekonstruieren, die uns Aufschlüsse über die Prozesse in der Magmakammer geben. Die einzelnen Eruptionszentren und ihre Produkte werden im folgenden von den ältesten zu den jüngsten besprochen (siehe auch Tabelle 3.1).

Schon im vergangenen Jahrhundert beobachteten die Geologen, daß sich die ältesten vulkanischen Gesteine auf der Akrotiri-Halbinsel befinden (Abbildung 3.0). Dort beobachtet man Lavaströme, die aus einer zähflüssigen, dazitischen Schmelze entstanden sind.

Vulkanische Gesteine und ihre Erscheinungsformen:

- Andesit
  Vulkanisches Gestein, welches Leopold von Buch 1836 nach den Anden-Gebirge benannt hat. Siehe Streckeisen-Diagramm.

- Basalt
  Meist dunkles vulkanisches Gestein, bei dem man zwei Gesteinsgruppen unterscheidet: tholeyitische Basalte und Alkali-Basalte, die sich in ihren SiO_2-Gehalt und auch im Verhältnis Alkalien zu SiO_2 unterscheiden.

- Rhyodazit
  Vulkanisches Gestein, das als Zwischenglied zwischen Rhyolith und Dazit interpretiert wird.

- Rhyolith
  Kieselsäurereiches, vulkanisches Gestein.

- Dazit
  Vulkanisches Gestein, das nach der römischen Provinz Dacia (Siebenbürgen) benannt wurde.

- Ignimbrit
  Vulkanisches Gestein, meist aus sauren bis intermediären Bestandteilen, das aus Suspensionen heißer Magmateilchen in hoch erhitzten Gasen entstanden ist. Man unterscheidet verschweißte (*welded*) und nichtverbackene Ignimbrite. Oft sind sie durch flammenartige Strukturen charakterisiert, die von Glassplittern und kompakten Bimsbrocken herrühren.

- Bimsstein
  Helles, aufgeschäumtes, vulkanisches Glas, das sehr leicht und porös ist. Aus diesem Grunde schwimmt es im Wasser.

- Obsidian
  Dunkles vulkanisches Glas, das sehr spröde ist und muschelartig zerbricht.

- Pyroklastika
  Sammelbezeichnung für sämtliche klastischen vulkanischen Produkte (Aschen, vulkanische Brekzien usw.).

- Tephra
  Generelle Bezeichnung für alle vulkanischen, subaerisch gebildeten Lockerprodukte. Nach der griechische Bezeichnung *tephra* für Asche.

- Tuff
  Verfestigte vulkanische Auswurfprodukte unterschiedlicher Korngrößen. Tuff kann geschichtet oder ungeschichtet vorkommen. Zuweilen braucht man den Begriff auch für unverfestigte vulkanische Lockermassen (Aschen).

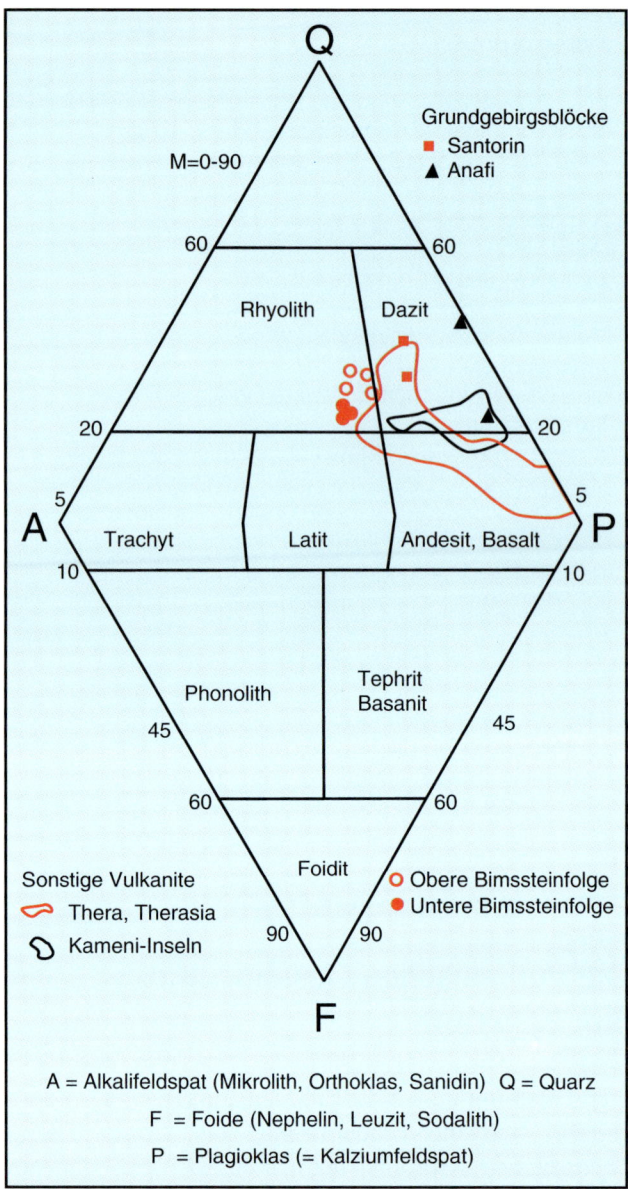

E.3.1 Schematische Darstellung der vulkanischen Gesteine, vereinfacht im Streckeisen-Diagramm (Streckeisen 1980). Die im Diagramm eingezeichneten Analysenwerte von Santorin stammen von Günther und Pichler (1973). Sie zeigen, daß auf Santorin die Gesteine Rhyolith, Dazit und Andesit und ihre Mischprodukte vorkommen. Nach anderen Autoren (Huijsmans 1985, Druitt et al. 1989) gibt es auch Basalt auf Santorin.

- Kissenlava
  (englisch: *pillow lava*). Solche Laven sind charakteristisch für subaquatischen Vulkanismus. Kissenlaven bilden sich, wenn ein Lavastrom im Wasser abkühlt. Dabei erhält die Oberfläche eines Kissens eine glasige Haut. Zwischen den metergroßen Lavakissen findet man Glassplitter und Tuff.

- Blocklava
  entsteht, wenn zähflüssige, glasige Lava erstarrt. Sie wird auch *Aa*-Lava nach ihrer hawaianischen Bezeichnung genannt. Blocklaven findet man auf den Kameni-Inseln.

Tabelle 3.1: Erdgeschichtliche Ereignisse auf Santorin

Alter in 1000 Jahren

<3,5	Wiederauffüllung der Caldera durch dazitische Laven und Aufdomungen der Kameni-Inseln.

BILDUNG DER MINOISCHEN CALDERA

3,5	Minoische Eruption.

BILDUNG DER „STRONGHYLE"-CALDERA

(Kollaps des Skaros-Schildes)

21	Oberer Ignimbrit (Kap-Riva-Ignimbrit*) (mit darin eingeschlossenen Baumresten) aus einem Krater auf Nord-Therasia
	Ausfluß von dazitisch-andesitischen Laven und Aufdomungen im Norden von Santorin (Th3 und T6).
	Eruption von andesitischen Laven (M3-6) auf dem Megalo-Vouno-Vulkan.
	Entstehung des Tuffrings bei Kap Kolumbo.
~37	Eruption der Obere-Schlacken-2-Serie.
	Bildung des andesitischen Skaros-Schildvulkans in der Skaros-Caldera, Überfließen der Th2-Laven.

BILDUNG DER SKAROS-CALDERA

	Obere-Schlacken-1-Eruption
50	Pflanzenfunde: Chamaerops (Zwergpalme), Phoenix (Dattelpalme), Tamarix (Tamariske), Olea (Ölbaum) und Pistacia (Pistazie).
	Vourvoulos-Eruption von den nördlichen Vulkanen.*
	Bildung eines Tuffrings bei Aspronisi.*
60	Mittlerer-Bimsstein-Eruption (Bm) im Gebiet der heutigen Caldera.
	Kap-Thera-Eruption.
79	Ausfluß von andesitischen Laven auf Therasia (Thl), Entstehung des andesitischen Mikros Profitis Elias.

BILDUNG DER BU-CALDERA

100	Unterer-Bimsstein-2-Eruption in der Caldera.
100	Unterer-Bimsstein-1-Eruption.
	Kap-Thermia-3-Eruption.*
	Bildung des andesitischen Megalo-Vouno-Schildvulkans sowie der Thermia-1-und-2-Serien.
	Kap-Thermia-2-Eruption, gefolgt von dazitisch-andesitischen Laven bei Kap Alonaki.
<200?	Kap-Thermia-1-Eruption.
2 Mill.	Erster Vulkanismus auf der Akrotiri-Halbinsel. Aufdomungen mit marinen, fossilführenden Sedimenten in Süd-Thera
10 Mill.	Granitische Intrusion bei Athinios[+]

* Nach Druitt et al. (1989)
[+] Nach Skarpelis und Liati (1990)
Nach der geologischen Karte von Pichler und Kussmaul (1980)

Außerdem wird dieses Gebiet von riesigen vulkanischen Aufwölbungen, sogenannten Aufdomungen, geprägt, die zum Teil miteinander verbunden sind. Besonders deutlich ist dies am Lumaravi-Akrotiri-Komplex und bei Archangelos Vouno (Abbildung 3.1a). In diesem Gebiet beobachtet man auch Kissenlava und helle Tuffe mit noch erkennbaren Rippelmarken. Im hellen marinen Tuff von Archangelos Vouno, dem A_1-Tuff von Pichler und Kussmaul (1980), fanden bereits in den sechziger Jahren des vergangenen Jahrhunderts die Geologen Stübel und auch Fouqué an mehreren Stellen marine Fossilien, die zur stratigraphischen Einordnung dieses Gebietes beitragen konnten (Abbildung 3.2). Auf sie wird in Kapitel 4 noch näher eingegangen werden.

Weitere Hinweise für submarinen Vulkanismus findet man am Leuchtturm (Fanari) an der Südwestspitze von Thera. Hier stehen rote, marine Konglomerate an, die Kieselschwämme enthalten. Diese Schwämme sind Verwandte unserer Badeschwämme, die ihre Skelette aus Kieselsäure bauten (Abbildung 3.3). Sie zeigen uns deutlich, daß sich auf der Akrotiri-Halbinsel die ersten vulkanischen Geschehnisse abspielten: Im Pliozän erhob sich hier eine vulkanische Insel aus dem Meer. Sie lag neben der aus nichtvulkanischem Gestein bestehenden Insel des Profitis-Elias-Komple-

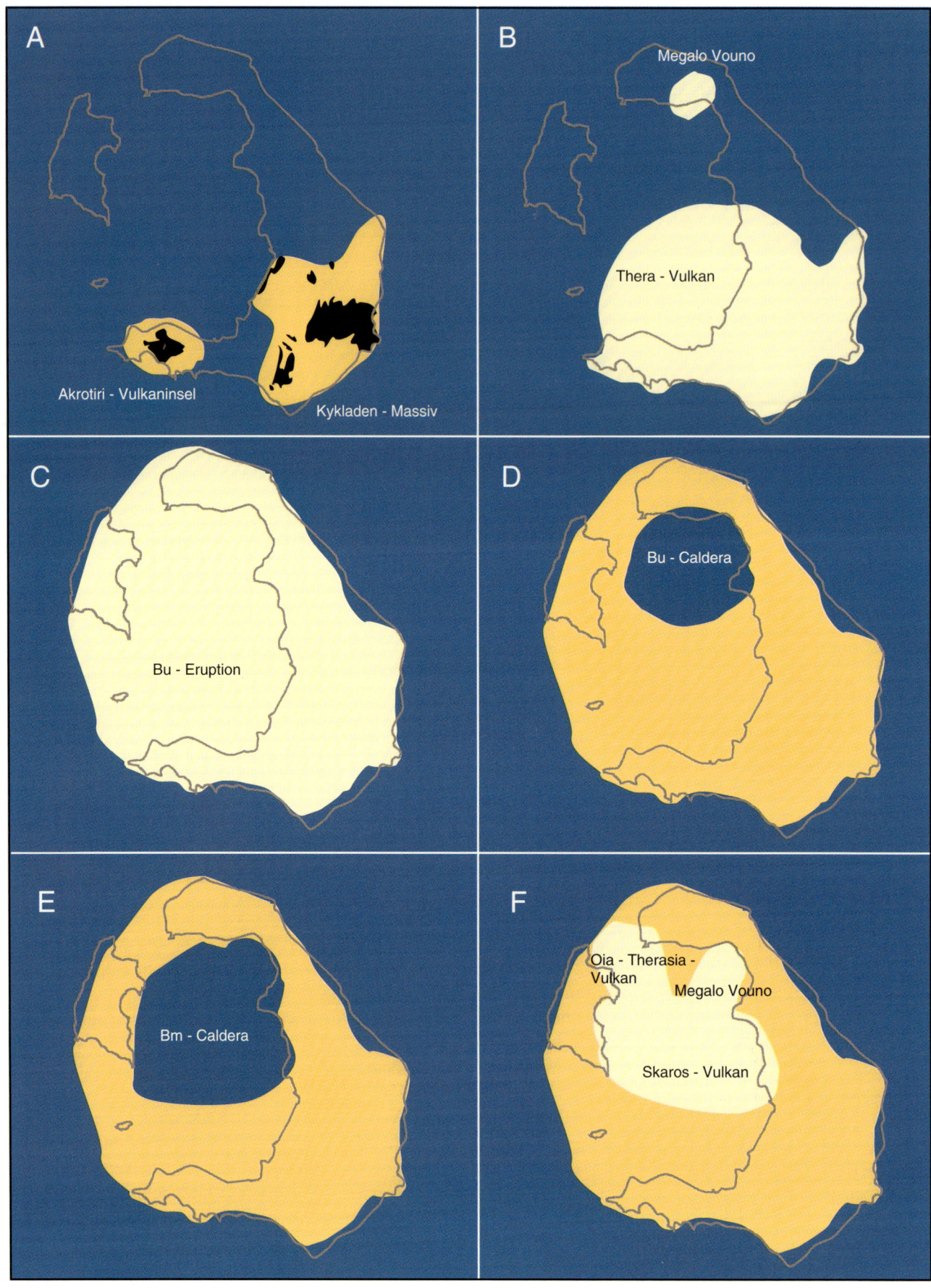

xes. Auch der Wandel von der untermeerischen Vulkanaktivität zur Produktion von Laven und Tuffen auf der Landoberfläche vollzog sich auf der Akrotiri-Halbinsel. So wurde aus dem submarinen ein subaerischer Vulkan. Inzwischen wissen wir auch, daß sich dieser Wandel vor mindestens zwei Millionen Jahren ereignet hat, da in diesen marinen Schichten vulkanische Gerölle vorkommen, die noch älter sein müssen als die Sedimente, in denen sie eingebettet sind (Seidenkrantz und Friedrich 1992).

Die Aufwölbungen auf der Akrotiri-Halbinsel sind offenbar in der gleichen Weise entstanden, wie man es im Jahre 1707 beim Auftauchen der weißen Insel bei Nea Kameni beobachten konnte. Dieses Auftauchen kann man folgendermaßen erklären: Glühende, zähe Schmelze drang in die Schichtenfolge unter dem Meeresboden ein und beulte sie mehrere hundert Meter auf. Die Sedimentdecke wurde dabei rissig, und an einigen Stellen platzten die Beulen auf, wobei Lava aus den Rissen und Spalten ausfloß (siehe Kapitel 12).

Auf der Akrotiri-Halbinsel wurden zuerst kieselsäurereiche, „saure", grünlich-weiße Bimstein-Tuffe ausgeworfen, die zusammen mit dazitischen Laven vorkommen. Nach diesem sauren Vulkanismus wurden in dem Gebiet von mindestens vier kleineren Vulkanen andesitische Schlacken und Laven gefördert. Zentren für diesen jüngeren kieselsäurearmen, „basischen" Vulkanismus waren die Vulkane Balos, Kokkinopetra, Mavro und Mavrorachidi (Pichler et al. 1972).

Später verlagerte sich die Vulkanaktivität von der Akrotiri-Halbinsel weiter nach Norden, und es entstand ein neues Vulkanzentrum: Der *Thera-Vulkankomplex* bildet die nächste große Vulkaneinheit mit seinen Laven und vulkanischen Auswurfgesteinen. Sein Zentrum lag in der heutigen Caldera im Gebiet der Kameni-Inseln. Seine Produkte beherrschten in der Folgezeit das vulkanische Geschehen. Außerdem vereinigten sie die kleineren Inseln zu einem größeren Vulkankomplex. Heute sind sie an der Calderawand von Kap Fanari bis zum Kap Turlos angeschnitten und

an den Calderawänden von Thera gut zu erkennen. Laven sind nur in geringfügigem Umfang in dieser Serie anzutreffen und beschränken sich auf das Gebiet vom Hafen von Fira bis einige hundert Meter südlich von Kap Alonaki.

Die *Kap-Thermia-Serie* besteht aus einer mächtigen Folge von Auswürflingen, die besonders an den Calderawänden im südlichen Teil von Thera aufgeschlossen sind. Die dickste ist die Kap-Thermia-I-Folge, die bei Kap Athinios diskordant das metamorphe Grundgebirge überlagert. Das Alter dieser Serie (etwa 0,9 bis 2 Millionen Jahre) wurde von Seward et al. (1980) mit der Spaltspuren-Methode ermittelt. Diese Pyroklastika können vermutlich mit den Akrotiri-Vulkaniten korreliert werden. In der Kap-Thermia-I-Serie findet man Schlacken und Bims mit einer dazitischen Zusammensetzung. Er erreicht bei Athinios eine Dicke von 2,4 Metern. Die Kap-Thermia-II-Eruption produzierte einen rhyodazitischen Bimsstein (*air fall*), der diskontinuierlich von Kap Katofira bis zur Akrotiri-Halbinsel zu sehen ist. Überlagert wird diese Schicht von den Kap Alonaki-Laven und der Kap-Thermia-III-Bimsschicht. Auf Letztere folgt ein rot-schwarzer Ignimbrit, der dioritisch-gabbroide Einschlüsse enthält. Vermutlich gleichzeitig mit den Thera-Vulkanen bildete sich im Norden von Thera ein großer Schichtvulkan (Abbildung 3.1B):

Der *Megalo-Vouno-Komplex*. Er förderte besonders andesitische und latiandesitische Laven und Schlacken. Der nördliche Teil von Thera und auch Therasia ist nach Pichler und Kussmaul (1980) aus verschiedenen Laven und Pyroklastika aufgebaut. Die sogenannten nördlichen Laven und Pyroklastika stammen von folgenden Schichtvulkanen: Megalo Vouno, Skaros und den Therasia-Vulkanen sowie Mikros Profitis Elias. Die Produkte dieser Vulkane wurden durch die letzte Calderabildung (Minoische Caldera) durchbrochen.

Druitt et al. (1989) fassen die unteren zwei Drittel von Megalo Vouno als selbständige Einheit auf. Dieses Gebiet besteht aus quarz-latiandesitischen und andesi-

---

◄ **3.1A** Zu Beginn des Pliozäns bildete das metamorphe Grundgebirge eine Insel, die aus dem Profitis-Elias-Komplex, dem Gavrilos-Rücken und dem Gebiet bei Athinios sowie dem Monolithos-Felsen bestand. Im Oberpliozän begannen dann südwestlich von dieser nichtvulkanischen Insel die ersten Eruptionen. Sie führten zur Bildung einer vulkanischen Insel. Schwarz: Heute sichtbare Reste der beiden Inseln.
3.1B Der Thera-Vulkan verbindet mit seinen Eruptionsprodukten die nichtvulkanische Insel mit der vulkanischen. Im Norden wird zur gleichen Zeit der Megalo Vouno-Vulkan aktiv.
3.1C Vor 100 000 Jahren erfolgten die beiden Eruptionen des Unteren Bimssteins (Bu), die vermutlich das gesamte Gebiet der heutigen Insel bedeckten.

3.1D Während oder kurz nach den Bu-Eruptionen stürzte das Dach der Magmakammer unter dem Thera-Vulkan ein: Es entstand die Bu-Caldera. Ob sie geflutet war, ist allerdings unsicher.
3.1E Durch neue vulkanische Aktivität des Thera-Vulkans wird die Bu-Caldera wieder aufgefüllt. Vor etwa 60 000 Jahren kommt es zur Eruption des Mittleren Bimssteins (Bm), die gleich danach vom Einbruch der Skaros- oder Bm-Caldera gefolgt wird.
3.1F Der Innenbereich der Caldera füllt sich weiterhin. Im Norden wird der Megalo Vouno II-Vulkan aktiv. Im Gebiet zwischen Therasia und Oia baut sich der Skaros-Stratovulkan auf, und dünnflüssige Laven füllen die Skaros-Caldera. Hellbraun: Neue Vulkangebiete.

3.2 Die Aufdomungen auf der Akrotiri-Halbinsel heben sich bei Archangelos Vouno besonders deutlich von der Hochfläche ab. Hier sind marine Sedimente, die vor rund zwei Millionen Jahren im Flachwasserbereich abgelagert worden waren, vom aufsteigenden Magma in eine Höhe von etwa 160 Metern über dem Meeresniveau gehoben worden.

tischen Laven und vulkanischen Brekzien, die von zahlreichen Gängen durchsetzt sind. Diese Laven sind die ältesten, und nach Druitt et al. (1989) gehören nur sie zum Megalo-Vouno-Vulkankomplex.

Der Untere Bimsstein (Bu) ist besonders markant in dieser Serie. Es ist ein weißer, etwa 30 Meter mächtiger Tuff, der sich von Kap Akrotiri bis Kap Turlos (Skaros) erstreckt und auch in geringerer Dicke noch im nördlichen Teil von Thera zu finden ist (Abbildung 3.1C). Neumann van Padang (1936) gab ihm die Bezeichnung „Unterer Bimsstein" (abgekürzt: Bu).

Die Bu-Serie besteht aus zwei Bimssteinschichten, nämlich Bu_1 und Bu_2. Beide Bu-Eruptionen begannen als Bimsstein-Fall (*pumice fall*) und endeten mit einem Ignimbrit beziehungsweise mit einer Aschenstrom-Ablagerung (*ash flow*). Petrographisch gesehen handelt es sich bei den beiden Bu-Lagen um Rhyodazite. Aus der Variation der Mächtigkeit und der Korngröße konnten die Eruptionszentren der beiden Bu-Schichten ermittelt werden. Der Förderpunkt für die Bu_1-Serie lag im Süden der heutigen Insel Thera und der des Bu_2 weiter nördlich im Raum der heutigen Kameni-Inseln (Abbildung 3.4). Seine größte Mächtigkeit erreicht der Untere Bimsstein an der Calderawand unterhalb der Stadt Fira, wo er nach Angaben von Günther und Pichler (1973) bis zu 70 Meter dick ist. Die Bu-Serie wird nördlich von Fira diskordant von den Laven des Skaros-Vulkans, des Mikros-Profitis-Elias-Vulkans und des Megalo-Vouno-Vulkans abgeschnitten. Unterhalb der Ortschaft Oia tritt sie dann wieder im unteren Teil der Calderawand zutage. Die Unterbrechung der Serie an diesen Stellen ist offenbar auf eine Calderabildung zurückzuführen, die der *Bu-Caldera* (Pichler und Kussmaul 1972). Diese Caldera entstand durch einen vulkanotektonischen Einbruch nach der Entleerung der

3.3 Auf der Akrotiri-Halbinsel findet man heute noch die Spuren aus Santorins submariner Vorzeit, als die ersten Eruptionen noch am Meeresboden erfolgten. Nur wenige Meter vom Leuchtturm (Fanari) entfernt sind rote, marine, eisenhaltige Konglomerate mit Schwämmen (Bildmitte) aufgeschlossen. Sie werden von einem grauen Bimstuff überlagert, der Strandgerölle enthält.

Magmakammer durch die Bu$_2$-Eruption. In der Folgezeit wurde diese „Urcaldera" wieder aufgefüllt. Die untere Bimssteinschicht auf Santorin wird mit einem Alter von etwa 100 000 Jahren belegt (Seward et al. 1980).

Man findet die Bu-Aschen über große Gebiete der Ägäis verbreitet, wo sie einen synchronen Leithorizont bilden. Aus den auf Santorin sichtbaren Mächtigkeiten der Bu-Aschen und deren Vorkommen in Bohrkernen in der Ägäis darf man annehmen, daß die Bu-Eruption bedeutend stärker war als die Minoische Eruption (Abbildung 3.5).

Mikros Profitis Elias (Kleiner Eliasberg) entstand nach einer Ruhepause von unbekannter Länge, als neue Aktivität innerhalb der Bu-Caldera einsetzte. Im nördlichen Teil wurde sie durch die Laven von Mikros Profitis Elias gefüllt, im südlichen Bereich durch ignimbritische Decken. Diesen Ignimbrit-Eruptionen folgten mehrere kleine Ausbrüche des Thera-Vulkans, bei denen verschiedene Aschen und Lapilli gefördert wurden. Mikros Profitis Elias besteht aus andesitischen Laven. Sie stoßen an einer Kontaktfläche oder Verwerfungslinie an die Laven des Megalo-Vouno-Vulkans. Am Gipfel von Mikros Profitis Elias konnte

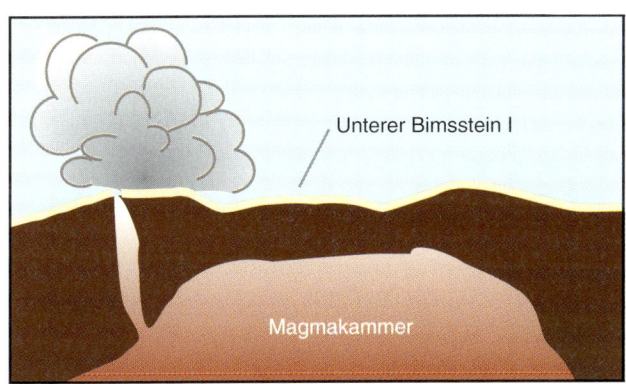
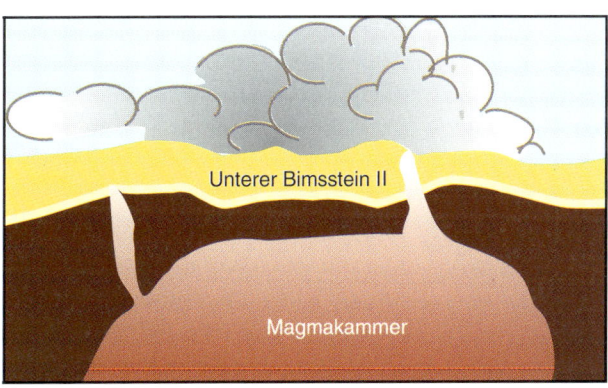

3.4 Die schematische Zeichnung nach Günther und Pichler (1973) zeigt die Lage der Förderpunkte der beiden Eruptionen des Unteren Bimssteins (Bu).

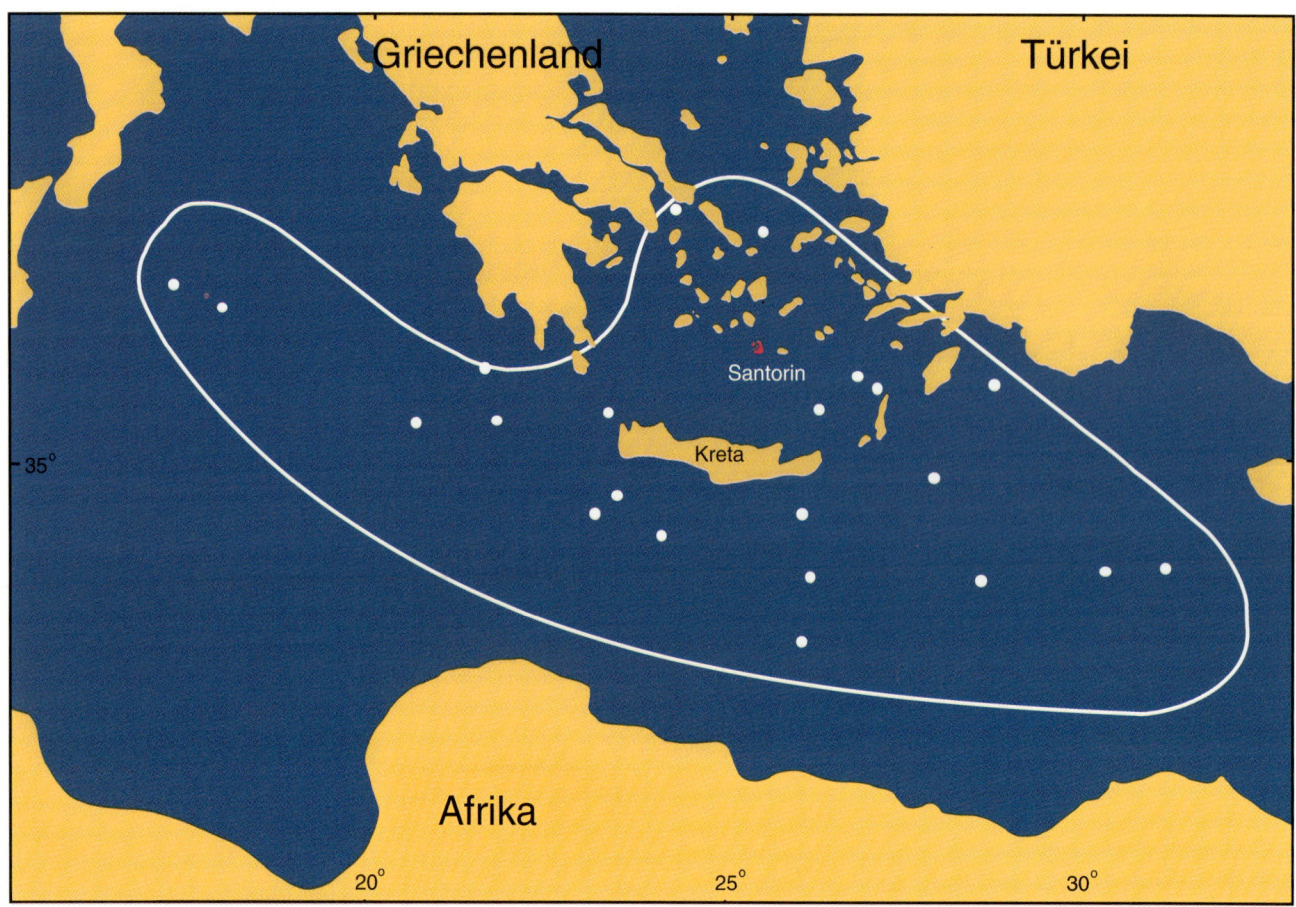

3.5 Die Eruptionsfolgen des Unteren Bimssteins (Bu_1 und Bu_2) produzierten eine riesige Menge Tephra, die einen sehr guten stratigraphischen Leithorizont im Mittelmeer und in der Ägäis hinterließ. Diese gewaltige Eruption ereignete sich vor etwa 100 000 Jahren. Nach der Menge der geförderten Asche zu urteilen, war sie sogar stärker als die Minoische Eruption. Nach Ninkovich und Heezen (1967).

man eine andesitische Lava mit der Uran-Thorium-Datierungsmethode datieren. Pyle, Ivanovich und Sparks (1988) ermittelten dort ein Alter von 79 000 (+14 000/ −12 000) Jahren.

Die *Mittlere Bimssteinschicht* entstand durch einen kräftigen Bimssteinausbruch des Thera-Vulkans. Sie ist unterhalb der Stadt Fira an beiden Seiten des Hafens zu sehen. Man findet dort einen schwarzen, glasartigen, dazitischen Horizont, der an der Treppe vom Hafen nach Fira von einer Störung versetzt ist. Günther (1972) hat diese Schicht „Mittlerer Bimsstein" (abgekürzt: Bm) genannt.

Die Bm-Schicht ist auf Santorin an der Calderawand von Thera aufgeschlossen, wo man sie über mehrere Kilometer gut verfolgen kann. Unterhalb des Ortes Merovigli wird die Schicht von den Skaros-Laven abrupt unterbrochen (Abbildung 3.6). Sie bildet einen markanten pyroklastischen Horizont, der lateral eine kräftige Variation aufweist: An der Calderawand unterhalb des Ortes Merovigli ist die Bm-Schicht als ein massiver, stark verschweißter, roter *air fall*-Tuff entwickelt, unterhalb von Fira ist er dagegen pechschwarz. Er ändert seine Farbe und Struktur graduell von braunem verschweißten Bims, bis er ein paar Kilometer südlicher in hellen Bimsstein übergeht. Daraus darf man folgern, daß der Eruptionspunkt der Bm-Schicht in der heutigen Caldera in der Nähe von Merovigli gelegen haben muß. Das Alter dieser Schicht wird zur Zeit auf 60 000 Jahre geschätzt, also 10 000 Jahre älter, als man früher angenommen hat (Friedrich und Velitzelos 1986).

Ähnlich wie nach dem Bu-Ausbruch kam es wiederum zu einer Calderabildung: der *Bm- oder Skaros-Caldera*. Sie wurde hauptsächlich von den Förderprodukten des Skaros-Vulkans in der Folgezeit wieder aufgefüllt.

Der Skaros-Vulkan besteht in seinem unteren Teil aus andesitischen Laven und enthält in seinem oberen Teil eine Folge von dünnen andesitischen Lavaströmen (Abbildung 3.6 und 3.7). Bedeckt wird diese Folge

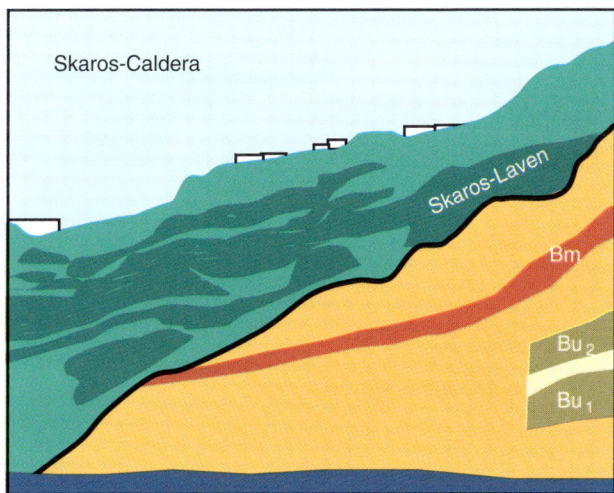

3.6 Die Laven des Skaros-Vulkans lagern diskordant auf den Tuffen des Unteren (Bu₁ und Bu₂) und des Mittleren Bimssteins (Bm). Die Diskordanzlinie ist an der Calderawand unterhalb von Merovigli sichtbar. Sie zieht sich diagonal von links unten nach rechts oben durch das Bild.

Therasia

Manolas

Oia

Skaros

Merovigli

Fira

Nea Kameni

Thera

Palaea Kameni

Pirgos

Kamari

Aspronisi

Megalochorion

Balos

Emborion

Fanari

Archangelos

Perissa

Akrotiri

Mavrorachidi

2 Km

Laven von Nea Kamenii

Lava von Palaea Kameni

Obere rote und schwarze
Wurfschlacken (Sc)

Laven und Schlacken des
Megalo Vouno - Vulkans

Laven und Schlacken des
Mikros Profitis Elias - Vulkans

Laven des Skaros - Vulkans (S_2)
u. Mittlere Lava v. Therasia (Th_2)

Untere Lava des
Skaros - Vulkans (S_1)

Umgelagertes Bo - Material

Obere Bimsstein - Folge (Bo)

Laven (T_6 und Th_3)

Laven und Schlacken (A_3 - A_6)

Mittlerer Bimsstein

Ignimbrit

Untere Bimsstein - Folge (Bu)

Ignimbrit (T_1), pyroklastische
Ströme (T_2) und Lava (T_3)

Bimsstein - Tuff (A_1) und
Lava (A_2)

Kalk, Marmor, Phyllit und
Grauwacken

3.8 Das Foto zeigt einen lateralen Schnitt durch den oberen Teil des Thera-Vulkans. In der oberen Bildhälfte sind die hellen Gesteine der Minoischen Eruption zu sehen, die eine alte Erosionsrinne ausfüllen, während die untere Hälfte von den zum Teil stark verwitterten Lockerprodukten der Oberen Schlackenserie aufgebaut wird. Das charakteristische dünne, geschwungene Doppelband ist im unteren Drittel gut erkennbar. Es ist ein *air fall*-Tuff, der Pflanzenfossilien enthält. Die unterste Einheit der hellen Minoischen Schicht (Bo_1) schmiegt sich in gleicher Dicke dem Kurvenverlauf der Erosionsrinne an, was typisch für eine aus der Luft abgesetzte Ablagerung ist. Ganz anders verhalten sich die darüber folgenden Bo_2- und Bo_3- Schichten, die horizontal lagern und damit bezeugen, daß sie lateral als Aschenströme ausgeflossen sind.

◄ **3.7** Geologische Übersicht mit den wichtigsten Ortsbezeichnungen. Nach einer Illustration von Pichler et al. (1972) und der Geologischen Karte von Santorin von Pichler und Kussmaul (1980).

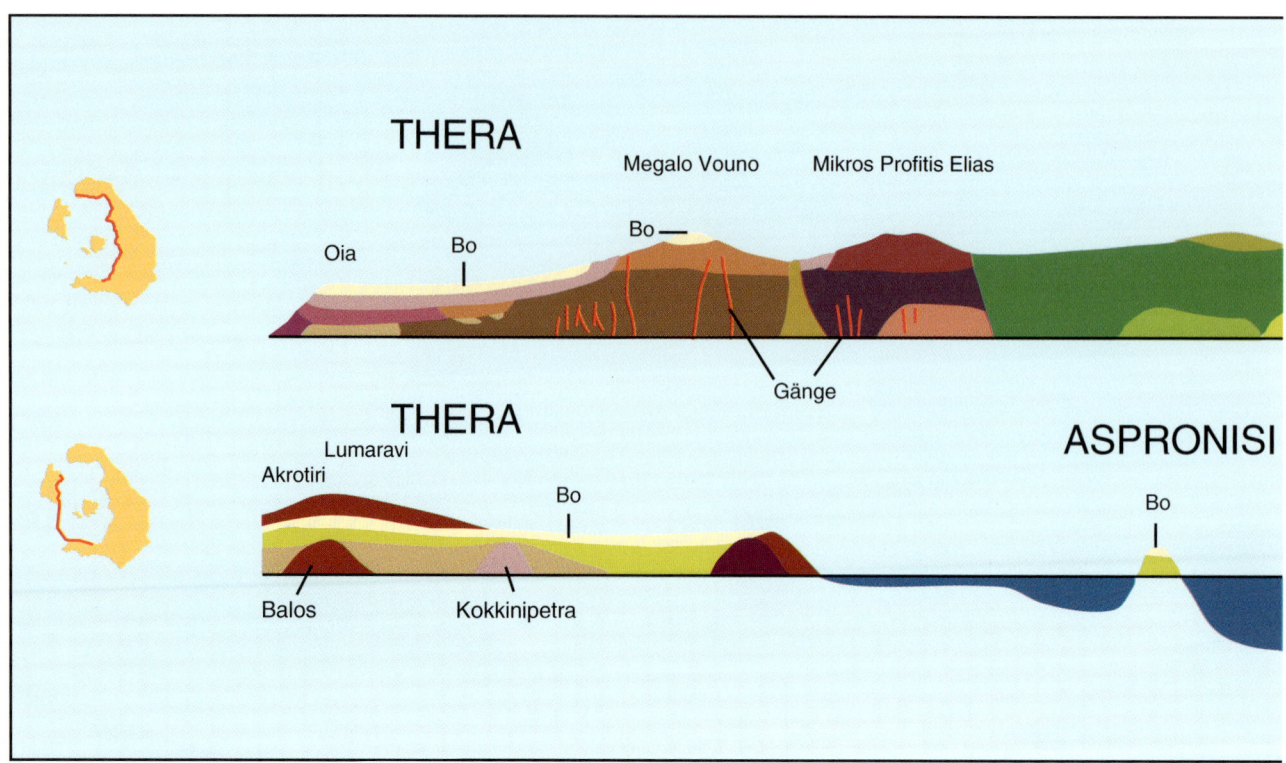

3.9 Die Profilskizzen der Calderawände von Santorin. Sie berichten vom Werdegang des Vulkangebäudes mit seinen Aufbau- und Destruktionsphasen.

von dazitischen Laven und Aufdomungen. Die Laven des Skaros-Vulkans stoßen abrupt an die Laven von Mikros Profitis Elias an.

Das obere Drittel von *Megalo Vouno* wird aus glasigen, andesitischen Laven aufgebaut. Außerdem findet man dort Schlacken und Laven der beiden Vulkane *Megalo Vouno* und *Kokkino Vouno*. Aus den stratigraphischen Verhältnissen geht hervor, daß diese Laven jünger sind als der Skaros-Schildkomplex und altersmäßig etwa den Therasia-Laven entsprechen. Auch die Bildung eines Maars bei Kap Kolumbo (Pichler und Kussmaul 1980) läßt sich zeitlich in die Periode des Megalo-Vouno-Vulkanismus einordnen.

Drei vulkanische Einheiten konnten Pichler und Kussmaul (1980) auf der Insel Therasia unterscheiden, nämlich eine untere, eine mittlere und eine obere Gruppe. Sie bestehen aus andesitischen Laven, die von den „Therasia-Vulkanen" stammen sollen. Nach einer Arbeit von Huijsmans (1985) gehören sie jedoch zu den Skaros-Laven, da sie chemisch und lithologisch jenen ähnlich sind. Vermutlich sind sie Ausläufer des Skaros-Schildes. Nach Druitt (1985) sind sie ein Teil des Skaros-Therasia-Domkomplexes, der große Gebiete im Norden der vorminoischen Insel bedeckt hat.

Eine etwa 300 Meter mächtige Pyroklastika-Folge ist besonders an den Calderawänden im südlichen Gebiet von Thera und ebenfalls auf Aspronisi zu finden. Diese Folge liegt auf der Insel Thera sowohl auf dem metamorphen Grundgebirge als auch auf dem Akrotiri-Vulkangebiet. Sie enthält auch pflanzenführende Schichten, auf die in Kapitel 5 noch näher eingegangen werden wird. Sie wird auf Thera, Therasia und Aspronisi von den bis zu 60 Meter dicken Bimssteinmassen der Minoischen Eruption überdeckt.

Der *Obere Ignimbrit* (auch Kap-Riva-Ignimbrit genannt) bildet auf Santorin eine etwa sieben Meter dicke, markante Schicht. Sie wird mit der U-2 Tephra in Tiefseebohrkernen korreliert (Keller 1981). Das Alter dieses Ignimbrits wird aufgrund von Radiokarbondatierungen von Holzkohle auf etwa 21 000 Jahre vor Christus veranschlagt (Friedrich und Pichler 1976, Friedrich et al. 1977, Eriksen et al. 1990). Dieses Alter kann als gut gesichert angesehen werden, da es auf datierbaren Holzkohleresten von mehreren kleinen Bäumen beruht, die alle begraben wurden, als der Ignimbrit entstand (siehe Kapitel 5, Abbildung 5.6). Die Verbreitung dieses Ignimbrits ist sowohl von Pichler und Kussmaul (1980) als auch von Druitt

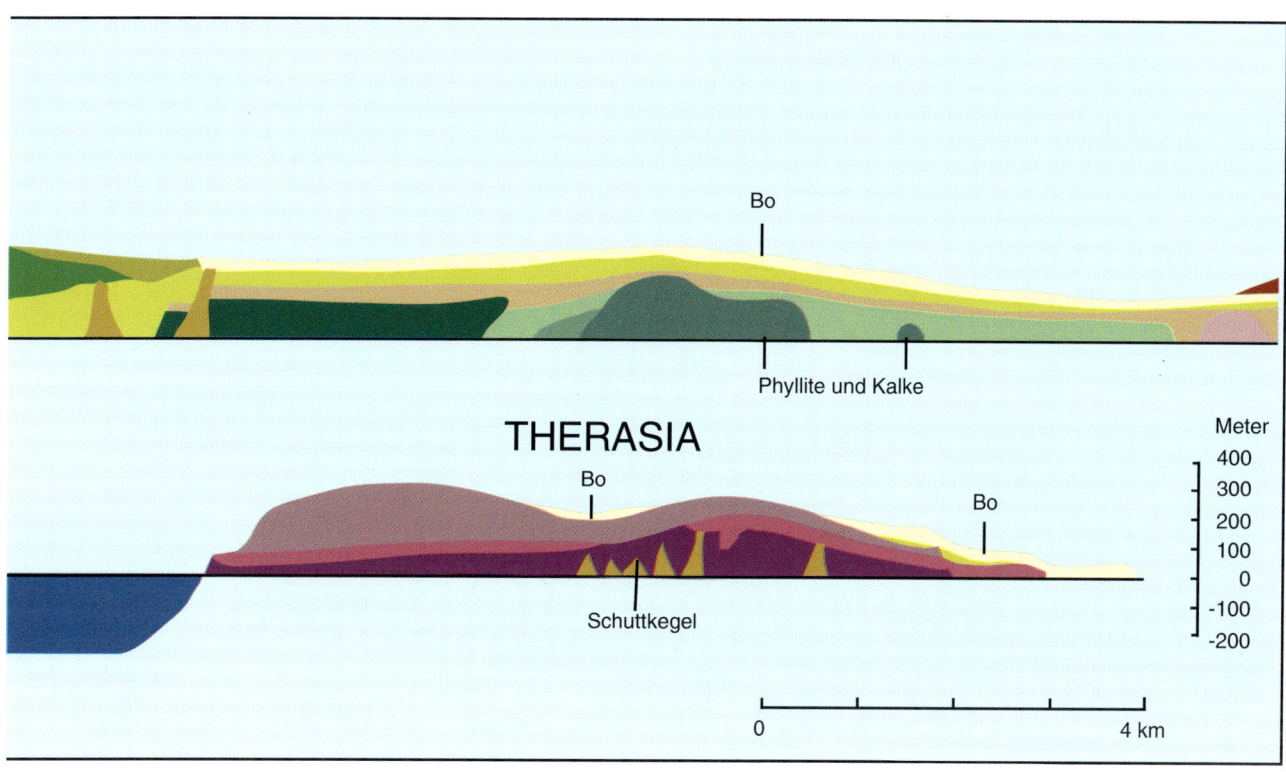

(1985) beschrieben worden. Ursprünglich lieferten die Datierungen 18 000 ^{14}C-Jahre, doch nach der neuen Kalibrierungskurve von Bard et al. (1990) können sie auf 21 000 Kalender-Jahre vor Christus kalibriert werden.

Die *Minoische Aschenschicht* – auch Oberer Bimsstein (Bo) genannt – ist sowohl für die Archäologen als für die Geologen ein wichtiger Leithorizont, da ihre Produkte bronzezeitliche Siedlungen auf Santorin begruben und einen großen Aschenfächer über das südöstliche Ägäische Meer ausbreiteten (Abbildungen 3.8 und 3.9). In Kapitel 6 wird diese Schicht näher besprochen.

Bo: 3635

Bm: 80 000

Bu: 100 000

4.0 Die Profilwand zwischen Fira und Athinios auf Thera enthält geologische Informationen, die etwa 100 000 Jahre zurückreichen. Unten im Foto sieht man die beiden Schichten des Unteren Bimssteins (Bu), etwas oberhalb der Bildmitte tritt der Mittlere Bimsstein (Bm) hervor. Darüber folgt das charakteristische, pflanzenführende Doppelband, und zuoberst erkennt man die drei Schichten des Oberen Bimssteins (Bo).

4

Stratigraphie – der rote Faden der Geologie

Auf Santorin gibt es Schichten, die eine
überregionale Bedeutung haben. Sie stammen
von Santorin, wurden aber auch gleichzeitig
in anderen Gebieten abgelagert. Kann man sie
datieren, so hat man eine Richtschnur für die
Stratigraphie der betreffenden Gebiete.
Solche Leithorizonte zu datieren ist eine der
wichtigsten Aufgaben der Geologen. Sie
benutzen hierzu die Datierungshilfen der
Stratigraphie und Paläontologie: Fossilfunde
und physikalische Gesetzmäßigkeiten.

Paläontologische Funde

Wenn der Geologe das Alter eines Gebietes bestimmen möchte, benutzt er in erster Linie Fossilfunde, die eine stratigraphische Aussage erlauben. Sie sind eine notwendige Voraussetzung für seine Arbeit. Außerdem sind sie oft schneller und billiger zu handhaben als absolute Datierungen. Was jedoch die Fossilfunde in den ältesten Schichten auf Santorin anbetrifft, so ist es damit nicht sehr gut bestellt: Es wurden bisher nur sehr wenige und relativ schlecht erhaltene Fossilien gefunden. Dementsprechend ist die stratigraphische Gliederung in den nichtvulkanischen Gebieten der Inselgruppe noch sehr lückenhaft.

Marine Fossilien vom Profitis-Elias-Massiv

Bei Profitis Elias auf Thera sind metamorphe Gesteine aufgeschlossen, die extrem fossilarm sind. Obwohl man durch den Straßenbau der letzten Jahrzehnte genügend frische Anschnitte zur Verfügung hatte, sind bisher nur die spärlichen Abdrücke von Muscheln (Megalodontidae) bekannt geworden (Papastamatiou 1958). Sie ermöglichen jedoch zumindest eine generelle Alterseinordnung dieser Schichten in den Zeitabschnitt der Obertrias. Solche Muscheln kennt man auch von den in der Nähe liegenden Inseln Naxos und Mykonos.

Ein weiterer Fossilfund, ebenfalls aus dem Profitis-Elias-Komplex, zeigt, daß auch noch jüngere marine Schichten in diesem Gebiet aufgeschlossen sind. Tataris (1963) beschrieb von Sellada, dem „Sattel", der zwischen Profitis Elias und Mesa Vouno liegt, Fossilien, die in einer Kalklinse in niedrigmetamorphen Konglomeraten vorkamen. Er fand Foraminiferen (Miliolidae und *Laffiteina* sp.) sowie Schnecken und andere Fossilien, die nicht bestimmt werden konnten. Die Gesamtheit der Fauna deutet darauf hin, daß diese Ablagerung nach der Kreidezeit und wahrscheinlich im Paläozän (Montium) entstand. Nach Tataris gibt es ähnliche Sedimente auf der Nachbarinsel Anaphe, die für die betreffenden Fossilfunde von Santorin allerdings eine Eingliederung ins Eozän noch wahrscheinlicher machen.

Marine Fossilien bei Archangelos Vouno

Auf der Akrotiri-Halbinsel auf Thera gibt es Meeresablagerungen, die aus der ältesten vulkanischen Phase Santorins stammen. Sie wurden durch das Aufsteigen des Magmas in kuppelförmigen Aufwölbungen vom Meeresboden bis in eine Höhe von etwa 200 Metern über den Meeresspiegel gehoben. Sie sind besonders gut bei Archangelos Vouno, bei Lumaravi Vouno und an der Calderawand bei Kap Lumaravi aufgeschlossen. Fossilfunde können ins Oberpliozän gestellt werden. Eine Kopie der Faunenliste ist im Exkurs wiedergegeben.

Makrofossilien von Archangelos Vouno auf der Akrotiri-Halbinsel

(aus von Fritsch, unverändert, 1871, Seite 176).

Schizaster minor Mayer
Terebratulata vitrea L. sp.
Ter. septata Phil. valv. sup. (Waldheimia)
Ter. euthyra Phil. (Waldheimia)
Ter. caput serpentis L. (Terebratulina)
Ostrea hippopus Lam.
Anomia patelliformis E. sp. (Placunanomia)
Pecten similis Laskey
Pecten septemradiatus Müll. (= *pseudamusium* Chemn.)
Pecten varius Penn.
Avicula sp.
Arca barbata L.
Arca pectunculiformis Scac.
Nucula sulcata
? *Leda nitida* Brocchi sp.
Cardium edule L.
Cardium roseum Lam
Lucina Astensis Bronn
Lucina spinifera Montf.
Venus, Cytherea oder *Circe*, sp. nov.
? *Venus*
Venus gallina L.
? *Cardita*
? *Corbula*
Dentalium tetragonum Brocchi
Dentalium Dani Hark
Turbo sanguineus L.
? *Rissoa*
Assiminea littorina Delle-Chiaje
Vermetus glomeratus L.

Auch Neumann van Padang hat einige Fossilien von Archangelos Vouno gesammelt, die Quenstedt (1936) bestimmte. Darunter waren *Pecten jacobaeus* Linné und *Pecten septemradiatus* Müller. Von der Nordseite des Lumaravi-Berges erwähnt er *Pecten varians* und *Pinna sp.* (vermutlich *Pinna pectinata* Linné).

Eine Neuaufsammlung, die ich an der gleichen Stelle bei Archangelos Vouno vornehmen konnte, erbrachte nur sehr schlechte Reste von Muscheln (Pectiniden), in einigen Proben kamen Steinkerne von Foraminiferen vor. Die Bestimmung dieser Fossilien wurde von Marit-Solveig Seidenkrantz aus Århus durchgeführt, die auch selbst Proben gesammelt hat (Seidenkrantz 1989).

Die neuen Untersuchungen der Foraminiferenfauna bei Archangelos Vouno zeigen, daß die fossilführenden Sedimente in Küstennähe abgelagert wurden. Dies wird auch durch das Vorkommen von Strandgeröllen aus vulkanischen Gesteinen in den Sedimenten bestätigt. Bei den Foraminiferen handelt es sich um Formen des Flachwasserbereichs, die ursprünglich in einer Wassertiefe von bis zu 25 Metern gelebt haben (Abbildung 4.1).

Ein weiteres Fossilvorkommen auf der Akrotiri-Halbinsel liegt bei Kap Lumaravi. Es enthält eine Foraminiferenfauna, die aus tieferen Wasserbereichen (über 100 Meter Wassertiefe) stammt. Hier findet man meist planktonische, das heißt im Wasser treibende Formen (Seidenkrantz und Friedrich 1992).

Diese Foraminiferenfauna ist maximal zwei Millionen Jahre alt. Das Mindestalter ist durch die absolute Datierung von 1,6 Millionen Jahren gegeben. Die Funde gehören also ins Oberpliozän. Da man bei Archangelos Vouno auch Strandgerölle vulkanischen Ursprungs in den fossilführenden Schichten findet, kann man schließen, daß die vulkanischen Ereignisse, die die Hebung der marinen Schichten verursachten, sich bereits *vor* der Ablagerung der Fossilien ereignet haben, vermutlich aber ebenfalls im Pliozän. Mit dieser relativen Datierung haben wir damit auch eine zeitliche Vorstellung vom Beginn des Vulkanismus auf Santorin.

Absolute Datierungen

Wie man aus den oben genannten Fossilfunden ableiten kann, erfolgten die ersten vulkanischen Geschehnisse auf Santorin wahrscheinlich im Pliozän. Dies bedeutet, daß man für die Datierung der vulkanischen Gesteine auch absolute Datierungsmethoden anwen-

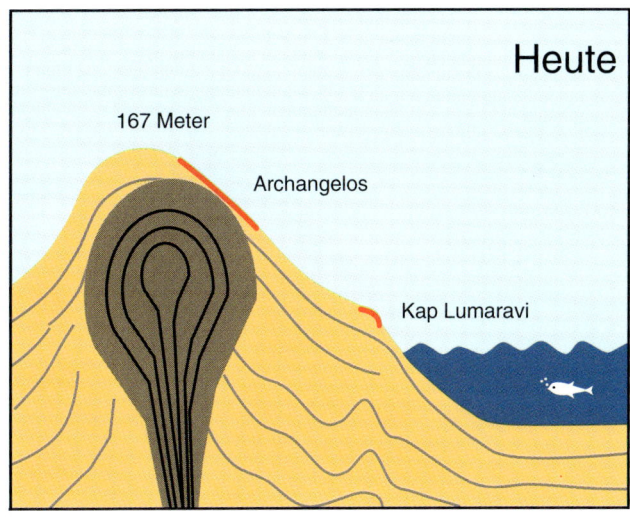
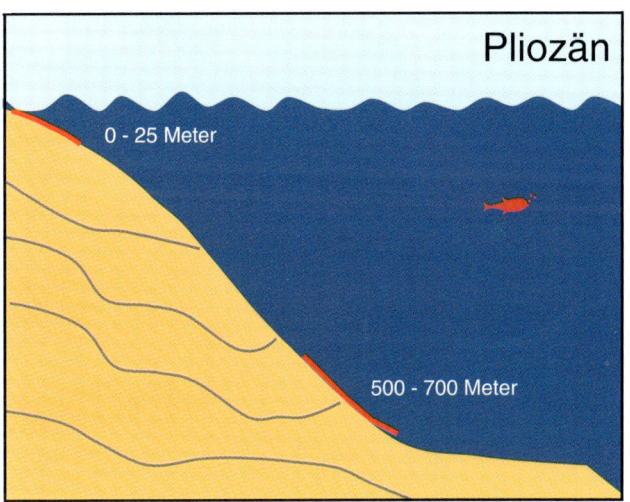

4.1 Die untere Zeichnung zeigt die ursprünglichen Wassertiefen im Archangelos-Lumaravi-Gebiet im Oberpliozän. Die roten Striche markieren die marinen Biotope. Die obere Zeichnung zeigt die Aufdomung und Heraushebung der marinen Schichten an der Grenze Pliozän-Quartär.

Spaltspurenmethode (*fission tracks*)

Mit dieser Methode kann man das Alter von häufig vorkommenden Mineralen wie Apatit und Zirkon bestimmen. Die Methode beruht darauf, daß Kristalle von ihrem Bildungszeitpunkt an radioaktiven Strahlen ausgesetzt sind, die bei dem Zerfall des natürlich im Gestein vorkommenden radioaktiven Urans ^{238}U entstehen. Diese Strahlen verursachen Spuren im Kristall, die man in einem Dünnschliff des Gesteins durch Anätzen sichtbar machen und unter dem Mikroskop auszählen kann. Das Alter des betreffenden Minerals erhält man durch eine einfache Beziehung: Je älter das Mineral ist, desto mehr Spaltspuren weist es auf.

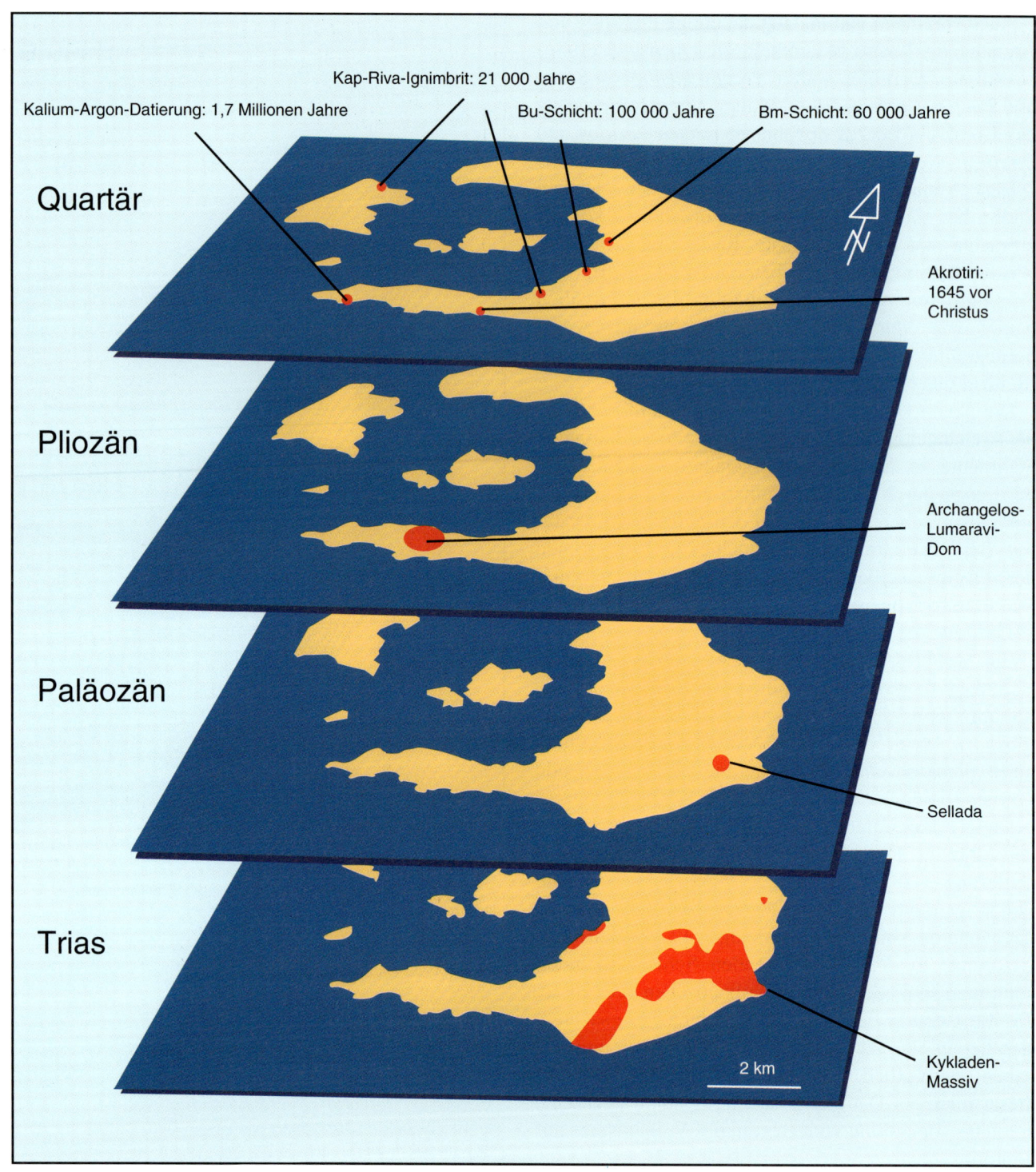

4.2 Schematische Darstellung der wichtigsten datierten Schichten auf Santorin im Zeitintervall Trias-Quartär.

den kann, sofern sie für diesen Zeitbereich geeignet sind. So kann man zum Beispiel die *Kalium-Argon-Methode* benutzen, wenn die zu datierenden Gesteine frisch genug sind und aus radioaktivem Zerfall stammendes Kalium in ausreichender Menge enthalten.

Diese Datierungsmethode wurde sowohl auf die etwa 3,5 Millionen Jahre alten Lavaströme der Insel Kimolos (Milos-Gruppe) als auch auf Gesteine von Santorin angewendet, die ja beide auf dem Hellenischen Bogen liegen. Von der Insel Thera wurden Proben von einem dicken dazitischen Lavastrom bei Kap Akrotiri und von einer submarinen Brekzie bei Kap Mavro gemessen (Abbildung 4.2). Für Santorin erhielt man so Alter von 1–1,5 Millionen Jahren.

Auch die *Spaltspurenmethode* wurde auf Santorin erfolgreich angewendet (siehe Exkurs). So hat man mit dieser Methode das Mineral Zirkon aus der Bu-Bimsschicht datiert. Man fand hier Alter von einer Million Jahren. Auch Obsidian, dunkles, vulkanisches Glas, das in Fremdgesteinseinschlüssen in der Bu-Bimssteinschicht vorkommt, wurde datiert. Es lieferte ein Alter von zirka 100 000 Jahren (Seward et al. 1980). Die Bu-Schichten haben auf Santorin eine Mächtigkeit von etwa 40 Metern. Man findet die Bu-Tephra aber auch in zahlreichen Bohrkernen aus der Ägäis. Dies macht sie zu einem wichtigen Leithorizont und unterstreicht Santorins Rolle in der Stratigraphie im Mittelmeerraum.

4.3 Der Kap-Riva-Ignimbrit kommt an mehreren Stellen auf Santorin vor. Er ist ein besonders wichtiger Leithorizont, da er genau datiert ist und auch außerhalb von Santorin als Tephra gefunden wird. Diesen Ignimbrit benutzten die Theräer der Bronzezeit als Baustein für ihre Häuser, wie man in den Ausgrabungen von Akrotiri und Potamos auf Thera sehen kann. Im oberen Bild sieht man im Mavromatis-Steinbruch bei Akrotiri (über der sitzenden Person), daß der Ignimbrit schräg in die Caldera hineinfällt. Das untere Bild zeigt die typische Gesteinsstruktur des Ignimbrits.

Datierungen von organischen Resten

Auch die ersten auf dem Land gebildeten Laven auf Santorin gehören vermutlich ins Oberpliozän. Aus jener Zeit stammen wahrscheinlich auch die Pollen, die Sauvage und Jarrige (1978) in Sedimenten der Akrotiri-Halbinsel nachweisen konnten. Solche organische Reste können nicht mit der Radiokarbonmethode datiert werden, da diese Methode nur bis zu Altern von etwa 50 000 Jahren anwendbar ist. Aber auch die im Quartär wachsende Flora hinterließ zahlreiche Spuren in den Aschenlagen, die stratigraphisch und klimatologisch wichtige Informationen

lieferten und zum Teil auch mit dieser Methode datierbar sind.

In vulkanischen Gebieten – wie zum Beispiel auf Hawaii und auf Island – ist man immer wieder überrascht zu sehen, daß Sträucher, Bäume und Gras bei einem Vulkanausbruch nicht spurlos verschwinden, sondern in Form von Abdrücken oder sogar organischen Resten erhalten bleiben. Dies geschieht jedoch nur dann, wenn sie von dünnflüssiger Lava oder feinkörniger Asche bedeckt werden (Friedrich 1966, 1968). Selbst wenn das organische Material oder die Abdrücke der ehemaligen Pflanzen in vielen Fällen eine Bestimmung nicht mehr zulassen, so kann man

4.4 Die Ablagerungen der dritten Phase der Minoischen Eruption verwittern oft zu bizarren Formen, wie hier auf Nord-Therasia. Sie enthalten viele dunkle Fremdgesteine, die meist von alten Laven stammen. Im Hintergrund sieht man die Insel Thera mit der Ortschaft Oia und den Megalo-Vouno-Komplex (rechts).

zumindest die eventuell zurückgebliebene Holzkohle mit der Radiokarbonmethode datieren.

Auf Santorin wurde sie speziell für die Datierung des Minoischen Ausbruchs angewendet. Hier waren es besonders Pflanzenreste aus Vorratskrügen, die man in der Ausgrabung bei Akrotiri gefunden hatte, die für die Datierung sehr wichtig waren. Eine ausführliche Beschreibung dieser Datierungsmethode und ihre Resultate sind in Kapitel 7 gegeben.

Die Tephrochronologie

Ein besonders wichtiges stratigraphisches Hilfsmittel ist die Tephrochronologie. Diese Methode wurde bereits zu Beginn dieses Jahrhunderts in Dänemark angewendet. Sie erlangte jedoch internationale Bedeutung durch die Arbeiten von Thorarinsson (1944) auf Island, der auch diesen Begriff prägte. Bei einem explosiven Ausbruch wird ein synchroner Aschenfächer über ein großes Gebiet gelegt. Ein solcher Aschenfächer ist ein hervorragender Leithorizont, da er geologisch gesehen einen sehr kurzen Zeitabschnitt repräsentiert. Er ist in allen Ablagerungsbereichen nachweisbar, sowohl auf dem Land als auch im Meer. Kennt man das Alter der Asche an einer Stelle, so ist der gesamte Aschenfächer datiert. Er ist wie ein roter Faden, den man zur Korrelation, der zeitlichen Verknüpfung von verschiedenen Gebieten, benutzen kann.

Auf Santorin sind es besonders die Tephren von explosiven Eruptionen, die man als Leithorizonte bei der Tephrochronologie im östlichen Mittelmeergebiet verwendet: Der Untere Bimsstein, der Mittlere Bimsstein, der Kap-Riva-Ignimbrit und die Minoische Aschenschicht.

Der *Untere Bimsstein (Bu)* wird auf Santorin mit einem Alter von etwa 100 000 Jahren belegt (Seward et al. 1980). Diese Asche hat man mit der V-1 Asche aus den Tiefseesedimenten korreliert (McCoy 1980, Keller 1981, Vinci 1985). Keller rechnet jedoch aufgrund von stratigraphischen Gesichtspunkten mit einem Alter von 160 000 Jahren.

Der *Mittlere Bimsstein (Bm)* ist auf Santorin an der Calderawand von Thera aufgeschlossen, wo man ihn über mehrere Kilometer gut verfolgen kann. Die Bm-Bimsschicht wird mit der W-2 Tephra aus den Tiefseebohrungen korreliert, die ebenfalls im Mittelmeerraum sehr verbreitet ist (Keller 1981, Vinci 1985). Zur Zeit rechnet man mit einem Alter der Bm-Schicht von etwa 60 000 Jahren, sie ist also 10 000 Jahre älter, als man bisher angenommen hat (Friedrich und Velitzelos 1986).

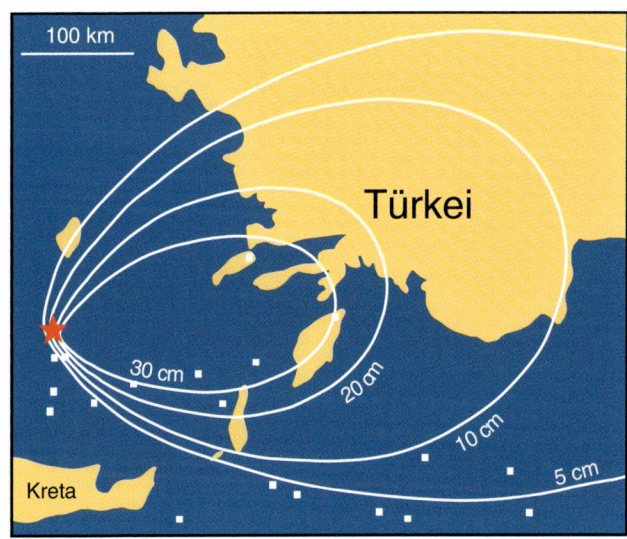

4.5 Der Aschenfächer des Minoischen Ausbruchs ist einer der wichtigsten Leithorizonte im östlichen Mittelmeergebiet. Nach Osten hin wird die Aschenlage immer dünner. Nach Pyle (1990).

Der *Kap-Riva-Ignimbrit* bildet auf Santorin einen zirka sieben Meter dicken, markanten Horizont. Diese Schicht wird mit der U-2 Tephra in Tiefseebohrkernen korreliert (Keller 1981). Das Alter dieses Ignimbrits wurde durch Radiokarbondatierungen von Holzkohle bestimmt (Friedrich und Pichler 1976, Friedrich et al. 1977, Eriksen et al. 1990). Mehrere Messungen ergaben ein Radiokarbonalter von 18 000 Jahren vor Christus. Kalibriert man diesen Wert nach der Eichkurve von Bard et al. (1990), so erhält man ein Alter von 21 000 Kalenderjahren. Dieses Alter kann als gut gesichert angesehen werden, da es auf datierbaren Holzkohlenresten von mehreren kleinen Bäumen beruht, die unter den glühenden Gesteinsmassen des Ignimbrits begraben wurden (Abbildung 4.3). Die Verbreitung dieses Ignimbrits auf Santorin ist sowohl von Pichler und Kussmaul (1980) als auch von Druitt (1985) beschrieben worden.

Der *Obere Bimsstein (Bo)* begrub bronzezeitliche Siedlungen auf Santorin, und die Eruption legte einen großen Aschenfächer über das südöstliche Ägäische Meer. Daher lieferte auch dieser Ausbruch sowohl für die Archäologen als auch für die Geologen einen wichtigen Leithorizont (Abbildungen 4.4 und 4.5). Während die Archäologen aufgrund von keramischen Funden ein Alter für den Ausbruch von etwa 1500 vor Christus annahmen (Doumas 1983), deuten nun sowohl die kalibrierten Radiokarbondatierungen als auch das Eiskernalter auf das Jahr 1645 ± 7 Jahre vor Christus (Hammer et al. 1987) (siehe Kapitel 7).

5.0 Der rote Ignimbrit an der Millo-Bucht auf Therasia ist deutlich unterhalb der Bildmitte sichtbar. Er enthält an seiner Unterseite verkohlte Pflanzenreste. Diese wurden mit der Radiokarbonmethode datiert und ergaben ein Kalenderalter von 21 000 Jahren vor Christus.

5

Pflanzenfunde aus geologischer Vorzeit

Fossile Pflanzen geben uns einen Einblick in
die Vegetationsgeschichte der Vorzeit. Sie
verraten uns auch, welches Klima im Gebiet
der Ägäis und auf der Ringinsel geherrscht
hat. So sind die Klimaschwankungen der
letzten Eiszeit auch in Sedimenten auf
Santorin nachweisbar, allerdings hat es hier
nie eine Eisbedeckung gegeben. In Kaltzeiten
gab es geringen Pflanzenbewuchs mit Gras,
während in den Warmzeiten Bäume auf der
Ringinsel wuchsen. In der Bronzezeit
entsprach das Klima dem heutigen.

Die Erhaltung von Pflanzenfossilien in Vulkangebieten

Vor etwa 18 000 Jahren, als in Nordwesteuropa die letzte Eiszeit ihren Höhepunkt erreichte, war auch das Klima auf der Ringinsel kühler. Eine Eisdecke hat es auf dieser Insel allerdings nie gegeben. Woher weiß man das? Die einzigen Indikatoren, die man auf Santorin zu klimatischen Rekonstruktionen heranziehen kann, sind die Pflanzenfossilien, die man in den vulkanischen Schichten findet. Warum man hierzu keine Tierreste verwendet, mag man sich verwundert fragen. Das hängt einfach damit zusammen, daß Landtiere in Vulkangebieten äußerst selten fossil erhalten bleiben. Landtiere können den drohenden Naturkatastrophen meist ausweichen. Diese Möglichkeit haben Pflanzen jedoch nicht. Werden sie von vulkanischen Ablagerungen überdeckt und eingebettet, so verschwinden sie jedoch nicht völlig. Fast immer hinterlassen sie irgendeine Spur: Dies können Hohlräume in Lava oder Asche, Abdrücke sowie Holzreste und Holzkohle sein (Abbildung 5.1). Deshalb besteht auch die Möglichkeit, bei intensiver Suche nach Vegetationsresten an der Unterseite einer Lava oder einer Asche Überreste oder Spuren der ehemaligen Vegetation zu finden (Abbildungen 5.2 und 5.3).

Auf Santorin, wie in anderen Vulkangebieten, die aus losen Schlacken und Aschen aufgebaut sind,

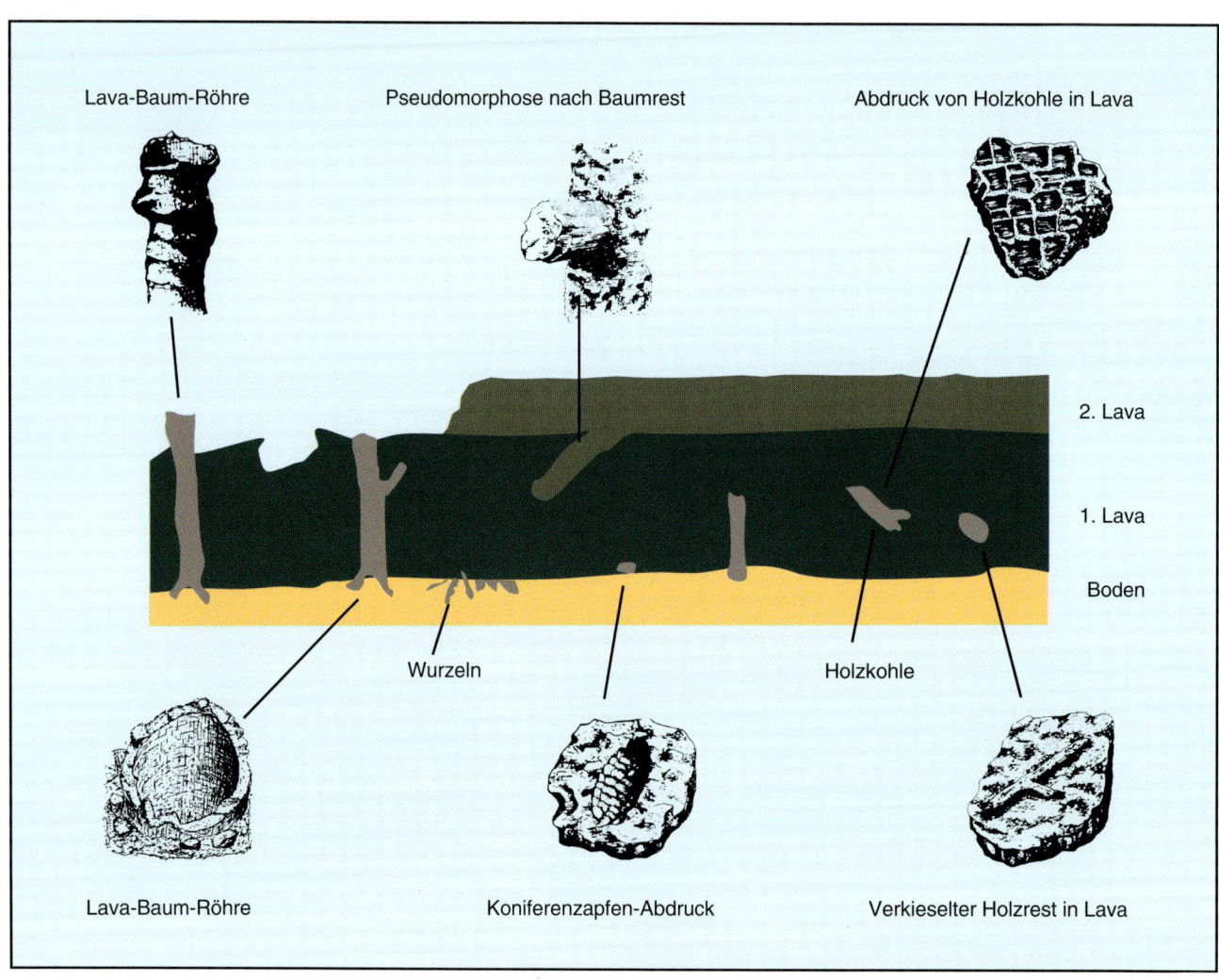

5.1 Schematische Darstellung der Erhaltung von Pflanzenresten bei Überdeckung durch dünnflüssige Lava. Bei dieser Erhaltung spielt das Leidenfrostsche Phänomen eine wichtige Rolle. Ähnlich wie bei einem Wassertropfen, der auf einer glühenden Ofenplatte nicht sofort verdampft, sondern tanzt, weil er von einer schützenden Dampfhaut umgeben wird, so bildet sich bei der Berührung mit glühender Lava eine isolierende Kappe aus Dampf um die feuchte Vegetation. Die Lava erstarrt um einen feuchten Baum herum und bildet eine Röhre.

Diese kann als freistehende Lavaröhre zurückbleiben, wenn die Lava weiterfließt, wie es zum Beispiel in Hanglagen vorkommen kann. Solche Lava-Baumröhren können Holzkohle enthalten oder aber Abdrücke der Rinde an der Innenseite. Auch können diese Röhren später wieder mit Lava verfüllt werden, wobei ein Abguß des ursprünglichen Baumes aus Lava entsteht. Schließlich können sie auch durch sekundäre Minerale ausgefüllt werden.

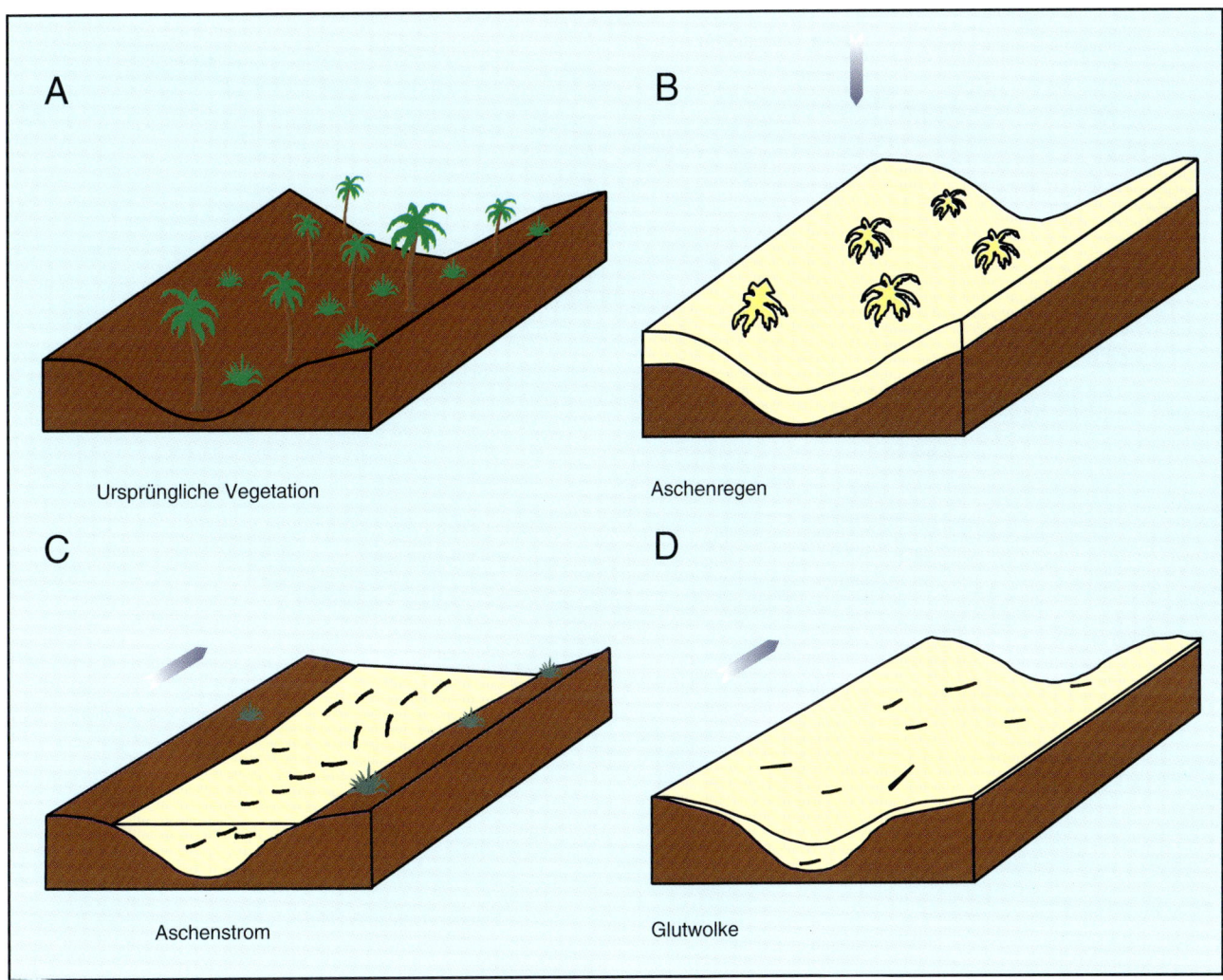

A — Ursprüngliche Vegetation

B — Aschenregen

C — Aschenstrom

D — Glutwolke

5.2 Die Erhaltung von Pflanzen in vulkanischen Lockerprodukten ist von der Temperatur und der Fließrichtung (Pfeile) des Einbettungsmediums abhängig. Ein bewachsenes Tal (A) wird bei Aschenregen (*air fall*) mit einer gleichmäßigen Aschenschicht (B) überdeckt. Die Vegetation verbleibt dabei an Ort und Stelle und kann sogar leichten Aschenfall überleben. Bei Aschenströmen (*ash flow*) wird die Vegetati- on meist vom ursprünglichen Standort entfernt und zeigt deutliche Transporteinregelung (C). Abhängig von der Temperatur des Einbet- tungsmediums kann es zum Verbrennen oder Verkohlen kommen. Bei stark explosiven (phreatischen) Eruptionen wird die Vegetation ebenfalls vom Standort entfernt (D) und meist stark durch den Transport verändert.

wachsen Pflanzen bevorzugt in den strahlenförmig verlaufenden Erosionsrinnen, die sich vom Vulkanke- gel hinabziehen. In diesen Rinnen sind die Pflanzen vor Wind geschützt und finden dort auch Wasser. Bei einem Vulkanausbruch macht sich allerdings der Nachteil bemerkbar, daß Lava oder Aschenströme bevorzugt solche bereits vorgezeichneten Abflußrin- nen benutzen. Wird eine bewachsene Rinne von vulkanischen Ablagerungen zugedeckt, so kann die Vegetation überliefert werden. Es hängt allerdings von verschiedenen Faktoren ab, wie die Spuren der Vegeta- tion erhalten bleiben. Besonders wichtig bei diesem Prozeß sind die Temperatur des bedeckenden vulkani- schen Materials, die Feuchtigkeit der Vegetation sowie der Zutritt oder Mangel von Sauerstoff. Bei hoher

Temperatur und Sauerstoffzutritt zum Beispiel ver- brennt die Vegetation, und nur im günstigsten Falle können Hohlräume und eventuell Holzkohle im Ein- bettungsmaterial übrig bleiben (Friedrich 1966; Abbil- dung 5.4). Ist jedoch kein Zutritt von Sauerstoff möglich oder die Temperatur niedriger als etwa 360 Grad Celsius, so kann sogar organisches Material erhalten bleiben.

Die Pflanzenfossilien von Santorin

Über fossile Pflanzen von Santorin berichtete in der Literatur zuerst der französische Geologe Lacroix (1896), der zusammen mit seinem Kollegen Fouqué

5.3 Wie ausgebleichte Knochen sehen die verkalkten Wurzeln in dem verwitterten Tuff aus. Da sie härter als der Tuff sind, werden sie durch den Wind freipräpariert. Solche Pflanzenreste bezeugen, daß es eine längere Ruhephase in der Eruptionsfolge des Vulkans gab, in der die Vegetation sich ausbreiten konnte und Zeit zur Verwitterung des Tuffes zur Verfügung stand.

solche Reste im Steinbruch südlich der Stadt Fira gesammelt hatte. Man darf allerdings vermuten, daß man derartige Fossilien bereits viel früher auf der Insel gekannt hat, da die beiden Forscher von den Lazaristen auf der Insel über die Fossilien informiert wurden. Mit Sicherheit darf man annehmen, daß man auf solche Pflanzen gestoßen war, als man in der Umgebung der Stadt Fira begann, den Bimsstein für den Hausbau abzubauen. Die Lokalität, an der Lacroix die Pflanzenfossilien sammelte, lag nach seinen Angaben 15 Meter unterhalb der Lava, auf der die Stadt Fira erbaut ist. Dies ist ungefähr die Stelle, wo auch die Sammlungen von Julius Schuster aus Berlin (1936) ihren Ursprung haben.

Auch die im folgenden beschriebenen Pflanzen wurden dort gesammelt. Das Fossilmaterial von Lacroix wird heute im Museé d'Histoire Naturelle in Paris aufbewahrt, während das von Schuster bearbeitete Material im Naturkundemuseum in Berlin zu finden ist. Weiterhin gibt es einige Fundstücke im Naturkundemuseum Senckenberg in Frankfurt am Main und auf Thera in der Sammlung der katholischen Kirche. Eine Platte mit Abdrücken von Olivenblättern ist außerdem im Hiller-von-Gärtringen-Museum in der Stadt Fira ausgestellt. Meine eigenen Fossilsammlungen aus den Jahren 1975–1980 werden im Paläontologischen Museum der Universität Athen aufbewahrt.

Pflanzenreste aus den Fira-Schichten

Der Tamariskenbaum (*Tamarix* sp.)

Auf Santorin wurde bisher nur ein kleiner Rest des Tamariskenbaums (*Tamarix* sp.) gefunden. Die zu der Familie der Tamaricaceen gehörenden Bäume sind heute im Mittelmeergebiet recht häufig anzutreffen. Sie sind als Schattenspender, besonders in Strandge-

5.4 Holzkohlenreste sind sehr wichtige Hilfsmittel für die Datierung der Schichten. Allerdings nur dann, wenn sie ihrem Alter nach im Anwendungsbereich der Radiokarbonmethode liegen. Man kann eventuell auch im Dünnschliff einer Kohleprobe noch ermitteln, um welche Pflanze es sich gehandelt hat. Schließlich verrät der Kohlerest, daß die Temperatur des Einbettungsmediums über 360 Grad Celsius gelegen haben muß. Der hier abgebildete Kohlerest vom Mavromatis-Steinbruch bei Akrotiri stammt aus einer Erosionsrinne, die auf den südlichen Teil der heutigen Caldera ausgerichtet ist. Er ist einer Radiokarbondatierung (AAR-1565) zufolge älter als 42 000 Jahre vor Christus. Das bedeutet, daß dieses Minimumalter auch auf das Südbecken der Caldera übertragen werden kann.

bieten, sehr beliebt und werden an den Stränden Santorins auch heute noch zu diesem Zweck gezogen. Im vergangenen Jahrhundert waren Tamarisken auf Santorin verschwunden. Sie wurden jedoch von dem Santoriner Wissenschaftler De Cigalle von Nachbarinseln wieder eingeführt, wie Heldreich (in Hiller von Gärtringen 1902) berichtet.

Die Lentiske (*Pistacia lentiscus* Linné)

Ich konnte einige zusammengesetzte Blätter aus den Tuffen bei Fira beschreiben und mit Hilfe des Rasterelektronenmikroskops auch ihre Kutikula, das heißt ihre Haut untersuchen (Friedrich 1980). Hierbei wurde klar, daß es sich um die heute noch im mediterranen Gebiet häufig verbreitete *Pistacia lentiscus* Linné handelt (Abbildung 5.5). Auf Santorin kommt *Pistacia lentiscus* heute auf Palaea Kameni vor (Hansen 1971, Schmalfuss 1991). Auch auf Thera fand ich sie im Gebiet von Archangelos. Die zur Familie der Anacardiaceen gehörenden Sträucher der Pistazie sind ebenfalls heute charakteristische Elemente der Mittelmeerflora.

Die Therebinte (*Pistacia therebintus* Linné)

Von *Pistacia therebintus* Linné sind nur wenige fossile Blattreste auf der Insel Thera gefunden worden. Sie unterscheiden sich von der zuvor beschriebenen Lentiske durch ihre ungleich-fiedrigen Blätter. Auch diese Art kommt heute im mediterranen Bereich vor und wird dort recht häufig zusammen mit *Pistacia lentiscus* angetroffen.

Der Ölbaum (*Olea europaea* Linné)

Mehrere hundert isolierte Olivenblätter wurden im Steinbruch südlich von Fira in den Tuffen gefunden. Aufgrund ihrer Form und Nervatur sowie ihrer anatomischen Einzelheiten konnten die Fossilien eindeutig als *Olea europaea* Linné bestimmt werden. Unter dem Mikroskop kann man selbst die feinen Schirmhaare sehen, welche die Unterseite der Blätter – wie bei heutigen Olivenblättern – bedeckten. Sie bilden dort eine weiße, filzartige Schicht, deren Aufgabe es offenbar ist, das Sonnenlicht zu reflektieren, um so die Verdunstung an den Spaltöffnungen der Blattunterseite zu reduzieren. Die von Santorin stammenden Olivenblätter sind die ältesten, die man bisher aus dem Mittelmeergebiet kennt. Sie sind die besten Zeugen

5.5 Ein Fiederblatt von *Pistacia lentiscus* Linné aus dem Steinbruch südlich von Fira. Das Teilblatt (unten) hat eine Länge von 18 Millimetern.

dafür, daß die Olive, die charakteristische Pflanze des Mittelmeerraumes, bereits vor mehr als 50 000 Jahren dort existierte (Abbildung 5.6) und nicht erst vom Menschen in historischer Zeit eingeführt worden ist, wie man früher vermutet hatte.

Auf einigen fossilen Olivenblättern konnten außerdem im Rasterelektronenmikroskop Schädlinge nachgewiesen werden (Abbildung 5.7). Es handelte sich um Puppen der Weißen Fliege der Oliven (*Aleurolobus* (*Aleurodes*) *olivinius* Sylvestri). Dieser Schädling ist auch heute auf Olivenblättern anzutreffen.

Solche fossilen Blätter mit Schädlingen sind ein hervorragendes Beispiel für die Koevolution von Wirtspflanzen und Schädlingen. Sie sind außerdem für die Vegetationsgeschichte eines Gebietes interessant: Sie beweisen, daß die Beziehung zwischen Wirtspflanze und dem von ihr abhängigen Parasit sehr alt sein kann. Sie kann sogar mehrere Millionen Jahre bestehen, wie ein ganz ähnliches Beispiel von Island zeigt (Friedrich und Símonarsson 1981).

Die Zwergpalme (*Chamaerops humilis* Linné)

Teile der Zwergpalme findet man ebenfalls recht häufig in den Steinbrüchen südlich von Fira und bei Athinios. Ihre großen Palmwedel mit den V-förmigen, bestachelten, langen Stielen findet man meist in dem charakteristischen „Doppelband", allerdings nur dort, wo diese Aschenschicht eine bewachsene Erosionsrinne an der Flanke des Vulkans überdeckt hat. *Chamaerops humilis* ist ebenfalls eine typische Pflanze des Mittelmeergebietes (Abbildung 5.8). Sie war ursprünglich im gesamten Mittelmeerraum heimisch, wurde aber offenbar vom Menschen in historischer Zeit auf den westlichen Bereich zurückgedrängt. In Griechenland findet man sie heute recht häufig als Zierpflanze. Auf Naxos soll die Zwergpalme allerdings noch wild vorkommen (Friedrich und Velitzelos 1986).

Die Dattelpalme (*Phoenix theophrasti* Greuter)

Die Dattelpalme konnte auf Santorin fossil bislang nur anhand eines einzelnen Blattrestes und eines Fruchtabdruckes nachgewiesen werden. Heute ist die Dattelpalme noch auf Kreta in der Gegend von Vai und bei Preveli zu finden, wo sie mit der endemischen, das heißt, nur dort vorkommenden Art *Phoenix theophrasti* Greuter auftritt. Auf Santorin wachsen Dattelpalmen heute an mehreren Stellen (Abbildung 5.9).

5.6 Diese Blattabdrücke von *Olea europaea* Linné von Santorin haben ein Alter von etwa 50 000 Jahren. Sie sind damit die ältesten Funde des Ölbaums im Mittelmeerraum. Sie haben eine Größe von etwa 5 cm.

Aufgrund von Radiokarbondatierungen von Pflanzenmaterial war es möglich, das Alter von einigen fossilführenden Schichten festzulegen (Abbildung 5.10). Das Alter des Fira-Paläosols, eines fossilen Bodens, wurde mit der Radiokarbonmethode an einem verkohlten Holzrest bestimmt, den ich im Steinbruch bei Fira gefunden hatte. Diese Messung ergab 54250 ± 700 Jahre (Friedrich und Velitzelos 1986). Der stratigraphisch etwas höher liegende Fira-Paläosol hat somit ein Alter von etwa 50 000 Jahren.

Ein konkretes Beispiel von Santorin mag veranschaulichen, wie die Überlieferung von Pflanzenfossilien in einem Vulkangebiet vor sich geht. Im Mavromatis-Steinbruch bei Akrotiri füllte ein Ignimbrit eine Erosionsrinne aus, in der etwa 50 kleine, ungefähr armdicke Baumstämmchen als Hohlformen an der Unterseite des Ignimbrits zu finden sind (Abbildung 5.11). Ein ganz ähnliches Vorkommen gibt es auch am Kliff der Millobucht auf Therasia, wo gleichaltrige Ignimbrite aufgeschlossen sind, die an ihrer Unterseite zahlreiche fingerdicke Stengelreste enthalten. Diese sind fest in den Ignimbrit eingebacken. In beiden Fällen sind die Vegetationsreste verkohlt und nur als schwarzes Pulver in den Hohlräumen zu erhalten. Aus diesem Grunde waren die verkohlten Pflanzen nicht mehr bestimmbar, ließen sich jedoch datieren. Sie haben das gleiche Alter wie der sie überdeckende Ignimbritstrom. Radiokarbondatierungen, die von verschiedenen Laboratorien an diesem Material ausgeführt wurden, lieferten kalibrierte Alter von etwa 21 000 Jahren (Abbildung 5.0).

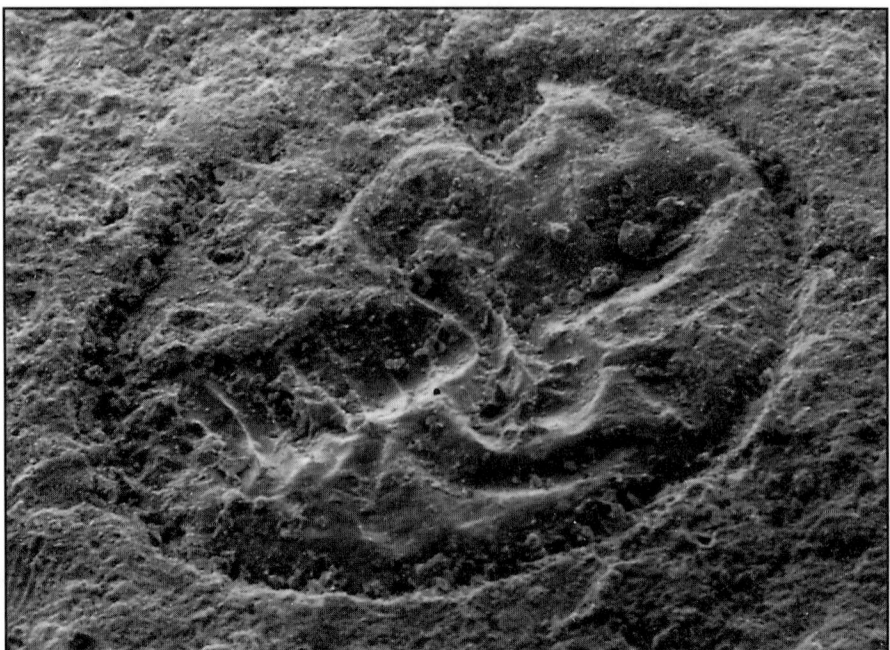

5.7 Fossile Blätter des Ölbaums *Olea europaea* Linné kommen häufig in den alten Erosionsrinnen des Thera-Vulkans vor. Es sind die ältesten Blattreste der Olive im Mittelmeergebiet. Auf einigen Blättern findet man auch noch Puppen von *Aleurodes (Aleurolobus) olivinii* Sylvestri, der Weißen Fliege der Oliven (oberes Rasterelektronenmikroskop-Foto). Sie ist auch heute als Schädling auf Olivenblättern von Kreta zu finden (unteres Bild). Somit bezeugen die datierten Fossilfunde von Santorin, daß dieses Parasit-Wirt-Verhältnis schon seit mindestens 50 000 Jahren besteht. Die Parasiten sind etwa 400 Mikrometer lang.

Pflanzen als Klimazeugen

Bestimmbare Pflanzenfossilien erlauben direkte Rückschlüsse auf das Klima der Vorzeit. Im Falle der Fossilien vom Steinbruch südlich von Fira ist das kein Problem: Die Pflanzen, die dort vor etwa 50 000 Jahren wuchsen, und sogar ihre Parasiten existieren noch heute im Mittelmeerraum: Bei Preveli auf Südkreta gibt es Stellen, wo die beiden oben beschriebenen Pistazienarten, der Tamariskenbaum und auch die Dattelpalme in natürlicher Gesellschaft vorkom-

men (Friedrich 1980). Man darf daher den Schluß ziehen, daß vor etwa 50 000 Jahren auf der Ringinsel ein ähnliches Klima herrschte, wie man es heute auf Kreta bei Preveli antrifft.

Dieser Rückschluß auf die damaligen Klimaverhältnisse wird auch noch durch den Vergleich mit einem anderen Gebiet in Griechenland bestätigt: So hat man in einem Torf von Tenagi/Phillippi in Mazedonien Pollenhorizonte gefunden (Wijmstra 1969), die altersgleich mit einigen Schichten von Santorin sind. Daher kann man deren Klimaaussagen auf die Ringinsel übertragen: In kälteren Perioden gab es in Mazedonien Artemisia-Steppen-Bewuchs, in wärmeren Perioden wuchsen dort Tannen und Eichen. Vor etwa 50 000 Jahren gab es sowohl in Mazedonien als auch auf der Ringinsel Baumbewuchs (Friedrich et al. 1977), also ein Indiz für warmes Klima.

Anders verhält es sich mit den Pflanzenfossilien aus dem 21 000 Jahre alten Riva-Ignimbrit, der im Mavromatis-Steinbruch und bei Kap Riva vorkommt. Die Pflanzenfossilien, die man bisher in den mit Pyroklastika verfüllten Erosionsrinnen gefunden hat, vermitteln den Eindruck, daß die Vegetation damals nur auf wenige Rinnen beschränkt und die spätquartäre

Ringinsel ansonsten fast vegetationslos war. Selbst wenn in diesem Falle keine direkten Klimaaussagen durch die Pflanzenfossilien möglich sind, so besteht dennoch die Möglichkeit, indirekte Klimaschlüsse zu ziehen: Man kann das durch die Radiokarbonmethode ermittelte Alter des Ignimbrits benutzen, mit gleichaltrigen Ablagerungen von Gebieten in der Nähe vergleichen und die dort gefundenen Klimaangaben – mit Einschränkungen – auf Santorin übertragen. Auch bei Tenagi/Phillippi wuchsen Bäume zu jener Zeit, als der Ignimbrit entstand.

Für Santorin muß man allerdings in Rechnung stellen, daß die speziellen Bodenverhältnisse auf

5.8 Abdrücke von Blättern der Zwergpalme (*Chamaerops humilis* Linné) aus dem Steinbruch südlich von Fira. Sie kam in der spätquartären Flora von Santorin häufig vor. Heute ist sie im östlichen Mittelmeerraum fast ausgerottet. Nur auf der Insel Naxos gibt es sie noch an natürlichen Standorten.

8.8.91

5.9 Die Dattelpalme wächst heute auf Santorin an mehreren Stellen, bevorzugt dort, wo sie Wasser und Windschutz findet, wie hier an der Innenseite der Caldera bei Plaka. Aquarell Barbara Gentikow, August 1991.

einem aktiven Vulkan sowie auch Regen und Wind eine entscheidende Rolle für die Flora spielen. Vulkanische Lockerprodukte können nämlich durch Wind und Regen häufig umgelagert werden, was den Pflanzenwuchs sehr behindern und sogar ausschließen kann. Auch versickert das Wasser in den porösen Tuffablagerungen zuweilen so tief, daß die Pflanzenwurzeln es nicht mehr erreichen können. Es kann auf diese Weise eine „Wüste" entstehen, obwohl Wasser im tieferen Untergrund reichlich vorhanden ist. Solche durch den Untergrund bedingten Wüsten kennt man zum Beispiel von Zentral-Island (Schwarzbach 1963).

Die heutige Flora von Santorin

Die geologischen Verhältnisse im Tertiär und Quartär hatten entscheidenden Einfluß auf Flora und Fauna im Gebiet der Kykladen. Besonders die Aufsplitterung in Inseln führte zur Unterbrechung von Migrationsrouten, zur Entwicklung von endemischen Formen und zum Verarmen der Formenfülle, die auf dem benachbarten Festland (Peleponnes und Anatolien) zu finden ist. Die Flora der Ägäis teilt Greuter (1967) in zwei pflanzengeographische Bereiche auf: In die Südägäis und die Kardägäis (Herz der Ägäis), zu der auch die

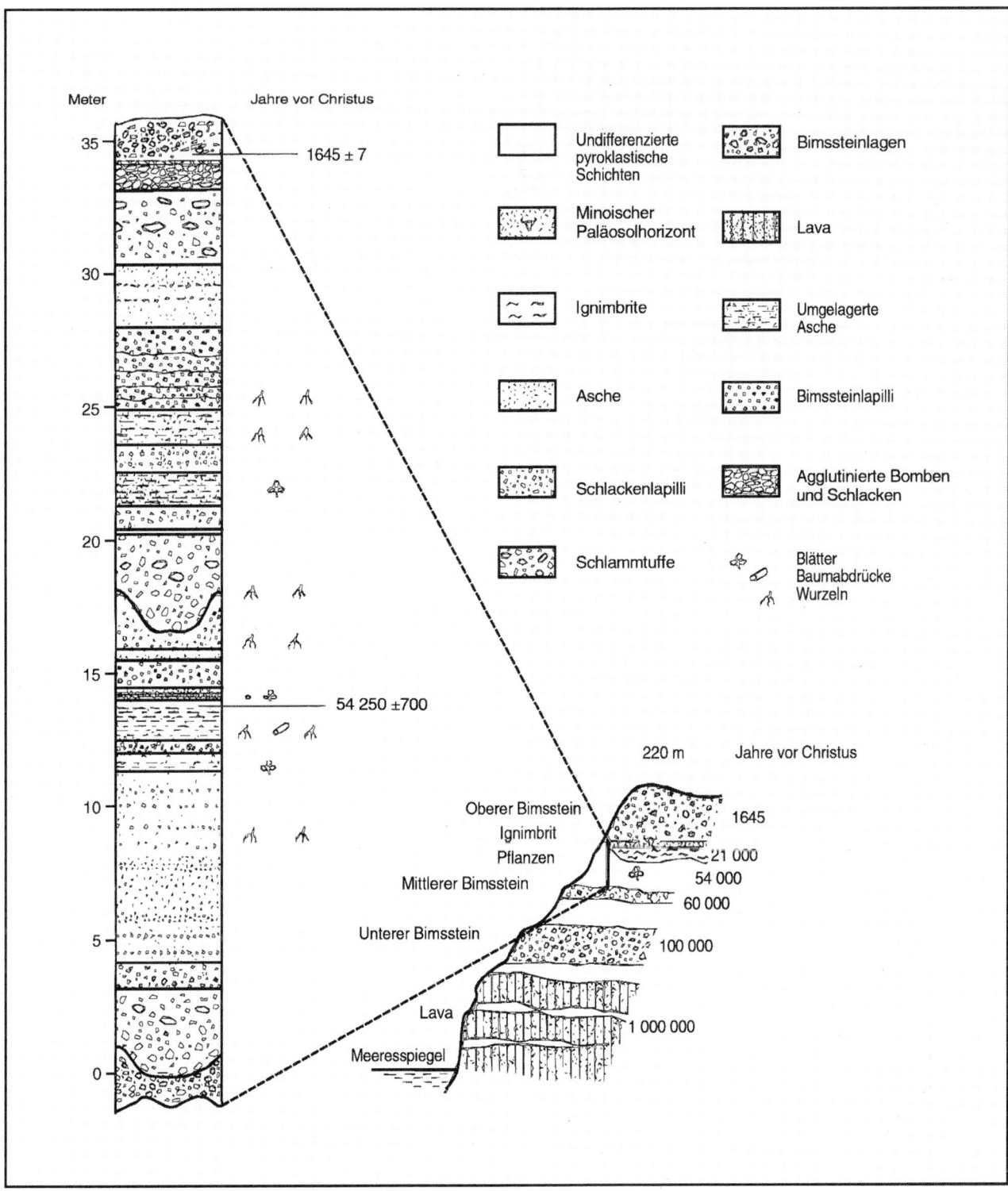

5.10 Die Stratigraphie der Pflanzenschichten im Steinbruch südlich
von Fira.

5.11 Der Vulkanologe Maurice Krafft hält seinen Arm in eines der Löcher, die im Ignimbrit im Mavromatis-Steinbruch bei Akrotiri vorkommen, und zeigt dadurch die Größe der Hohlräume. Sie entstanden folgendermaßen: In einer Erosionsrinne wuchsen vor rund 23 000 Jahren kleinere Bäume und Sträucher. Sie wurden von einem Glutstrom überdeckt und verbrannten. Heute sind sie als Hohlräume an der Unterseite des Ignimbrits zu finden. Einige der armdicken Hohlräume enthielten Holzkohle, die mit der Radiokarbonmethode datiert werden konnten.

Kykladeninseln mit Santorin gehören. Die Südägäis, mit Kreta, Karpathos und Rhodos, bildet eine floristisch reiche Zone. Sie ist ein Bindeglied zwischen Ost und West und ein Wanderweg zwischen Europa und Asien. Im Gegensatz dazu steht das Gebiet der Kardägäis. Greuter schreibt, sie »... entspricht einem insulären Isolationsbereich, wo ein verhältnismäßig großer Teil der alten Tertiärflora, geschützt vor der Konkurrenz der sich auf dem Festland ausbreitenden kälteresistenten Arten, die Klimaschwankungen des Pleistozäns überdauern konnte«.

Die heutige Flora Santorins ist durch anthropogene Einflüsse stark verarmt. In den nicht kultivierten Bereichen findet man, ähnlich wie auf der benachbarten Vulkaninsel Milos (Wiedenbein 1988), die immergrüne Hartlaub-Strauchheide (Maccie) und die Kugelbusch-Zwergstrauch-Heide (*Phrygana*). Den in Griechenland gebräuchlichen Begriff „phrygana" erwähnt bereits Plinius. Solche nicht kultivierte Gebiete findet man zum Beispiel am Fuß des Archangelos-Massivs und auf Palaea Kameni sowie an einigen Strandzonen auf der Akrotiri-Halbinsel.

Erforschungsgeschichte der heutigen Flora Santorins

Die Erforschungsgeschichte der Flora der Inselgruppe von Santorin zeigt, wie aus den ersten Sammlungen im vergangenen Jahrhundert bis heute eine Florenliste von über 550 Arten entstand. Auch die Interpretation der Flora – noch zu Beginn dieses Jahrhunderts als artenarm angesehen – hat sich in diesem Zeitraum mit dem Kenntniszuwachs stark gewandelt.

Das Sammlungsmaterial aus den Jahren 1822 bis 1881 diente von Heldreich, dem ersten Direktor des Botanischen Gartens von Athen, als Grundlage für sein „Verzeichnis der auf den Inseln Thera, Therasia und den Kammenen wildwachsenden Gefäßpflanzen", das als 4. Kapitel in Hiller von Gärtringens Monographie über Thera publiziert wurde (Heldreich 1899). Seine Liste enthält 240 Arten und drei verwilderte Kulturpflanzen, sie wurde 1902 durch einen Nachtrag – nach dem Tode Heldreichs – um 59 neue spontane und verwilderte Arten vermehrt. Die letzteren waren 1900 und 1901 von P. Wilski und einheimischen Mitarbeitern gesammelt worden. Die Zahl der von der Inselgruppe Santorin bekannten spontanen und verwilderten Arten betrug damit insgesamt etwa 300 (Heldreich 1902).

Vierhapper (1914 und 1919) bearbeitete die Aufsammlungen einer Wiener Universitätsreise nach Santorin und konnte damit die Artenzahl um weitere 74 Arten erhöhen. Ferner konnte der Botaniker Hansen aus Kopenhagen 1971 mit 116 Neufunden die Florenliste Santorins auf fast 500 Arten vergrößern. 20 Jahre später erweiterte Raus (1991) dann die Liste der Pflanzen Santorins um weitere 50 auf 550 Arten.

In diesem Zusammenhang ist es auch verständlich, daß sich die pflanzengeographische Deutung der Flora im Laufe der Zeit geändert hat: Vor Heldreich faßte man die Flora als »sehr arm« auf. Bei einem Kenntnisstand von etwa 500 Arten spricht Hansen von »einer gewissen Artenarmut«, was er auf die vulkanische Beschaffenheit des Bodens und dem fast vollständigen Mangel an Grundwasser, Wasserläufen und feuchten Standorten zurückführt. Weiterhin bemerkt er, daß die heutige Vegetation, infolge der totalen Ausrottung durch die Minoische Eruption, relativ jung ist. In diesem Zusammenhang beobachtet er auch, daß die Inselgruppe heute fast keine endemischen Arten besitzt. Zum Vergleich hierzu sei die Artenzahl der Flora der ebenfalls zu den Kykladen gehörenden Insel Milos genannt, die nach Wiedenbein (1988) 422 Arten enthält.

Schon ganz anders sieht Raus (1991) die Situation: »Die Flora der Santorin-Gruppe kann also keineswegs als artenarm oder „verarmt" infolge des Vulkanausbruchs vor 3 600 Jahren angesehen werden«, und er fährt fort: »Die heutige Artenzahl kann sich jedenfalls mit Inseln vergleichbarer Größe durchaus messen, welche keine völlige Zerstörung ihrer Pflanzendecke erleben mußten (zum Beispiel Kasos oder Kithira).« Nach seiner Auffassung dauert der Prozeß der Einwanderung von Pflanzenarten nach Santorin an, und man kann langfristig mit einem weiteren Ansteigen der Artenzahl rechnen, da die Inselgruppe noch keineswegs „floristisch gesättigt" sei.

Die Florenliste der Inselgruppe von Santorin ist in Anhang 3 zu finden.

Teil 2

Der Minoische Ausbruch

6.0 Die drei unterschiedlich strukturierten, hellen Einheiten der Minoischen Eruption sind deutlich an der Steilwand bei Kap Alonaki südlich von Fira zu erkennen.

6

Verlauf und Folgen der Minoischen Eruption

Der katastrophale Minoische Ausbruch
vernichtete die bronzezeitlichen Siedlungen
auf Santorin und begrub sie unter mächtigen
Aschenlagen. Mehr als 3 600 Jahre lagen sie
dort versteckt und vergessen unter dem
weißen Leichentuch aus Bimsstein. Doch
nicht nur Santorin, sondern auch die Nachbarinseln und Anatolien waren von der
gewaltigen Eruption betroffen. Aschen,
giftige Gase, schwimmender Bimsstein
und Überschwemmungen durch Tsunamis
richteten in großen Teilen der Ägäis
Schaden an.

Die Mechanik der Minoischen Eruption

Die mächtige Aschenlage des Minoischen Ausbruchs hat zu mancherlei Berechnungen und Spekulationen geführt. Selbst heute, nach gründlichen Untersuchungen der bis zu 60 Meter mächtigen Bimsschicht, gibt es immer noch zahlreiche kontroverse Gesichtspunkte und rätselhafte Tatsachen. Es fehlt besonders an vergleichbaren Vulkankatastrophen in dieser Größenordnung. Solche ereignen sich nicht alle Tage.

Da der Minoische Ausbruch eine ganz entscheidende Rolle sowohl für die Erdgeschichte Santorins als auch für die Besiedlung der Vulkaninsel gespielt hat, soll im folgenden versucht werden, den Verlauf dieser Eruption nachzuvollziehen.

Es hat erstaunlich lange gedauert, bis man sich ein ungefähres Bild vom Ablauf der Minoischen Eruption machen konnte. So hatten in historischer Zeit nur die Vulkane Tambora (1815) und Krakatau (1883) vergleichbare Ausbruchsstärke. Im Katalog aller bekannten Vulkanausbrüche (Simkin et al. 1981) hat man die Stärke der Ausbrüche im sogenannten VEI-Wert (*Volcanic Explosivity Index*) nach verschiedenen Kriterien klassifiziert. In diesem Index ist der Minoische Ausbruch ein klarer „Schwergewichtler": Er folgt mit einem Wert von 6 gleich hinter dem indonesischen Vulkan Tambora (VEI: 7) und wird dem Krakatau-Ausbruch von 1883 gleichgestellt.

Doch auch weitaus schwächere Eruptionen haben wichtige Informationen über Geschehnisse bei einem Ausbruch liefern können, so zum Beispiel der Taal-Ausbruch von 1965 auf den Philippinen. Bei diesem Ausbruch konnte man nämlich zum erstenmal eine phreatomagmatische Eruption mit ihren Auswirkungen beobachten und analysieren (Moore 1966). Dieses neue Wissen fand dann auch gleich seine Anwendung

bei der Interpretation anderer Ausbrüche, wie zum Beispiel des Laacher-See-Ausbruchs in der Eifel und des Minoischen Ausbruchs, wo Hans Pichler (1973) die bis dahin rätselhaften wellenförmigen Ablagerungen der Minoischen Eruption als *Base Surge*-Ablagerungen (Grundwellen) deuten konnte. Auch bei den Atombombenexplosionen auf dem Bikiniatoll beobachtete man ähnliche Grundwellen, die sich mit explosionsartiger Geschwindigkeit ringförmig vom Zentrum weg ausbreiteten, ein Ereignis, das dem Ablauf der Minoischen Eruption in mancher Hinsicht vergleichbar ist.

Nicht nur die Stärke der Minoischen Eruption, sondern auch die Ausbruchsprodukte sind ungewöhnlich; so beispielsweise der Bimsstein. Da es sich um ein sehr leichtes, aufgeschäumtes vulkanisches Glas handelt, das sehr porös ist, schwimmt es lange auf dem Wasser, und auch der Wind kann es sehr weit

6.1 Eine zerbrochene Steintreppe, eingestürzte Häuser und Schutthaufen in der Ausgrabung von Akrotiri bezeugen, daß Erdbeben die Siedlung erschüttert hatten, bevor sie von den Aschenmassen der Minoischen Eruption zugedeckt wurde.

Der Explosivitäts-Index

• VEI-Index
Im VEI-Index (*Volcanic Explosivity Index*) verwendet man eine achtteilige Skala zur Klassifikation der Explosivität vulkanischer Eruptionen. Als Parameter braucht man zum Beispiel die Höhe der Eruptionssäule und verschiedene Beschreibungen und Berechnungen der betreffenden Eruption. Der Katalog „Volcanoes of the World" wurde 1981 von Simkins et al. von der Smithsonian Institution in Washington herausgegeben und bezieht alle bekannten historischen und prähistorischen Eruptionen der Erde mit ein.

verfrachten. Diese Tatsache hat bei der Rekonstruktion des Aschenfächers des Minoischen Ausbruchs eine bedeutende Rolle gespielt. Während der vom Wind verfrachtete Anteil der Bimsmasse nach Osten transportiert wurde, trugen die Meeresströmungen das Material hauptsächlich in südöstliche Richtung. Schließlich wurde der Anteil der Eruptionswolke, der die Stratosphäre erreicht hatte, in eine völlig andere Richtung getragen, wie später noch näher ausgeführt werden wird.

Gab es Warnzeichen vor der Eruption?

Wichtige Hinweise auf Warnsignale haben wir aus der Ausgrabung bei Akrotiri selbst. Hier gibt es deutliche Anzeichen für Erdbeben, die offenbar die Bewohner der Siedlung zum Verlassen ihrer Häuser gezwungen haben: Treppenstufen zerbrachen (Abbildung 6.1), Mauern stürzten ein und Häuser zerfielen zu Schutt. Man hat Schutthaufen in der Ausgrabung gefunden, die unter der ersten Schicht des Minoischen Ausbruchs liegen (Abbildung 6.2). Die Bewohner wurden offenbar durch Warnzeichen vor der eigentlichen Eruption

- phreatomagmatische Explosion
  Beim Zusammentreffen von magmatischer Schmelze mit Wasser kommt es zu einer plötzlichen Eruption durch die beschleunigte Verdampfung des Wassers. Es entstehen hierbei sich ringförmig vom Ausbruchspunkt entfernende Grundwellen (*base surges*), die sich mit sehr großer Geschwindigkeit ausbreiten.

- plinianische Ausbruchsphase
  Als plinianische Phase bezeichnet man eine gasreiche Eruption, bei der große Mengen an vulkanischen Lockerprodukten, vor allem Bims, in große Höhen geschleudert werden. Sie ist nach Plinius dem Älteren benannt, der im Jahre 79 nach Christus beim Ausbruch des Vesuvs ums Leben kam. Es war jener Ausbruch, der auch die Orte Pompeji und Herculaneum begrub.

- Bombenausbruch
  Als vulkanische Bomben bezeichnet man gewöhnlich aus einem Vulkan ausgeworfene Lavafetzen, die im Flug durch Rotation eine charakteristische, regelmäßige Form annehmen können. Bereits erstarrte Lava oder jede Art von Nebengestein kann auch als Bombe ausgeworfen werden. Bomben oder Blöcke hinterlassen an der Aufschlagstelle eine trichterförmige Vertiefung, den „Bombensack".

aufgeschreckt, als sie beim Aufräumen in den Ruinen oder auf der Suche nach verwertbaren Lebensmitteln und Wertgegenständen waren. So hatten sie zum Beispiel an einer Stelle vier Betten aus den Ruinen geborgen und zum Abtransport so aufeinander gebunden, daß jeweils bei zwei Betten die Pfosten nach oben gerichtet waren. In der Ausgrabung von Akrotiri hat man bisher nur wenige Wertsachen gefunden, und es kamen bis heute keine menschlichen Skelette ans Tageslicht. Wie jedoch aus den gefundenen Fresken deutlich hervorgeht, verfügten die Bewohner über

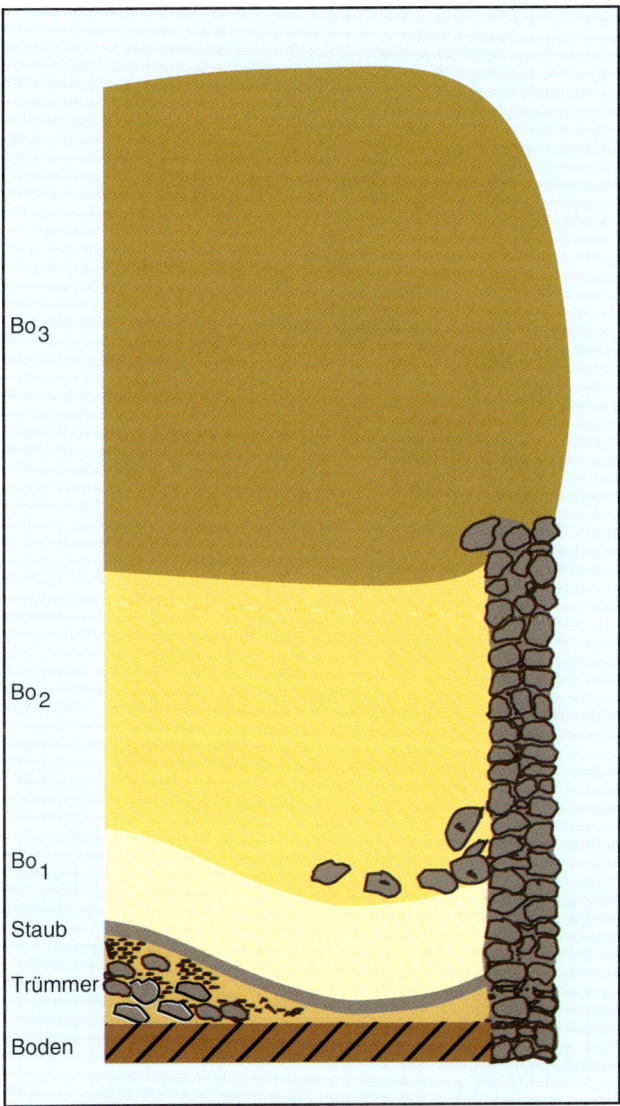

6.2 Beobachtungen in der Ausgrabung von Akrotiri geben uns wichtige Einzelheiten über den Verlauf der Minoischen Eruption. Am Boden des Profils sieht man Trümmerhaufen. Diese werden überdeckt von einer etwa drei Zentimeter dicken Schicht aus Bimsstaub, die vor der eigentlichen Eruption abgelagert worden war. Darüber folgen die drei Einheiten Bo_1–Bo_3. Sie verursachten unterschiedliche Schäden an den Mauern der Häuser. Schematische Skizze, zum Teil nach Doumas (1974, Figur 1).

Waffen wie Speere und Dolche und über Gold-schmuck. Also ist es vorstellbar, daß sie sich selbst, die meisten ihrer Wertsachen und wichtige Nahrungsmit-tel in Sicherheit bringen konnten.

Als weiteres Warnzeichen kann auch die feine Staubschicht aufgefaßt werden, die Doumas (1974) von der Ausgrabung von Akrotiri beschrieb. Sie hat dort eine Dicke von etwa drei Zentimetern und war als erste Schicht der Eruption abgelagert worden. Später beobachteten die beiden amerikanischen Vulkanolo-gen Heiken und McCoy (1984) diese Staubschicht aus feinsten Bimspartikeln auch im Gebiet um Akrotiri auf Thera, wo sie bis zu acht Zentimeter Dicke hat. Sie deuteten sie als Produkt einer phreatomagmatischen Eruptionsphase. Diese feine Schicht war also die Initialphase des Minoischen Ausbruchs. Sie wurde abgelagert von einer aus Wasserdampf und feinen Tuffpartikeln bestehenden Dampfwolke, die sich ex-plosionsartig über den niedrigsten Gebieten der Akro-tiri-Halbinsel ausgebreitet hatte. Vermutlich war sie stark genug, um die Bewohner von Akrotiri aufzu-schrecken und zu warnen – falls es zu jenem Zeitpunkt nicht bereits zu spät war.

Analysiert man die Berichte von Augenzeugen aus historischer Zeit hinsichtlich solcher Warnzeichen vor Eruptionen, so findet man einige Hinweise, die von der Bevölkerung als solche registriert werden konnten. So darf man mit Sicherheit annehmen, daß es vor der Minoischen Eruption sichtbare Veränderungen im Gelände gegeben hat, wie es bei Eruptionen in der Umgebung der Kameni-Inseln in historischer Zeit der Fall war (siehe Kapitel 12). So könnte sich zum Beispiel in der zum großen Teil wassergefüllten Caldera eine neue Insel gezeigt haben, wie es sich auch kurz vor dem Ausbruch auf Nea Kameni im Jahre 1707 ereignete. Auch akustische und spürbare War-nungen mag es gegeben haben: Gesteinsblöcke können mit großem Getöse die Felswände heruntergerollt sein. Ferner können sich vielleicht auch Risse in der Erde gebildet haben, ähnlich wie man es bei späteren Erup-tionen oder Erdbeben auf Santorin erleben konnte.

Die erste Phase (Plinianische Phase)

Die erste Bimssteinschicht, die zur Ablagerung kam, war die „Rosa Bimsschicht" (Neumann van Padang 1936). Sie hat im Gebiet bei Fira mit etwa sieben Metern ihre größte Dicke und dünnt nach Süden, Norden und Westen stark aus. Bei Kap Akrotiri ist sie nur 20 Zentimeter dick, auf Therasia im Westen mißt

man 30 Zentimeter und bei Oia im Norden nur 50 Zentimeter. Aus diesen Mächtigkeiten ergibt sich deutlich, daß die Hauptwindrichtung in dieser Eruti-onsphase nach Osten gerichtet war. Pichler und Friedrich (1980) haben den Anteil des in dieser Phase geförderten Bimssteinmaterials auf 1,4 Kubikkilome-ter geschätzt. Berechnungen von Pyle (1990) lassen darauf schließen, daß die Eruptionssäule in der Bo_1-Phase eine Höhe von 36 bis 38 Kilometern erreicht hat (Abbildung 6.3). Damit werden auch die bereits früher von Wilson (1980) durchgeführten Berechnungen be-stätigt: Die Eruptionssäule der plinianischen Phase erreichte die Stratosphäre, und Staub und Gase konn-ten sich als Aerosole in der Stratosphäre der Nordhalb-kugel ausbreiten. Mit den auf der Nordhalbkugel nach Norden gerichteten Stratosphärenwinden konnten die Aerosole auch bis Grönland transportiert werden (siehe Kapitel 7). Nach Berechnungen von Sigurdsson et al. (1990) war die Menge der bei der Minoischen Eruption freigesetzten Schwefelsäuregase sogar größer als die bei der Krakatau-Eruption von 1883, was bedeutet, daß auch mit einem deutlichen Säuresignal im grönländischen Inlandeis gerechnet werden kann (siehe Exkurs in Kapitel 7).

Die erste Eruptionsphase war also sehr stark. Wie man aus den Ablagerungen rekonstruieren kann, be-gann sie an einer Stelle auf der bronzezeitlichen Ringinsel, wo das aufsteigende Magma noch nicht mit dem Meerwasser in Kontakt kam. Über die geographi-sche Lage dieses Ausbruchspunktes ist man sich einig, da man aus verschiedenen Beobachtungen, wie zum Beispiel der Dicke und der Korngröße der Eruptions-produkte, ableiten kann, daß der Eruptionspunkt im »Raum der heutigen Kameni-Inseln« (Pichler und Kussmaul 1972) gelegen haben muß, was auch Bond und Sparks (1976) bestätigen konnten. Große Teile der Caldera waren damals allerdings mit Meerwasser gefüllt, wie unsere Untersuchungen zeigten (Friedrich et al. 1988). Da die Produkte der ersten Phase jedoch keine Anzeichen von einem Wasser-Magma-Kontakt zeigen, muß der in der Caldera gelegene Eruptions-punkt sich folglich auf einer Insel befunden haben. Diese hypothetische Insel haben wir Vor-Kameni-Insel (*Pre Kameni Island*) genannt (Friedrich et al. 1988, Eriksen et al. 1990).

Man kann weiterhin schließen, daß die in der ersten Phase geförderten Bimssteinmassen in große Höhe geschleudert wurden und zum großen Teil wieder auf das Vulkangebäude und das umgebende Meer zurück-fielen. Von den Meeresströmungen konnten die an der Oberfläche schwimmenden Bimssteinmassen dann

6.3 Die plinianische Eruptionsphase war sehr stark. Sie begann im zentralen Bereich der Ringinsel, wo sich damals die Vor-Kameni Insel in der Caldera befand. Man nimmt an, daß die Eruptionssäule in dieser Phase eine Höhe von 36 bis 38 Kilometern erreicht hat. Computergraphik von Andreas Friedrich.

über große Entfernungen verdriftet werden. Feinere Aschen konnten mit den Winden nach Osten bis nach Anatolien verfrachtet werden, wo man sie in Sedimenten nachweisen kann (Sullivan 1988). Auf dem Meer treibender Bims wurde an viele Küsten des Mittelmeeres angespült. Pichler und Friedrich (1980) nehmen an, daß diese Phase nur wenige Stunden gedauert hat (Abbildung 6.4).

Die zweite Phase (*Base Surge* Phase)

Auf Santorin sind die Ablagerungen der zweiten Phase deutlich von denen der anderen Phasen unterscheidbar. Wegen der großwelligen Ablagerungseinheiten, die teilweise Wellenlängen von über zehn Metern haben, und auch wegen der Feinkörnigkeit der Bimsfragmente lassen sie sich schon aus großer Entfernung gut erkennen. Über ihre Entstehung sind sich die Vulkanologen heute einig: In der zweiten Eruptionsphase änderte sich der Ausbruchsmechanismus völlig. Der Förderschlot auf der Vor-Kameni-Insel hatte sich offenbar so stark erweitert, daß seine Umgebung zerrüttet wurde und Spalten entstanden, in die Meerwasser eindringen konnte. Das Zusammentreffen von Meerwasser mit dem glühenden Magma führte zu besonders starken phreatomagmatischen Reaktionen: Das Magma wurde in kleine Bestandteile zerfetzt, die von Wasserdampf-„Häuten" umgeben waren, und so bildeten sich wolkenartige Suspensionsströme, hochfließfähige Dampf-Tuff-Ströme. Diese breiteten sich vom Eruptionszentrum in Ringen explosionsartig aus und füllten den gesamten Calderaraum. Sie quollen an den niedrigsten Kanten der Calderaumwallung über und fegten mit enormer Geschwindigkeit die Hänge des Vulkans hinunter. Aus Beobachtungen am Taal-Vulkan in Indonesien weiß man, daß solche Suspensionsströme aus Asche und Wasserdampf Geschwindigkeiten von etwa 200 Kilometern pro Stunde erreichen können (Moore 1966). Ähnliche Erscheinungen hat man auch bei Atombombensprengungen am Bikini-Atoll beobachten können.

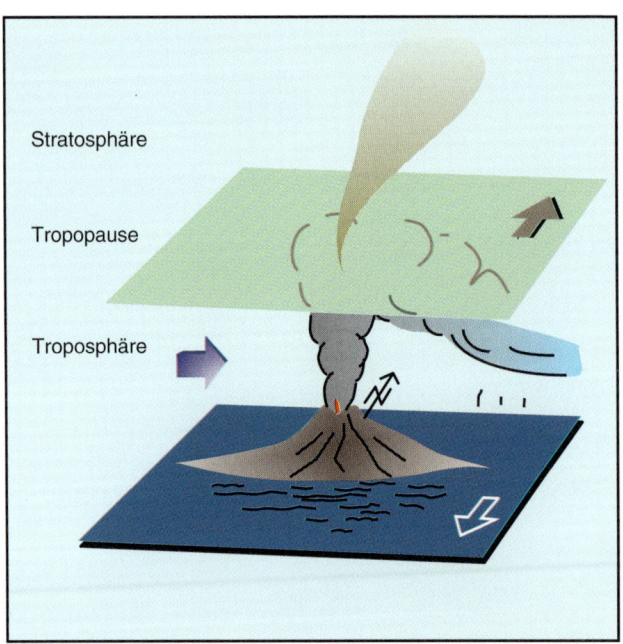

Stratosphäre

Tropopause

Troposphäre

6.4 Schematische Darstellung der verschiedenen Transportrichtungen bei der Minoischen Eruption. Meeresströmungen verdrifteten die schwimmenden Aschen nach Süden, der Wind trug Teile davon nach Südosten, und die Stratosphärenwinde transportierten Aerosole und feinste Partikel nach Norden.

Auf Thera enthalten die Sedimente der zweiten Phase in ihrem untersten Teil zwei etwa 20 Zentimeter dicke plinianische Lagen. Sie deuten darauf hin, daß der Übergang von der einen zur anderen Eruptionsphase in pulsierender Form vor sich ging, wo es in der phreatomagmatischen Phase noch zur Bildung von zwei kleineren Eruptionssäulen kommen konnte (Abbildung 6.5). Doch dann verlagerte sich offenbar der Magma-Wasser-Kontakt in eine größere Meerestiefe, und die überlagernden Wassermassen verhinderten die Bildung einer hohen Eruptionssäule.

In der zweiten Phase wurden nach Berechnungen von Pichler und Friedrich (1980) etwa zwei Kubikkilometer Bimsstein gefördert. Diese Ablagerungen haben auf Santorin große wellenförmige Strukturen erzeugt, die den Geologen lange Zeit ein Rätsel waren, bis man sie schließlich mit den Ausbruchsformen am Taal-Vulkan vergleichen konnte.

Auf Thera sieht man, daß die *Base Surge*-Ablagerungen ein ganz spezielles Ablagerungsmuster zeigen: Sie erreichen zum Beispiel bei Profitis Elias nur eine Höhe von etwa 350 Metern. Ähnlich sieht es auch an der Flanke des Megalo-Vouno-Vulkans aus. Man darf also davon ausgehen, daß diese Phase mit ihren horizontal vom Eruptionspunkt in der Caldera weg

gerichteten Eruptionswolken nur in geringe Höhe gelangte und die höchsten Gipfel der Ringinsel verschont hat. Die Befunde beweisen klar, daß es sich hier um *surge*-Ablagerungen handelt und nicht etwa um Ablagerungen, die durch den Kollaps einer (bis zu 38 Kilometer hohen!) Eruptionssäule entstanden sind. Diese hätte man nämlich überall finden müssen.

In dieser zweiten Eruptionsphase wurden auch vereinzelte riesige Lavablöcke von den Seitenwänden des Eruptionsschlotes losgerissen und als Blöcke herausgeschleudert. Sie haben ihre deutliche Spur in den Aschenlagen hinterlassen. Am Calderarand sieht man einige von ihnen noch in der Bo_1-Schicht in ihren „Bombensäcken" liegen (Abbildung 6.6). Richtungsmessungen an den Bombensäcken am Calderarand bei Kap Athinios und Kap Alonaki zeigen eindeutig, daß die Blöcke auf ballistischer Kurve vom Eruptionspunkt in der Caldera ausgeschleudert wurden. In den inzwischen aufgelassenen Steinbrüchen im Süden von Fira auf Thera findet man bis zu zimmergroße Lavablöcke, die offenbar in dieser Eruptionsphase mitgerissen worden sind. Lavablöcke von über einem Meter Durchmesser erreichten auch die bronzezeitliche Siedlung bei Akrotiri, die etwa zehn Kilometer vom Ausbruchspunkt entfernt liegt. Selbst in dieser Entfernung konnten sie noch die Steinmauern der bronzezeitlichen Häuser zerschmettern (Abbildung 6.7).

Die dritte Phase (Aschenströme)

Auch die Pyroklastika der dritten Phase sind selbst aus größerem Abstand deutlich an den Profilwänden der Caldera erkennbar. Sie unterscheiden sich von den beiden ersten Ablagerungen durch den besonders hohen Anteil an dunklen Fragmenten. Es sind meist gut gerundete, dunkle, glasige Lavablöcke, die den Laven des Skaros-Vulkans sehr ähnlich sind. Zum großen Teil handelt es sich hierbei vermutlich um die Lavamassen der Vor-Kameni-Insel, die in dieser Phase an der ständig sich erweiternden Schlotwandung herausgelöst und zusammen mit Bimsstein und Meerwasser ausgeworfen wurden. Auch bei diesen Ablagerungen handelt es sich um pyroklastische Ströme, deren Entstehung sich folgendermaßen erklären läßt: Zunächst erweiterte sich der Schlot, und größere Bereiche der Kraterwände brachen ein. Die herabstürzenden Gesteine wurden im Malstrom der aufwärts gerichteten Eruptionsmassen abgerundet und zusam-

6.5 Der Übergang von der Bo_1-Phase (Aschenregen) zur Bo_2-Phase (Base Surge) war nicht abrupt, wie die hellen feinkörnigen Bänder im oberen Bildabschnitt zeigen. Sie entstanden, als das Magma mit Meerwasser in Kontakt kam. In dieser Phase wurden auch große Lavablöcke ausgeworfen (oben im Bild). Das Profil befindet sich am Hang des Profitis-Elias-Massivs südöstlich der Ortschaft Pirgos, etwa 7 Kilometer vom Ausbruchspunkt entfernt, in einer Höhe von etwa 280 Metern über dem Meeresspiegel. In dieser Höhenlage ist die Mächtigkeit der Bo_2- und Bo_3-Schichten bereits sehr stark reduziert, da diese sich nur als seitwärts gerichtete Ströme ausgebreitet haben. Die als „Maßstab" benutzte Person ist der dänische Vulkanologe Professor Arne Noe-Nygaard.

men mit den Bimsfragmenten ausgeworfen. Auch bei dieser Eruptionsphase darf man annehmen, daß es nur zu lateral gerichteten Eruptionswolken kam, die ebenfalls nicht die enorme Höhe der ersten Eruptionsphase erreichten. Es handelte sich um Aschenströme, die als Gas-Feststoff-Gemisch wie bei einem Topf mit überkochender Milch aus dem Kessel quollen und – wie in der zweiten Phase – erst den Calderaraum ausfüllten, die Calderawandung überstiegen und dann die Außenhänge des Vulkangebäudes hinunterflossen.

In den Ablagerungen dieser Phase findet man unter den Fremdgesteinen weiße Kalkblöcke (Friedrich et al. 1988, Eriksen et al. 1990), auf deren Entstehung und Ablagerung in Kapitel 10 noch näher eingegangen wird. Der hohe Anteil an Fragmenten von nichtvulkanischen Gesteinen in der dritten Phase des Ausbruches deutet darauf hin, daß es hier, durch die schnelle Entleerung der Magmakammer bedingt, schon zum Einsturz von großen Teilen des auf Meeresniveau liegenden, flachen Vulkangebäudes kam: Es entstand

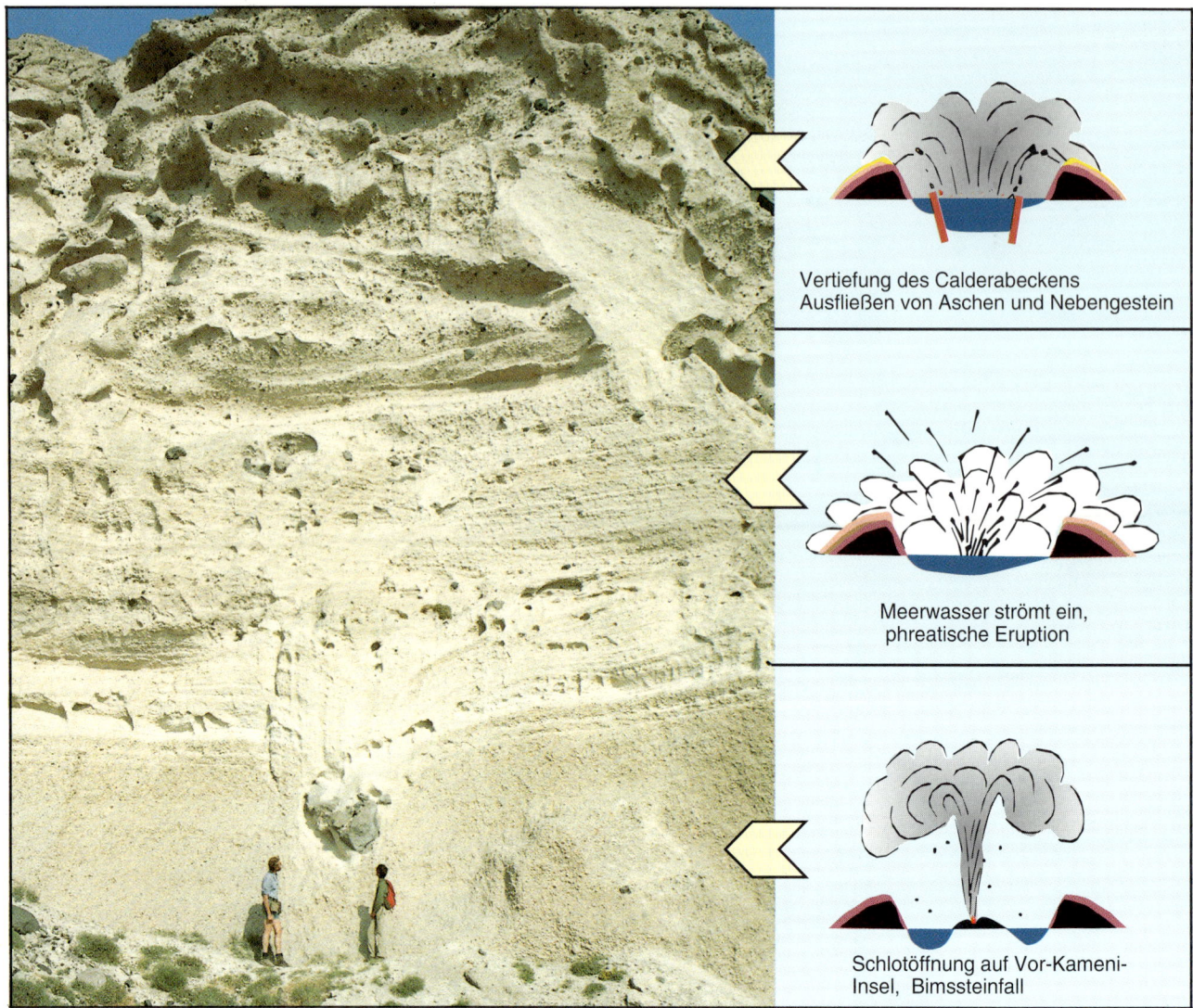

Vertiefung des Calderabeckens
Ausfließen von Aschen und Nebengestein

Meerwasser strömt ein,
phreatische Eruption

Schlotöffnung auf Vor-Kameni-
Insel, Bimssteinfall

6.6 Auch riesige Lavablöcke wurden in der zweiten Eruptionsphase (Bo$_2$) von den Seitenwänden des Eruptionstrichters losgerissen und ausgeschleudert. Ein solcher Block ist über den beiden Personen zu sehen. Untersucht man die „Einschlagstrichter" solcher ausgeschleuderten Lavablöcke, kann man bei einigen von ihnen die Flugbahn und die Lage der Auswurfstelle rekonstruieren. Solche Berechnungen zeigen eindeutig, daß der Ausbruchspunkt in der heutigen Caldera lag. In der rechts stehenden Skizze sind die drei Phasen der Minoischen Eruption dargestellt. Sie entsprechen den im Foto zu unterscheidenden drei Tuffablagerungen.

das große nördliche Teilbecken der heutigen Santorin-Caldera, und die bereits früher angelegten Südbecken wurden vertieft, aber auch zum Teil wieder mit Pyroklastika verfüllt.

Gab es eine vierte Eruptionsphase?

Die Profilwände im Steinbruch südlich von Fira sowie in den Steinbrüchen bei Athinios und bei Akrotiri zeigen deutlich, daß die Aschenstromablagerungen der dritten Phase von vulkanischen Sedimenten überlagert werden, die besonders viele Fragmente enthalten. Sie sind durch ihre dunklere Farbe ganz deutlich erkenn-

bar. Ob es sich hierbei jedoch um primäre Eruptionsprodukte handelt oder um Umlagerungen, darüber sind sich die Experten nicht einig. Während Pichler und Kussmaul (1980) diese Ablagerungen als „umgelagert" auskartiert haben, nehmen Heiken und McCoy (1984) an, daß es sich um Ablagerungen einer zusammenstürzenden Eruptionssäule in der Schlußphase der Eruption handelt. Sie sind durch folgende Merkmale gekennzeichnet:

- Die Unterlage (Bo$_3$) ist an einigen Stellen deutlich erodiert.
- Es handelt sich meist um lithische Fragmente mit geringem Bimssteinanteil.

6.7 In der zweiten Eruptionsphase (Bo$_2$) trafen riesige Lavablöcke die Häuser der bronzezeitlichen Siedlung bei Akrotiri und zerschmetterten die Mauern. Ein solcher Block ist unmittelbar hinter der Mauer zu sehen (Pfeil).

- Man findet die Ablagerungen nur in den tiefsten Bereichen der Calderakante, wie zum Beispiel westlich der Ortschaft Akrotiri.

Die letzte Beobachtung spricht gegen den Kollaps der Eruptionssäule und für die Umlagerungstheorie. Man könnte sich vorstellen, daß es beim Einsturz des Nordbeckens der Caldera zu einem plötzlichen Einströmen von riesigen Wassermassen kam, die beim Zurückfluten die niedrigsten Stellen der Calderawände überspülten und dort den bereits früher abgelagerten Bimsstein auswaschen konnten. Hierbei wurde das leichte Bimsmaterial weggespült, und zurück blieben die schweren lithischen Anteile.

Die Auswirkungen des Minoischen Ausbruchs

Geologische Indizien auf den Resten der Ringinsel

Die bis zu 60 Meter dicke Minoische Aschenschicht hat die gesamten Reste der ehemaligen Ringinsel überzogen. Die Angaben über die Mächtigkeit dieser Schicht in der Literatur schwanken stark. Das mag damit zusammenhängen, daß die maximale Dicke von 60 Metern heute nicht mehr vorhanden ist. Nur ein Teil der unmittelbar am Rand der Caldera aufgeschlossenen Profilwände hat noch ihre ursprüngliche Dicke, da durch Steinbrucharbeiten dort bereits große Mengen der Bimsmassen entfernt worden sind. Fouqué (1879) gab für den Bereich von Oia auf Thera eine Gesamtmächtigkeit von bis zu 60 Metern an. In den Steinbrüchen der siebziger Jahre dieses Jahrhunderts lagen die größten Mächtigkeiten jedoch nur bei zirka 35 bis 40 Metern.

Doch nicht überall auf Thera, Therasia und Aspronisi ist diese Bimssteinschicht überhaupt vorhanden. In einigen Gebieten hat die Erosion durch Wind und Wasser bereits große Teile entfernt (wie später noch gezeigt werden wird), und in anderen Gebieten hat die alte Topographie einen entscheidenden Einfluß auf die Ablagerung gehabt. Infolgedessen wurde die primäre Sedimentation der Bimssteinschicht an den Steilhängen und Hochlagen stark reduziert.

Weil man heute auf dem Gebiet mit den höchsten Erhebungen bei Profitis Elias nur noch spärliche Bimsreste findet, scheint es von der Eruption verschont geblieben zu sein. Jedoch trügt hier der Schein. Zumindest wurde dieses Bergmassiv in der ersten Eruptionsphase mit einer meterdicken Bimsschicht überzogen, die allerdings wegen der exponierten und steilen Lage schnell der Erosion zum Opfer gefallen ist. Ihre Spuren finden wir nur noch in Spalten auf der Hochfläche oder aber auch als Fremdgesteinsblöcke, die auf der Oberfläche liegen blieben, als der leichte

6.8 An der Ostküste der bronzezeitlichen Ringinsel wurde infolge der Minoischen Eruption ein flacher Landstreifen angelagert, der rechts im Foto erscheint. Im Vordergrund sieht man das rötliche Kalkgestein bei Echendra, das vor dieser Eruption direkt am Meer lag.

Bimsstein, dem sie beigemengt waren, erodiert wurde. Die beiden anderen Ausbruchsphasen hatten ja diese Höhen nicht erreicht.

Auch die ursprüngliche Form der Insel wurde durch die Eruption verändert: Was an Masse im zentralen Bereich der Ringinsel verloren ging, wurde in der Peripherie zum Teil wieder angelagert. Besonders die Ostseite der Inselgruppe wurde durch die Eruption beträchtlich verbreitert (Abbildung 6.8). Im Osten wurde die Monolithos-Insel durch diese Ablagerungen mit der Hauptinsel verbunden, und in der Caldera verschwand die Vor-Kameni-Insel. An ihrer Stelle bildete sich das Nordbecken, dessen Boden damals bis zu 700 Meter unter dem Meeresspiegel lag. Die einst hufeisenförmige Ringinsel änderte ihre Gestalt: Sie wurde in die drei Teile Therasia, Thera und Aspronisi zerlegt.

Auswirkungen auf Flora und Fauna

Für die Vegetation der alten Ringinsel muß diese Eruption verheerende Folgen gehabt haben. Die Minoische Aschenschicht hat wohl so gut wie alles vernichtet. Nur in Höhleneingängen, bei Profitis Elias und am Platinamos-Rücken sowie an extremen Steilhängen im Windschatten der Eruptionswolke können einige Pflanzen die Katastrophe überdauert haben. Der Botaniker Raus (1991) hält es sogar für möglich, daß »allenfalls einige spaltenbewohnende Arten (Chasmophyten) oder Zwiebelpflanzen, deren Erneuerungs- und Speicherorgane vor unmittelbarer Hitze und mechanischer Einwirkung in Felsspalten geschützt waren, den Ausbruch und eine zeitlich begrenzte Überschichtung mit Vulkanasche erfolgreich überstanden haben könnten (z.B. *Asparagus*, *Muscari* oder *Scorzonera*)«.

Ähnliches gilt auch für die Tierwelt, die sich in hochgelegene Höhlen am Eliasmassiv zurückgezogen hatte. So können einige kleinere Tiere, wie Schnecken, Eidechsen, Schlangen und Insekten, an solchen Stellen die Katastrophe überlebt haben, während alle anderen Landtiere zugrunde gingen. Was die Menschen anbetrifft, so haben wir bisher aus der Ausgrabung von Akrotiri keinerlei Indizien dafür, daß sie bei der Eruption dort umgekommen sind. Vielmehr ist eben anzunehmen, daß sie die Warnzeichen des Vulkans deuten und die Insel mit Booten verlassen konnten. Doch man kann nicht ausschließen, daß zukünftige Ausgrabungen hier noch überraschende Funde liefern werden. So hat man ja auch erst vor kurzer Zeit bei Herkulaneum eine größere Menschenansammlung an

einer Hafenmauer gefunden, die dort dichtgedrängt vergebens vor den Ausbruchsmassen des Vesuvs (79 nach Christus) Schutz gesucht hatte und von den Aschenmassen überrascht worden war.

Was geschah auf den Nachbarinseln?

Auch die Inseln der näheren Umgebung waren mit Sicherheit von der Eruption betroffen. Die starken Explosionsgeräusche, die Aschenfälle und die austretenden giftigen Gase wirkten sich vermutlich katastrophal auf einen weiten Umkreis von Santorin aus. Die östlich von Santorin gelegenen Inseln Anafi und Rhodos müssen unter dem Aschenregen gelitten haben, der sich besonders in östlicher Richtung ausbreitete. Auf Rhodos konnte man die Minoische Aschenschicht an mehreren Stellen nachweisen (Keller 1980, Doumas und Papazoglou 1977). Schließlich erreichte sie sogar Anatolien.

Die gewaltigen Bimssteinmassen haben sicherlich große Gebiete der Meeresoberfläche bedeckt und wurden durch die von Erdbeben ausgelösten Tsunamis auch an höhere Küstengebiete gespült. Hier können uns die in Verbindung mit dem Erdbeben vom 9. Juli 1956 ausgelösten Tsunamis eine ungefähre Vorstellung von den Auswirkungen geben. Damals erreichte die Flutwelle bei der Insel Ios eine Höhe von 25 Metern (siehe auch Kapitel 13). An mehreren Küstengebieten in der Ägäis hat man Bimssteingerölle beobachtet, die offenbar auf der Meeresoberfläche driftend diese Gebiete erreicht hatten (Abbildung 6.9). So fand man sie an der Nordküste von Kreta, an den Küsten von Anafi, Limnos, Paros, Samothrake, Zypern sowie Israel (Francaviglia 1990b). Auch im Nildelta hat man sie beobachtet (Bietak 1992).

Beim Übergang von der ersten zur zweiten Eruptionsphase kollabierte die nach Osten ausgerichtete Eruptionssäule plötzlich, und das Eindringen von riesigen Gesteinsmassen ins Meer östlich von Santorin wird starke Tsunamis ausgelöst haben, ähnlich wie es auch beim Ausbruch des Krakatau-Vulkans 1883 der Fall war. Auch das Einstürzen des Daches über der Magmakammer in der dritten Eruptionsphase, als das nördliche Calderabecken entstand, kann zu Tsunamis geführt haben. Schwimmende Bimsmassen haben sicherlich für mehrere Monate die Schiffahrt und die Fischerei in weiten Teilen der Ägäis behindert. Wahrscheinlich wurde auch die Ernte im Umkreis von Santorin vernichtet, was zu Hungerkatastrophen geführt haben kann. Aber auch global gesehen können

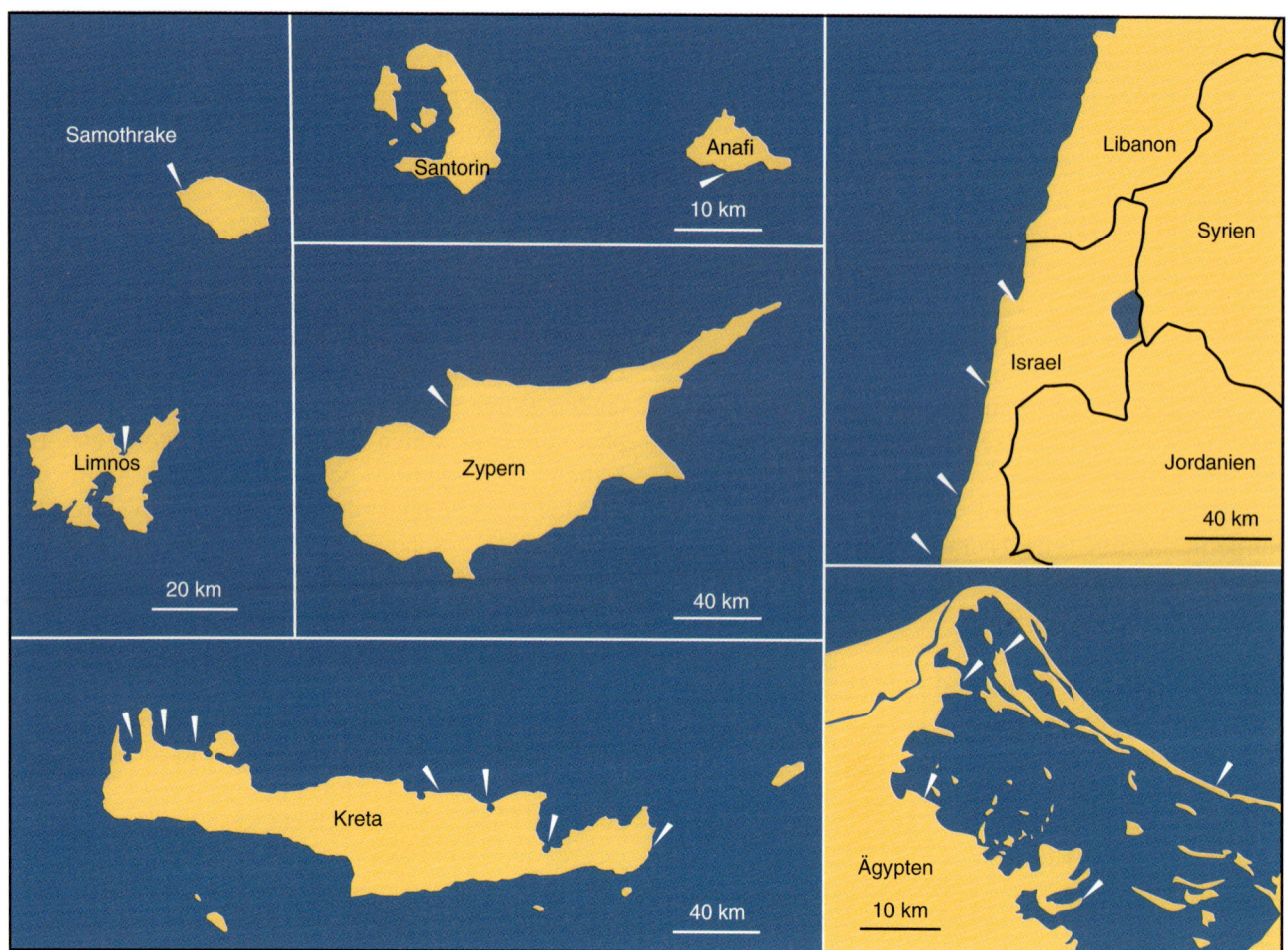

6.9 Bimssteingerölle der Minoischen Eruption (Pfeile) findet man heute an mehreren Stränden im Mittelmeer (Francaviglia 1990). Sie erreichten diese Gebiete auf der Meeresoberfläche driftend. Auch im Nildelta (rechts unten) konnte man Bimsfragmente der Eruption in Sedimenten nachweisen (Stanley 1986).

die feinen Aschenpartikel, die in die Stratosphäre eingedrungen waren und dort monatelang schwebten, zu Klimaverschlechterungen und dadurch zu Ernteschäden geführt haben.

Wurde Kreta von der Eruption getroffen?

Diese Frage beschäftigt die Wissenschaftler seit mehreren Jahrzehnten, ja eigentlich tauchte sie mit der Entdeckung der Minoischen Kultur bei Knossos auf Kreta durch Sir Arthur Evans zu Beginn dieses Jahrhunderts bereits auf. Als sich dann herausstellte, daß Zerstörungen bei Knossos in die gleiche Zeitperiode (Spät-Minoisch IA) fielen wie die Keramikfunde von Santorin, die man bereits in den sechziger Jahren des letzten Jahrhunderts gemacht hatte, begann Evans, über einen Zusammenhang zwischen der Eruption von Santorin und der Zerstörung von Knossos nachzuden-

ken. Spyridon Marinatos (1939), der ebenfalls auf Kreta ausgegraben hatte, setzte diese Diskussion fort, als er die Behauptung aufstellte, der Niedergang der Minoischen Kultur auf Kreta sei eine Folge der Thera-Eruption. Nach seiner Vorstellung war die Eruption auf Santorin von starken Erdbeben begleitet, die schweren Schaden an den minoischen Siedlungen auf Kreta hätten anrichten können. Außerdem sollten die Siedlungen an der Nordküste von Kreta von den Tsunamis, die der Vulkanausbruch ausgelöst hatte, völlig zerstört worden sein. Als vergleichbare rezente Eruption betrachtete er den Ausbruch des Krakatau im Jahre 1883, der ja tatsächlich auch viele Gemeinsamkeiten mit Santorin hatte.

Heute rechnet man damit, daß zumindest die Aschenfälle Kreta weitgehend verschont haben. Nur die Ostspitze der Insel wurde mit wenigen Zentimetern Asche bedeckt. Ob Kreta allerdings von Tsunamis, ausgelöst durch die Santorin-Eruption, getroffen wurde, ist nicht auszuschließen. Zumindest die Hafengebiete der Nordküste bei Amnissos, die Flottenstation von Knossos und Chania können überschwemmt worden sein. Es ist jedoch unwahrscheinlich, daß der Palast von Knossos durch Tsunamis zerstört wurde, da er mit einer Lage von etwa 60 Metern über dem Meer außer Reichweite lag. Außerdem wären eventuelle Tsunamis durch die vor der Nordküste Kretas gelegene kleine Insel Dia abgelenkt worden. Doch könnten sie die Küstensiedlungen beschädigt und die dort liegende Flotte vernichtet haben. Für die Zerstörungen auf Kreta darf man vielmehr annehmen, daß kräftige Erdbeben die Siedlungen beschädigten, und Brände entstanden, die zur Zerstörung beitrugen (Pichler und Schiering 1977). Auch rechnen einige Forscher damit, daß die Mykener vom griechischen Festland die geschwächten Siedlungen der Minoer erobert haben. Aber auch innenpolitische Probleme könnten zur Auflösung der Minoischen Kultur geführt haben.

Tsunamis haben übrigens auch unerwartete Nebenwirkungen: Wie Wiedenbein (1991) darlegt, können sie zur Verbreitung von Flora und Fauna in einem Gebiet wie den Kykladen beigetragen haben, indem sie Tiere und Pflanzen ins Meer gespült haben, wo sie, getragen von schwimmenden Bimsmassen oder als aktive Schwimmer, neue Gebiete besiedeln konnten.

Vergleichbare Eruptionen

Eine so riesige Eruption wie der Minoische Ausbruch muß in seiner näheren und entfernteren Umgebung deutliche Spuren hinterlassen haben. Dies könnten zum Beispiel die Aschenregen, Erdbeben oder aber auch Tsunamis gewesen sein, die beim Einsturz von Calderateilen oder dem Kollaps der Eruptionssäule ausgelöst wurden. Die vergleichbaren Ausbrüche von Tambora (1815) und Krakatau (1883) an der Sundastraße haben mit ihren katastrophalen Auswirkungen deutlich gezeigt, mit welchem Ausmaß an Schäden man auch für den Minoischen Ausbruch rechnen muß.

Der Tambora-Ausbruch von 1815

Die Eruption des Tambora-Vulkans, der auf der indonesischen Insel Sumbawa liegt, war eine der stärksten, die wir kennen. Sie hinterließ ein deutliches Säuresignal im grönländischen Inlandeis, das allerdings erst mit einem Jahr Verzögerung dort eintraf (Abbildung E.6.1). Im Verlauf der Ausbrüche wurden 150 bis 180 Kubikkilometer Aschen und Bimsstein ausgeworfen. Auch bei dieser riesigen Eruption von 1815 wurden durch das plötzliche Eindringen von Aschenströmen ins Meer Tsunamis ausgelöst. Da der Tamborakrater 15 bis 20 Kilometer vom Meer entfernt in einer Höhe von 2850 Metern liegt, konnten die Tsunamis also in diesem Falle nicht durch den Zusammensturz der Caldera oder durch Meerwasser-Magma-Kontakt wie bei der Krakatau-Eruption ausgelöst werden. An der Küste von Sumbawa erreichten die Tsunamis eine Höhe von vier und bei Java eine Höhe von zwei Metern (Walker 1973). Etwa 90 000 Menschen kamen direkt oder indirekt durch die Tsunamis oder die durch den Ausbruch verursachte Hungersnot ums Leben. Die Eruption hatte globale Auswirkungen auf das Klima. Das Jahr nach dem Ausbruch wurde auch das „Jahr ohne Sommer" genannt (Stommel und Stommel 1985).

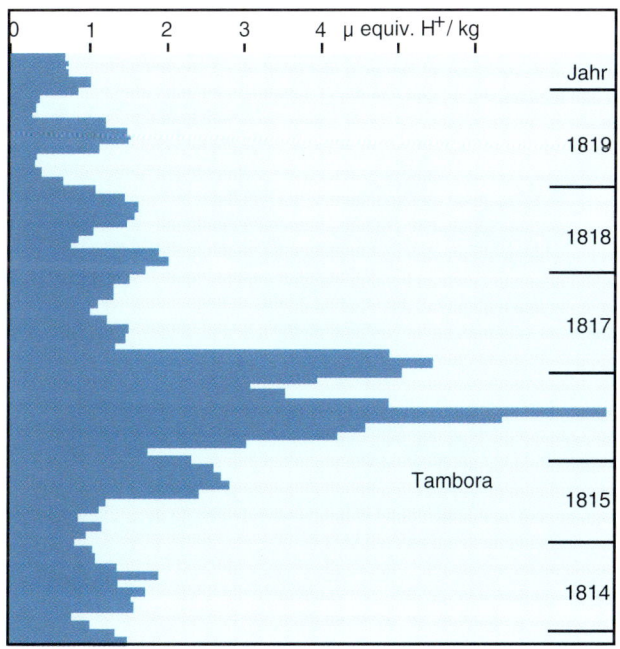

E.6.1 In der Bohrung „Dye 3", im grönländischen Inlandeis, war das Säuresignal der Tambora-Eruption von 1815 deutlich erkennbar. Man konnte sogar nachweisen, daß sich die Säure mehrere Monate in der Stratosphäre gehalten hatte, weil das Säuresignal erst in der Schneelage des Jahres 1816 zu finden war. Ein ganz ähnliches Säuresignal hinterließ auch der Minoische Ausbruch. Aus Dansgaard und Hammer 1981.

Der Krakatau-Ausbruch von 1883

Der an der Sundastraße gelegene Vulkan Krakatau sorgte im Jahr 1883 für weltweites Aufsehen (Abbildung E.6.2). Der Knall der Eruptionen war so laut, daß er noch auf Madagaskar, Sri Lanka und in Australien, also in Entfernungen bis zu 5 000 Kilometern, zu hören war. 36 000 Menschen kamen durch den Krakatau-Ausbruch ums Leben. Die Flutwelle kreiste zweimal um die Erde. Die von der Eruption ausgelösten Luftdruckwellen wurden sogar in Potsdam registriert. Schiffe wurden von den Flutwellen mehrere Kilometer weit an Land gespült, und Staubmassen, bestehend aus nur wenigen tausendstel Millimeter großen Glaspartikeln, konnten in die Stratosphäre eindringen, wo sie mehrere Monate lang schwebten und zu ungewöhnlichen optischen Erscheinungen führten. Sie verdunkelten den Himmel. An einigen Stellen war er so rot gefärbt, daß man glaubte, der Nachbarort stände in Flammen. Auch klimatische Veränderungen nach der Krakatau-Eruption wurden beobachtet. Wie auf Santorin ist die Menge der Eruptiva beträchtlich: Das Volumen der eruptierten Gesteine wird von Self und Rampino (1981) auf 18 bis 21 Kubikkilometer geschätzt. Dies entspricht einem verdichteten Magmavolumen von neun bis zehn Kubikkilometern. Unser Wissen über diese Eruption stützt sich hauptsächlich auf die Beobachtungen von Verbeek (1886), der im Auftrage der niederländischen Regierung eine wissenschaftliche Untersuchung des Ausbruchs unternahm. Er war es auch, der die ungeheuren Explosionen durch das Zusammentreffen von Magma mit Wasser zu erklären versuchte. Diese Theorie steht auch heute noch zur Diskussion. Später fanden Williams und McBirney (1968) heraus, daß pyroklastische Ströme beträchtliche Entfernungen am Boden der Sundastraße entlanggeflossen sein müssen. In einer Arbeit von Self und Rampino (1981) wird schließlich die Kulmination der Eruption durch das Entstehen von pyroklastischen Strömen erklärt, die durch den Schwerekollaps der Eruptionssäule entstanden waren. Nach Meinung der beiden Autoren wurden auch die Tsunamis nicht durch Erdbeben, sondern beim plötzlichen Eintritt der mehrere Kubikkilometer betragenden Aschenströme ins Meer ausgelöst. Das geschah wahrscheinlich in vier gewaltigen Explosionen, die sich am 27. August 1883 ereigneten. Der Einsturz der Krakatau-Caldera fand erst nach der Bildung der Aschenströme und nach dem Entleeren der Magmakammer statt.

In ihrem Modell hat das Eindringen von Seewasser in den Eruptionskrater nur eine unbedeutende Rolle in der Hauptphase gespielt, da sie nur kleinere phreatomagmatische Eruptionen auslösten. Auch der Effekt der sogenannten Entmischung von Magma könnte die gewaltigen Explosionen ausgelöst haben: Wenn basaltisches und rhyolithisches oder andesitisches Magma aufeinandertreffen, können die darin gelösten Gase plötzlich freiwerden und eine Explosion verursachen.

E.6.2 Der Vulkan Krakatau, der in der Sundastraße zwischen Sumatra und Java liegt, hatte 1883 eine Folge von verheerenden Ausbrüchen. Sie lösten Flutwellen aus (dunkelblau in der Zeichnung), die weit ins Land drangen und besonders in den flachen Küstengebieten große Schäden anrichteten. Insgesamt kamen 36 000 Menschen bei dieser Katastrophe ums Leben.

7.0 Die Profilwand bei Kap Alonaki zwischen Fira und Athinios zeigt einen wesentlichen Ausschnitt aus Santorins Vulkangeschichte. Auf Meeresniveau sieht man Laven, die etwa eine Million Jahre alt sind.

In der Bildmitte ist die Untere Bimsstein-Folge (Bu) deutlich erkennbar. Darüber folgt der Mittlere Bimsstein (Bm) und, oben rechts, die Minoische Bimsstein-Folge (Bo).

7

Wann ereignete sich die Katastrophe?

Die gewaltige Minoische Eruption hat eine synchrone Schicht über ein großes Gebiet im Mittelmeerraum gelegt. Geologen und Archäologen sind daher sehr interessiert, diesen einmaligen Leithorizont zu datieren. Denn kennt man sein genaues Alter, so kann man ihn als Richtschnur für die Chronologie dieses Gebietes verwenden.

Man sollte meinen, eine so gewaltige Naturkatastrophe wie den Minoischen Ausbruch mit den heutigen Methoden der Archäologie und der Naturwissenschaften zu datieren, wäre ein leichtes Vorhaben. Das ist leider nicht der Fall. Zwar ist man zur Zeit imstande, den Zeitraum dieser Eruption auf wenige Jahrzehnte einzuengen, aber eine noch höhere Datierungsgenauigkeit für dieses so wichtige Ereignis wäre wünschenswert. Eine genaue Datierung des Minoischen Ausbruchs wäre nämlich im Mittelmeerraum ein Schlüssel zur Chronologie der Bronzezeit. Kennt man das genaue Alter dieser Bimsschicht, so sind alle Objekte die sie bedeckt, ebenfalls genau datiert.

Vielleicht wird dies schon in nächster Zukunft mit einer neuen Datierungsmethode möglich sein. Man könnte sich zum Beispiel vorstellen, daß winzige Glaspartikel der Vulkanasche des Ausbruchs von der Stratosphärenwinden bis ins grönländische Inlandeis verfrachtet wurden und dort noch nachweisbar sind.

Die Methoden, die man zur Bestimmung des Alters dieser Eruption benutzt, teilt man gewöhnlich in zwei Gruppen ein, nämlich in *relative* und *absolute*. Beide Gruppen werden im Prinzip sowohl in der Archäologie als auch in den Erdwissenschaften in gleicher Weise angewendet. Allerdings sind die Anforderungen an die Genauigkeit bei den Archäologen um ein Vielfaches größer als bei den Erdwissenschaftlern. Außerdem ist für die Archäologen nur der allerjüngste Zeitabschnitt von Interesse.

Zur Datierung dieser Vulkankatastrophe hat man bisher versucht, alle Methoden anzuwenden. Bei den relativen Methoden, mit denen man durch Vergleich mit bereits datierten Objekten das Alter des zu datierenden Objektes erhalten will, ist man oft auf ausreichendes Vergleichsmaterial angewiesen. Sowohl in der Archäologie als auch bei den Erdwissenschaften bedient man sich der „Fossilien", deren Merkmale man mit denen bereits bekannter Fossilien vergleicht. Bei solchen Vergleichen ist die Gefahr allerdings groß, daß Zirkelschlüsse auftreten, die, wenn sie erst einmal in der Literatur Fuß gefaßt haben, später nur schwer wieder auszumerzen sind.

Archäologische Altersschätzungen

Die archäologischen Funde von Akrotiri konnte man anhand von Stilelementen mit Funden von anderen Ausgrabungen im Raum der Ägäis vergleichen. Namentlich Kreta war offenbar für die Theräer der Bronzezeit ein wichtiger Anlaufpunkt, was sich für die

zeitliche Korrelation und Datierung als von großer Bedeutung erwies. So lassen sich aus dem Warenaustausch mit anderen minoischen Siedlungsplätzen und den Dokumenten in Form von Abbildungen, zum Beispiel auf Fresken oder Keramik, wichtige Hinweise für die relative Datierung ziehen. Aber auch die Beziehungen zu Ägypten sind durch einige Funde belegt, wie zum Beispiel der Kartusche des Königs Khan (Hyksosperiode) auf einem Alabaster-Deckel von Knossos auf Kreta (Abbildung 7.1). Weitere

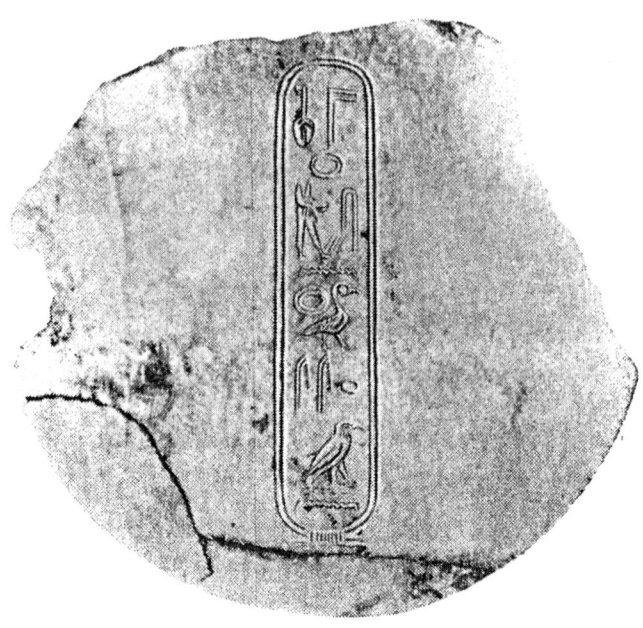

7.1 Die Kartusche mit dem Namen des Königs Khan, der in der Hyksosperiode über Ägypten herrschte, ist ein wichtiger Fund, der die Beziehungen der Minoer zu Ägypten belegt. Sie wurde von dem britischen Archäologen Sir Arthur Evans in Knossos auf Kreta ausgegraben. Diesen Fund hat man lange Zeit als wesentliches Argument für ein Alter um 1500 vor Christus für den Minoischen Ausbruch aufgefaßt.

Bezugspunkte ergaben sich aus den in Theben (Ägypten) gefundenen Darstellungen von Gabenträgern aus dem mykeno-ägäischen Raum (auf sie wird in Kapitel 11 noch näher eingegangen). Vergleiche dieser Art gaben den Archäologen noch vor wenigen Jahren Anhaltspunkte dafür, daß sich der Minoische Ausbruch um etwa 1500 bis 1550 vor Christus ereignet haben könnte. Doch um 1987 mehrten sich die Radiokarbondatierungen, die auf ein höheres Alter (1600 bis 1650 vor Christus) für die Eruption hinwiesen, und die archäologischen Chronologien begannen sich diesem anzupassen (Betancourt 1987). Inzwischen sind neue Funde aus dem Dunkel der Geschichte aufgetaucht, die auch neue chronologische Bezugspunkte zu Ägypten liefern (Warren 1990). So diskutierte man auch, ob eine Inschrift auf einer Säule in Theben, in der über eine Sturmflut im Nildelta zur Regierungszeit von Ahmose berichtet wird, mit dem Minoischen Ausbruch in Verbindung gebracht werden kann (Davis 1990). Völlig neue Perspektiven eröffnen auch die minoischen Funde aus Israel (Niemeier 1990) und Ägypten (Bietak 1992). Während im Fundmaterial von Israel nur spärliche Reste von minoischen Wandmalereien vorkamen, lieferten die Ausgrabungen des antiken Avaris im östlichen Nildelta mehrere tausend Bruchstücke. Sie ermöglichen die Korrelation mit der ägyptischen Chronologie, welche auf den Pharao-Dynastien aufbaut. Die Funde aus dem Nildelta (Ezbet Helmi) stammen nämlich aus der sogenannten Hyksosperiode, die bisher als dunkles Kapitel in der Pharao-

7.2 Die charakteristischen Merkmale der minoischen Kultur sind auf diesem Freskofragment aus dem Nildelta zu sehen: Labyrinth, Stier und Stierspringer. Die neuen Funde aus dem antiken Avaris stammen aus der Hyksosperiode, als Fremdherrscher in Ägypten die Macht übernahmen. Nach einem Foto aus Bietak (1992) gezeichnet.

Chronologie galt. Die wohlerhaltenen Freskoreste mit minoischen Bildmotiven wie Stierspringer (Abbildung 7.2) und Labyrinth gehören zu den interessantesten Funden der letzten Jahrzehnte. In der Wahl der Motive und Stilelemente zeigen sie deutliche Anklänge an die Funde von Kreta und Santorin. Diese sensationellen Reste haben auch gleich die Wissenschaftler zu eifrigen Diskussionen und Spekulationen angeregt: Waren die Herrscher der Hyksosperiode auf dem Thron der Pharaonen Minoer? Hatten sie ihren Kultureinfluß auf Ägypten durch Eroberungszüge erreicht, oder gab es vielleicht sogar eine kretische Prinzessin auf dem Thron im Nildelta? Die letztere Möglichkeit geht aus einem Zitat des Leiters der österreichischen

Ausgrabung M. Bietak in der Frankfurter Allgemeinen Zeitung (27.7.1993) hervor. Chronologisch gesehen könnten die Freskenmaler aus dem Nildelta sogar Überlebende der minoischen Vulkankatastrophe sein, die dorthin verschlagen wurden. Sicherlich werden diese neuen Funde die Frage nach dem Alter der Minoischen Eruption erneut aufwerfen. Doch wahrscheinlich werden die absoluten Datierungen in dieser Frage die genauere Antwort liefern können.

Weitere Datierungsversuche

Ja, vor einigen Jahren glaubten einige Wissenschaftler sogar, eine Zeitspanne von 50 Jahren zwischen dem Ausbruch und dem Kollaps der Santorin-Caldera nachweisen zu können. Es gab damals auch Fachleute, die der Auffassung waren, daß sich der Ausbruch um 1200 vor Christus, also viel später, ereignet haben könnte. Der Geologe van Bemmelen (1971) glaubte sogar, die „Sieben Plagen Ägyptens" der Bibel mit dem Minoischen Ausbruch in Verbindung bringen zu können. Besonders die dort erwähnte Verfinsterung sollte auf die Aschen des Minoischen Ausbruchs zurückzuführen sein. Aus chronologischen Gründen ist diese Verbindung jedoch sehr unwahrscheinlich. Wie die Arbeit von Friedman (1992) zeigt, ist die Diskussion über dieses Thema allerdings immer noch nicht verstummt.

Mit den relativen Methoden konnte man das Vulkanereignis von Santorin zeitlich nicht näher einengen, jedoch waren sich die Archäologen einig, daß es sich in der Zeitspanne von 1800 bis 1300 vor Christus ereignet haben müsse.

Man hat versucht, Material von Santorin auch mit der *Thermoluminiszenzmethode* (TL) zu datieren. Tonscherben, die ich zusammen mit Kollegen aus Århus in der Ausgrabung von Akrotiri bergen konnte, wurden von Vagn Mejdahl, Forschungsanstalt Risø, mit dieser Methode datiert. Er erhielt ein Alter von $3\,600 \pm 200$ Jahren (Friedrich 1987), das recht gut mit den Datierungen übereinstimmt, die durch andere Methoden gewonnen wurden.

Frostschäden an Bäumen in Nordamerika sollen nach LaMarche und Hirschboek (1984) auf den Santorin-Ausbruch zurückzuführen sein. Doch nicht nur in Amerika, sondern auch in Europa hat man inzwischen solche Frostschäden beobachtet. So stellte Baillie (1988) einen zeitlich entsprechenden Frostschaden an Jahresringen von Eichen fest, die man in einem Moor in Irland gefunden hatte. Auf dem dritten

Die Thermolumineszenzmethode

Eine wichtige Datierungsmethode ist die Bestimmung der Thermolumineszenz. Sie wird in steigendem Maße in der Archäologie und neuerdings auch in der Geologie angewandt. Man mißt dabei die Strahlung, die seit dem Zeitpunkt einer „Nullstellung" auf Minerale wie Quarz und Feldspat eingewirkt hat. Bei Keramik wird diese Nullstellung beim Brennen im Töpferofen erreicht, aber auch ein Material, das dem Sonnenlicht ausgesetzt worden ist, kann nullgestellt werden. Gammastrahlung aus der Umgebung und kosmische Strahlung regen Elektronen an, die in Unregelmäßigkeiten der Kristallgitter der Mineralkörner eingefangen werden und nicht mehr in ihren Grundzustand zurückkehren können. Je länger die Minerale in der Erde gelegen haben, desto mehr Strahlung haben sie abbekommen. Die Menge der eingefangenen Elektronen ist somit ein Maß für die Zeit, die seit der Nullstellung verstrichen ist. Bei der Messung der TL-Strahlung im Labor erwärmt man die Minerale auf eine Temperatur von 500 Grad Celsius, wobei die eingefangenen Elektronen wieder freigegeben werden. Dabei wird sichtbares Licht ausgestrahlt, das man dann im Photoverstärker messen kann.

Die TL-Datierung hat den großen Vorteil, daß man völlig ohne organisches Material auskommt – das ja nur selten erhalten ist. Sie hat aber – in bezug auf den Minoischen Ausbruch – den Nachteil, daß bei einem erwarteten Alter von 3 600 Jahren der Fehlerbereich von etwa ± 200 Jahren viel zu groß ist.

Internationalen Thera-Kongreß, der im September 1989 auf Thera stattfand, kommentierte Baillie dies folgendermaßen: »Sehr wahrscheinlich handelt es sich bei den Frostschäden an den Bäumen von Irland um das gleiche Ereignis wie in Amerika, jedoch wissen wir nicht, was dieses Ereignis ausgelöst hat.« Diese Methode hat den großen Nachteil, daß Klimaveränderungen, die zu Frostschäden führen, auch von anderen Naturereignissen ausgelöst werden können: zum Beispiel durch die Verlagerung von Meeresströmen, wie man sie vor der Küste von Chile beobachten kann, die berüchtigten *El Niños*.

Die *Dendrochronologie*, das Abzählen und Auswerten von Jahresringen von Bäumen und Balken aus

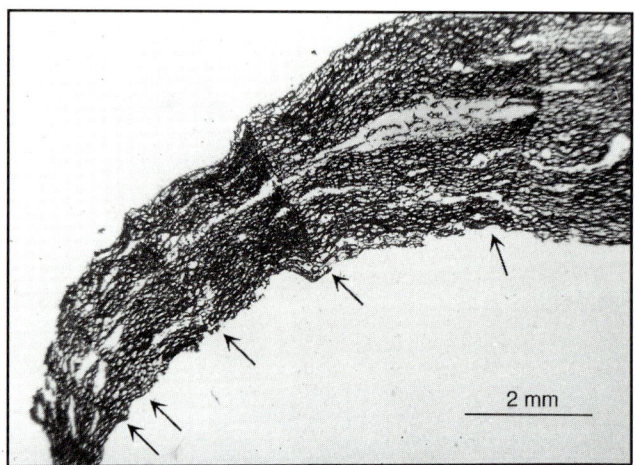

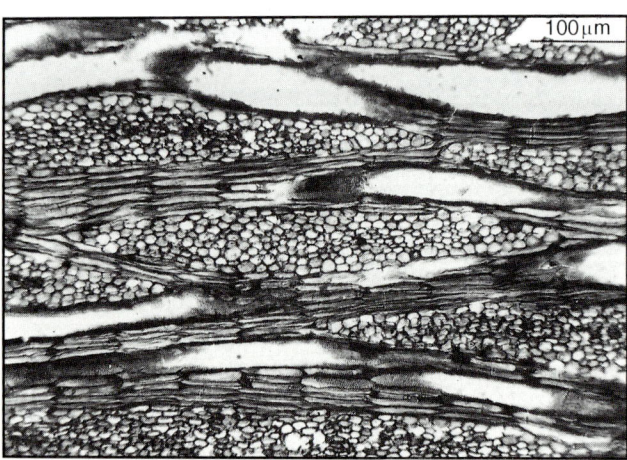

An Jahresringen von kalifornischen Kiefern (*Pinus aristata*) stießen die beiden amerikanischen Forscher LaMarche und Hirschboek (1984) auf Schäden an einigen Jahresringen, die sie auf Frosteinwirkungen zurückführten. Solche Kiefern entwickeln recht dünne Jahresringe, weil sie schon seit einigen tausend Jahren im Gebiet der White Mountains in Nordamerika im Existenzminimum leben. Vulkanausbrüche von besonders starker Explosionskraft, bei denen große Mengen von Staub und Säuren in die Stratosphäre gelangen, können globale Klimaschäden verursachen. Bei den verheerenden Ausbrüchen von Tambora (1815) und Krakatau (1885) beobachtete man Klimaveränderungen, die auch Frostschäden an *Pinus aristata* auslösten. Es war daher naheliegend, einen entsprechenden Schaden in den Jahresringen von 1626 – 1628 vor Christus mit einem vulkanischen Ereignis zu verbinden.

7.3 An einem Tamariskenzweig aus der Ausgrabung von Akrotiri kann man noch deutlich die Jahresringen erkennen (Pfeile). Das Holzstück war allerdings nicht für eine Datierung mit Hilfe der Dendrochronologie geeignet, da es zu wenige Ringe hat. Es konnte jedoch für eine Datierung mit der Radiokarbonmethode verwendet werden, die ein Alter von 3 380 ± 60 Radiokarbonjahren ergab (Friedrich et al. 1990).

alten Gebäuden, archäologischen und geologischen Funden hat schon viele genaue Datierungen geliefert. Versuche, die Dendrochronologie zur Datierung des Minoischen Ausbruchs heranzuziehen, mißglückten bisher, weil in Akrotiri nur selten und nur schlecht erhaltene Holzreste gefunden wurden. Zwar konnte Peter Wagner vom Botanischen Museum in Kopenhagen (Friedrich et al. 1990) einen Tamariskenzweig aus der Ausgrabung anatomisch beschreiben und auch einige Jahresringe feststellen, aber für eine Altersbestimmung nach der Dendrochronologiemethode ist dieser Fund nicht ausreichend, da er statt der benötigten 50 nur etwa zehn Jahresringe aufweist (Abbildung 7.3). Das Material konnte aber durchaus für die Radiokarbondatierung verwendet werden. Henrik Tauber vom Radiokarbon-Laboratorium am Nationalmuseum in Kopenhagen ermittelte für diesen Zweig (K-4255) ein Alter von 3380 ± 60 Radiokarbonjahren.

Die *Radiokarbonmethode* ist eines der wichtigsten Datierungsmittel der Archäologie; sie wird auch in den jüngsten Zeitabschnitten der Geologie verwendet. Die archäologische Datierung lieferte für den Minoischen Ausbruch das eine Altersextrem, das andere ergab sich bei Anwendung der Radiokarbonmethode.

Proben aus der Ausgrabung von Akrotiri, die nach im Exkurs erläuterten Gesichtspunkten in verschiedenen Laboratorien datiert worden waren, ergaben in mancher Hinsicht nicht die Ergebnisse, die man erwartet hatte. Einige waren unbrauchbar oder nur begrenzt brauchbar, weil man mit zu kleinen Probenmengen gearbeitet hatte. Andere – auch „kurzlebige" – Proben, wie Früchte und Samen, waren im Schnitt um 150 bis 200 Jahre älter als nach der betreffenden archäologischen Schätzung. Die Ursache hierfür versuchte man in einem interessanten Phänomen zu finden: Es hatte sich nämlich gezeigt, daß Radiokarbondatierungen von heutigen Pflanzen, die in vulkanischen Gebieten in der Nähe von Kohlensäureaustritten wuchsen, völlig unbrauchbare Alter lieferten. Mehrere hundert Jahre waren solche Pflanzen zu alt in Vergleich mit denen, die in größerer Entfernung gewachsen waren. Aber es zeigte sich auch, daß dieses Phänomen nur die in unmittelbarer Nähe der Kohlensäureaustritte wachsenden Pflanzen betroffen hatte,

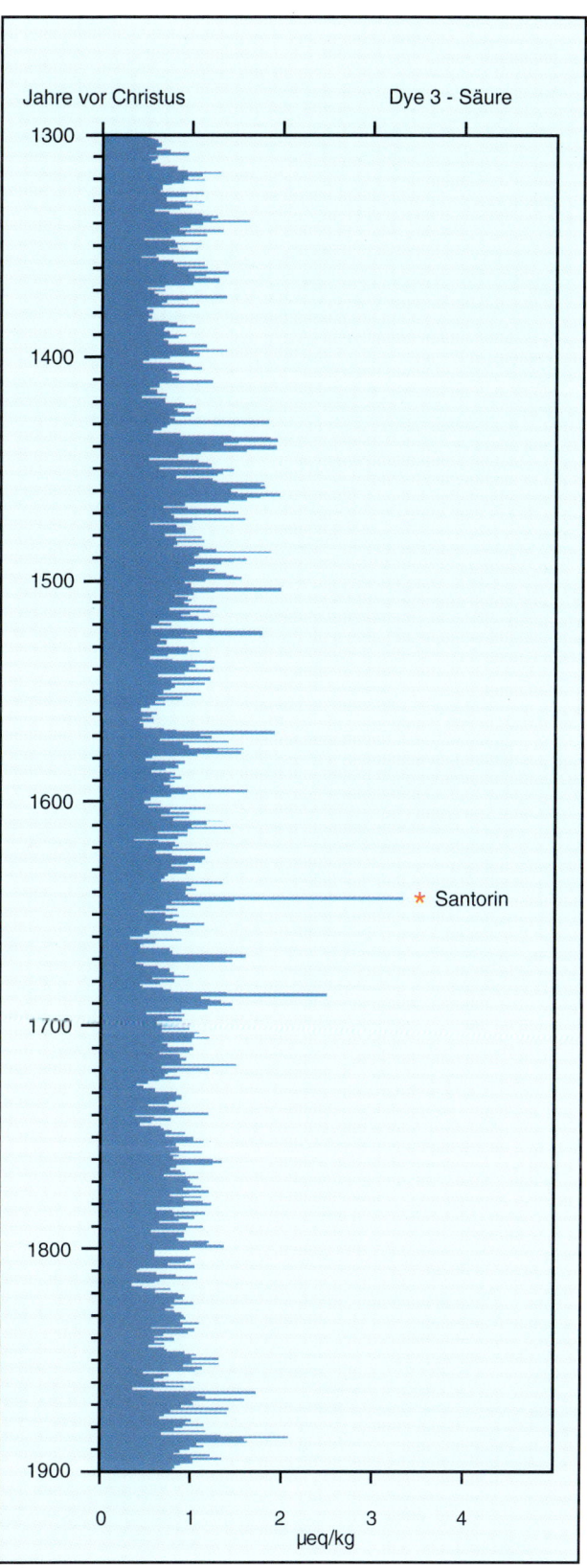

7.4 Die Niederschläge eines jeden Jahres sind im Inlandeis von Grönland erhalten. Im Eiskern der Bohrung „Dye 3" in Südgrönland kann man die Jahresschichten mit chemischen und optischen Methoden auszählen. Erhöhte Gehalte an Schwefelsäure sind auf Vulkanausbrüche zurückzuführen. Die Säurespitze, die man mit der Minoischen Eruption in Verbindung bringt, ist im Diagramm mit einem Stern markiert. Wie beim Säuresignal der Tambora-Eruption von 1815 nach Christus wurde das Signal erst ein Jahr später im Eis registriert. Nach Hammer et al. (1987).

Die Radiokarbonmethode

Diese Methode ist von der Bildung von radioaktivem ^{14}C, das heißt Kohlenstoff mit zwei zusätzlichen Neutronen, in der Atmosphäre unserer Erde abhängig: Kosmische Strahlung trifft auf die Atmosphäre, wobei sich Neutronen bilden. Diese verbinden sich mit Stickstoff, und es kommt zur Bildung von ^{14}C und Protonen (Abbildung E.7.1). Ursprünglich glaubte man, daß dieser Prozeß zu allen Zeiten gleichmäßig verlaufe und damit gleiche Mengen von ^{14}C liefere. Inzwischen weiß man jedoch, daß die kosmische Strahlung stark schwanken kann und daß diese Schwankungen sich auch auf die Menge von ^{14}C übertragen, die produziert wird und von den lebenden Organismen aufgenommen werden kann. Diese Schwankungen haben daher auch einen großen Einfluß auf die Datierungsresultate:

Pflanzen bauen radioaktives ^{14}C in ihre Gewebe ein, und es gelangt in die Körper der Tiere, die sich von ihnen ernähren. Das radioaktive ^{14}C zerfällt in das stabile Stickstoffisotop ^{14}N. Dieser Zerfall verläuft mit einer Halbwertzeit von 5 730 Jahren. Zu Lebzeiten eines Organismus wird die Menge an ^{14}C durch die Nahrungsaufnahme auf einem konstanten Niveau gehalten. Beim Absterben reduziert sich seine Menge jedoch im Takt mit der Halbwertszeit. Das bedeutet, daß nach einer Periode von 5 730 Jahren von einer ursprünglichen ^{14}C-Menge nur noch die Hälfte vorhanden ist.

Dieser Mechanismus ermöglicht auf einfache Weise, das Alter eines Objektes zu bestimmen: Setzt man die Menge an gemessenem ^{14}C eines abgestorbenen

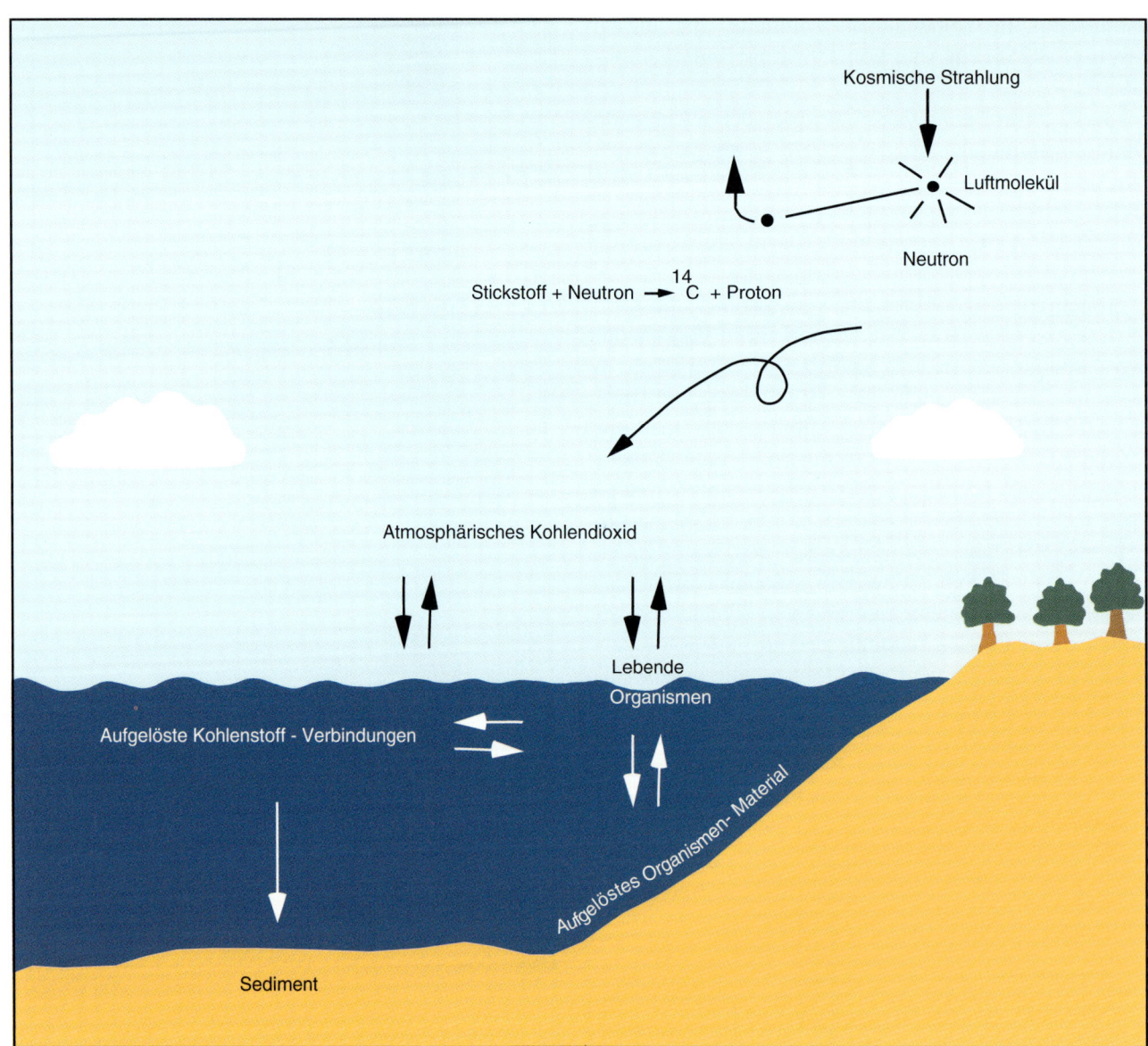

E.7.1 Schematische Darstellung der Entstehung von radioaktivem Kohlenstoff in der Atmosphäre. (Nach Tauber 1992.)

E.7.2 Extrem langlebige Kiefern (*Pinus aristata*) von den White Mountains in Kalifornien lieferten eine Jahresring-Chronologie, die man zur Kalibrierung der Radiokarbondatierungen benutzt. Etwa 4 000 Jahre sind diese Bäume alt. Frostschäden an solchen Kiefern waren vermutlich durch eine Klimaverschlechterung ausgelöst worden, die nach Meinung von Lamarche und Hirschboek (1984) auf den Santorin-Ausbruch zurückzuführen ist. Anhand dieser Frostschäden ereignete sich die Eruption 1626–1628 vor Christus (Foto Erika Löhr).

Organismus in Relation zur ursprünglichen ^{14}C-Menge, so erhält man das Alter des untersuchten Objektes.

Man kam ^{14}C-Schwankungen auf die Spur, als man die Jahresringe von extrem langlebigen Bäumen, wie zum Beispiel dem Mammutbaum oder einer Kiefernart (*Pinus aristata*), untersuchte, Jahresringe mit bekanntem Alter auswählte und diese mit der ^{14}C-Methode datierte. Man fand in Kalifornien lebende Bäume von *Pinus aristata* mit mehr als 4 000 Jahresringen und am gleichen Standort auch Reste von Bäumen, die bereits vor mehr als 4 000 Jahren abgestorben waren (Abbildung E.7.2). Somit konnte man eine kontinuierliche Jahresringkurve von insgesamt zirka 9 000 Jahren aufstellen. Inzwischen hat man auch in Deutschland eine auf Eichen und Fichten aus den Donauschottern basierende Dendrochronologie aufstellen können, die sogar weiter als 11 000 Jahre zurückreicht. Mithilfe dieser Dendrochronologiekurve konnte man auch das Ende der letzten Eiszeit mit 10 970 „Dendro-Jahren" vor 1950 ermitteln (Becker et al. 1991). Die Dendrochronologie ermöglicht es nun, die Meßwerte der Radiokarbonmethode für den Zeitraum von etwa 11 000 Jahren vor heute zu kalibrieren. Doch auch in diesem Zweig der Wissenschaft geht die Entwicklung weiter. Durch die Untersuchung von Jahresschichten bei Korallen von Hawaii konnte man die Eichkurve bis auf 30 000 Jahre ausdehnen (Bard et al. 1990), allerdings ist dieses letzte Stück der Eichkurve noch nicht von allen Experten anerkannt. Die nach diesen Verfahren kalibrierten ^{14}C-Datierungen können dann als „Kalenderjahre" angegeben werden, während nicht kalibrierbare Alter (>30 000 Jahre) als „Radiokarbonjahre" bezeichnet werden.

In dem Zeitraum, in dem sich die Minoische Eruption ereignete, also um 3 600 Jahre vor heute, kann ein nicht kalibriertes Radiokarbonalter um 300 Jahre vom tatsächlichen Kalenderalter abweichen. Die Möglichkeit der Feinjustierung durch die Dendrochronologie und Korallenchronologie gibt der Radiokarbonmethode somit eine neue Dimension von Genauigkeit.

Proben, die man für die Datierung auswählt, dürfen kein zu hohes Eigenalter haben. Ein dicker Baumstamm zum Beispiel kann im Extremfall einen Altersunterschied von mehreren tausend Jahren aufweisen, abhängig davon, ob man den innersten oder äußersten Jahresring datiert hat. Es gilt daher, kurzlebige Organismen für die Datierung zu finden, wie zum Beispiel Samen und Früchte, die alle während des gleichen Jahres geerntet wurden. Auch dünne Zweige mit nur wenigen Jahresringen sind für die ^{14}C-Datierung brauchbar.

Eine moderne Variante der konventionellen ^{14}C-Methode ist das AMS-Verfahren (*Accelerator-Mass-Spectrometry*), bei dem man mit nur wenigen Milligramm Probenmaterial auskommen kann. Dies bringt in vielen Fällen einen Vorteil gegenüber der konventionellen Methode. Die Resultate jedoch haben die gleiche Qualität wie die der herkömmlichen Methode.

weshalb auch nicht alle Proben davon berührt sein konnten. Die entsprechenden Meßwerte, die von der Mehrzahl abwichen, wurden daher als „Ausreißer" bezeichnet und nicht berücksichtigt.

Am Radiokarbon-Laboratorium in Kopenhagen wurden Samen von „Faba" (*Lathyrus clymenum*) und Linsen (*Lens culinaris* Medik.), die in Krügen in der Ausgrabung von Akrotiri gefunden worden waren, für die Datierung verwendet. Die Resultate entsprechen weitgehend denen, die man in verschiedenen Radiokarbon-Laboratorien für die kurzlebigen Proben erhalten hatte. Auch stimmt diese Datierung recht gut mit dem Alterswert für eine Feuerstelle überein, die im Kharageorgis-Steinbruch bei Athinios auf Thera unter dem Bimsstein des Minoischen Ausbruchs gefunden wurde (Friedrich et al. 1980b).

Inzwischen gibt es einige gut datierte Probenserien aus der Ausgrabung von Akrotiri. Alles sind kurzlebige Proben. Das Mittel der Meßwerte ergibt folgende Zahlen, wie Henrik Tauber bei einem Vortrag 1990 in Aarhus darlegte.

Laboratorium-Mittelwerte von Radiokarbonaltern (vor 1950):

Philadelphia	3 300
Heidelberg	3 350
Oxford	3 338
Kopenhagen	3 355
	3 340

Der Mittelwert der obigen vier Werte liegt bei zirka 3340 Radiokarbonjahren vor 1950. Nimmt man nun diesen Wert und überführt ihn in die Kalibrierungskurve von Pearson und Stuiver (1986), so ergibt sich ein entsprechender Wert in Kalenderjahren. Im obigen

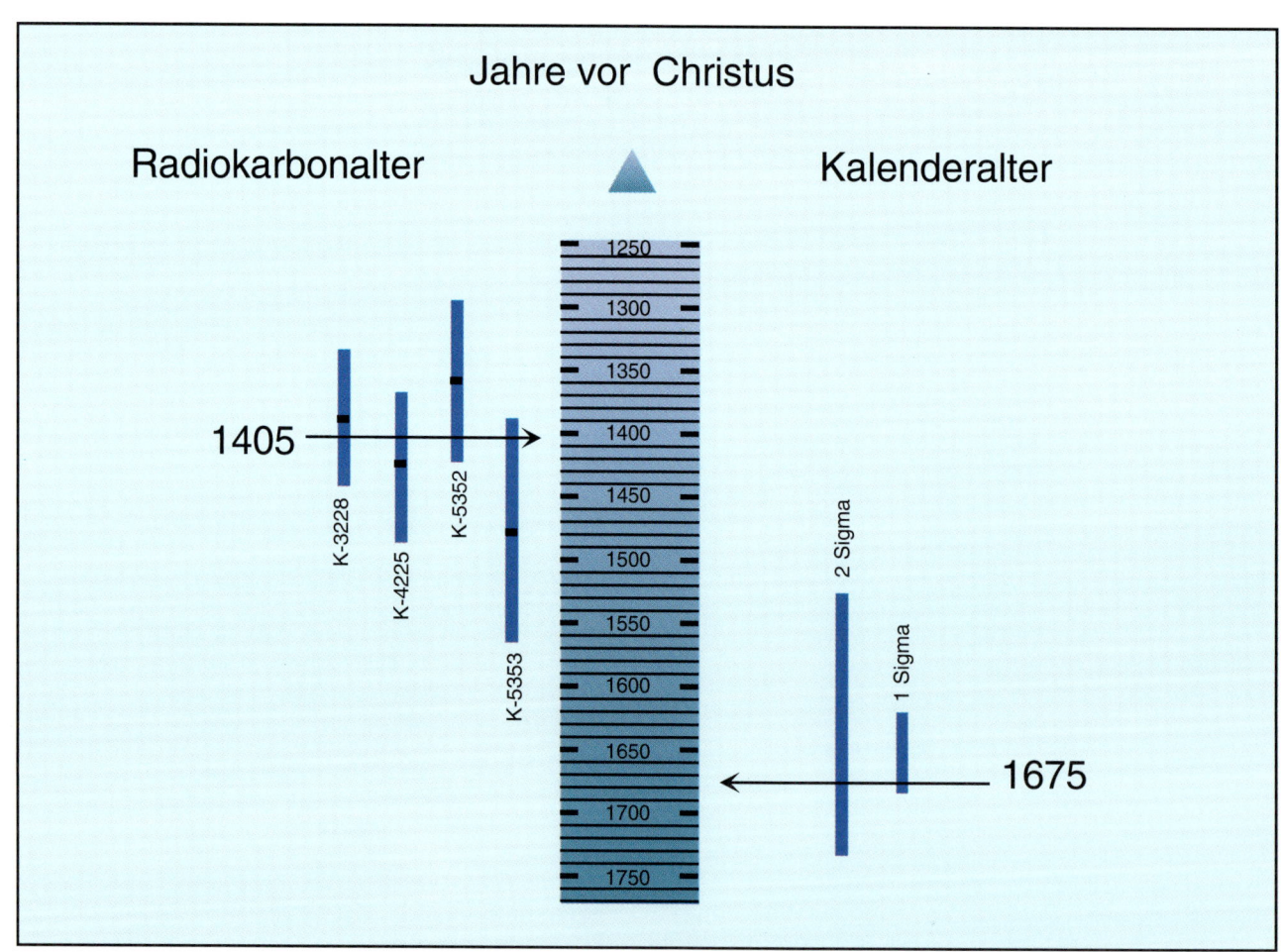

7.5 Die Kopenhagener Radiokarbondatierungen von der Ausgrabung bei Akrotiri ergeben einen Mittelwert von 1 405 Jahren für den Minoischen Ausbruch. Es wurden Einzelkörner von Faba (K-5 352, K-5 353, K-3 228) und ein dünner Zweig von Tamarix (K-4 255) gemessen. Kalibriert man dieses *Radiokarbonalter* nach der Kalibrierungskurve von Pearson und Stuiver (1986), so erhält man ein *Kalenderalter* von 1675 vor Christus. Die Sigma-Bänder geben die statistische Wahrscheinlichket an. Bei 1 Sigma besteht 68 Prozent Wahrscheinlichkeit, daß der tasächliche Wert innerhalb des Bandes liegt, bei 2 Sigma 95 Prozent. Nach Friedrich et al. (1990).

Zahlenexempel erhält man – welch ein Zufall! – den Wert von 1645 Jahren vor Christus, der also identisch ist mit dem Wert, den man auch durch die Eiskerndatierung erhält.

Die *Eiskernmethode* hat mit erstaunlich genauen Werten zur Diskussion über den Zeitpunkt der Minoischen Eruption beitragen können.

Unsere Erde hat verschiedene Speicher, in denen Informationen über Geschehnisse der Vorzeit aufbewahrt werden. So sind zum Beispiel die Veränderungen des magnetischen Erdfeldes von vielen Millionen Jahren in den Laven der Ozeanböden gespeichert und die Alter von verschiedenen Gesteinen in Isotopen-Verhältnissen in Mineralen festgehalten. Ja, es gibt sogar Archive, in denen die Klimaverhältnisse der Vorzeit mit recht genauen Temperaturwerten aufbewahrt werden. Sie sind als Sauerstoff-Isotopen-Verhältnisse ($^{18}O/^{16}O$) in marinen Kalken archiviert. So kann man zum Beispiel aus dem Kalk eines fossilen Belemniten die Wassertemperatur des Meeres ermitteln, in dem er vor vielen Millionen Jahren gelebt hat.

Für die Datierung des Santorin-Ausbruchs mit der Eiskernmethode galt es daher, von geologischer Seite her sicherzustellen, daß der Ausbruch so stark war, daß die Gase in der Eruptionssäule die Stratosphäre erreicht hatten und durch seine geographische Lage in bezug zu den Bohrungen in Grönland auch tatsächlich dort als Säuresignal auftreten kann. Außerdem mußte

Archäomagnetische Messungen

Die Prinzipien der archäomagnetischen Richtungsbestimmungen gründen sich auf zwei Beobachtungen:

Die Richtung des magnetischen Feldes der Erde verändert sich mit der Zeit.

Magnetische Partikel, die sich in erhitzten geologischen oder archäologischen Objekten befinden, können bei ihrer Abkühlung die Richtung des geomagnetischen Feldes festhalten, die zum Abkühlungszeitpunkt herrscht. Man kann bei dieser Methode durch Vergleichsmessungen mit bereits altersbestimmten Fundstellen ermitteln, ob eine zu datierende Fundstelle aus einem gleichgerichteten Magnetisierungsintervall stammt. In einigen Gebieten hat man bereits ein so dichtes Beobachtungsnetz, daß man eine neue Probe anhand der sogenannten Säkular-Variation des Magnetfeldes der Erde datieren kann.

die ausgesuchte Säurespitze im Zeitintervall von zirka 1800–1300 vor Christus liegen, das man durch andere Datierungsmethoden abgegrenzt hat. Diese Bedingungen trafen für das Säuresignal von 1645 ± 7 Jahren vor Christus zu, so daß man den Santorin-Ausbruch dafür verantwortlich machen konnte (Hammer et al. 1987; Abbildung 7.4).

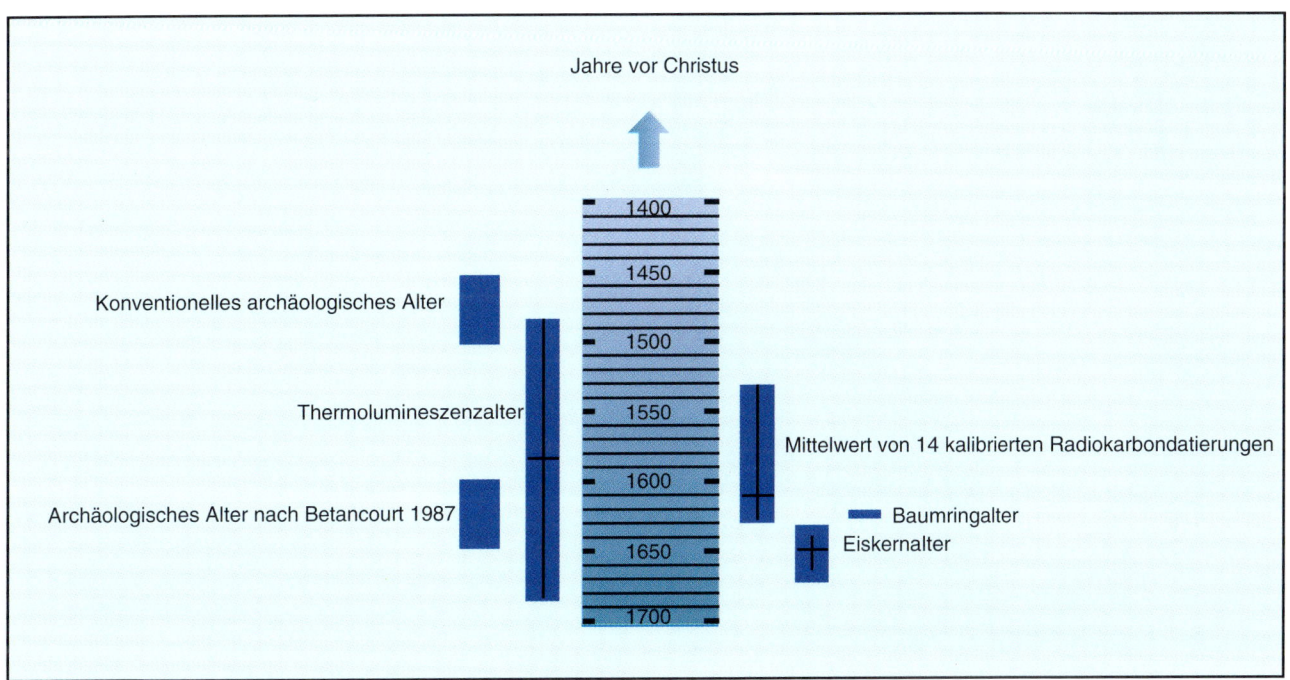

7.6 Zusammenstellung der Datierungen des Minoischen Ausbruchs. Nach Friedrich et al. (1990).

Die Eiskernmethode

Die wohl interessantesten Informationsspeicher der Erdgeschichte sind die vereisten Polkappen. Hier liegen die Niederschläge von vielen Tausenden von Jahren als Eisschichten übereinander. Auf Grönland erreicht dieser Stapel eine Dicke von etwa drei Kilometern. Jedes Jahr hat dort eine charakteristische Eisschicht hinterlassen. Die Jahresschicht ist zwar nicht mehr in ihrer ursprünglichen Dicke vorhanden, weil sie durch die Auflast der später abgelagerten Schneelagen zusammengedrückt wurde, aber ihre chemischen und optischen Merkmale hat sie noch bewahrt. Diese Jahresschichten kann man abzählen – ähnlich den Jahresringen von Bäumen –, und somit ist es möglich, das Alter der betreffenden Schicht zu

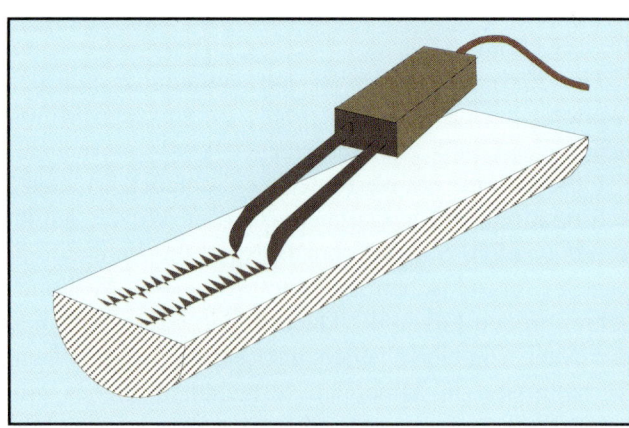

E.7.4 Zur Lokalisierung von Säuresignalen zieht man zwei Elektroden über den der Länge nach halbierten Eiskern. Die Elektroden sind mit einer Stromquelle und einem Meßgerät verbunden. An den Stellen, wo der Eiskern Säure enthält, erhöht sich die Leitfähigkeit, was auf dem Meßgerät angezeigt wird. Auf diese Weise lassen sich Säuresignale im Eis schnell erkennen. Solche Anreicherungen von Säure können, wenn es sich um Schwefelsäure handelt, von einem Vulkanausbruch stammen. Das läßt sich allerdings erst später durch zeitraubende Untersuchungen im Labor feststellen.

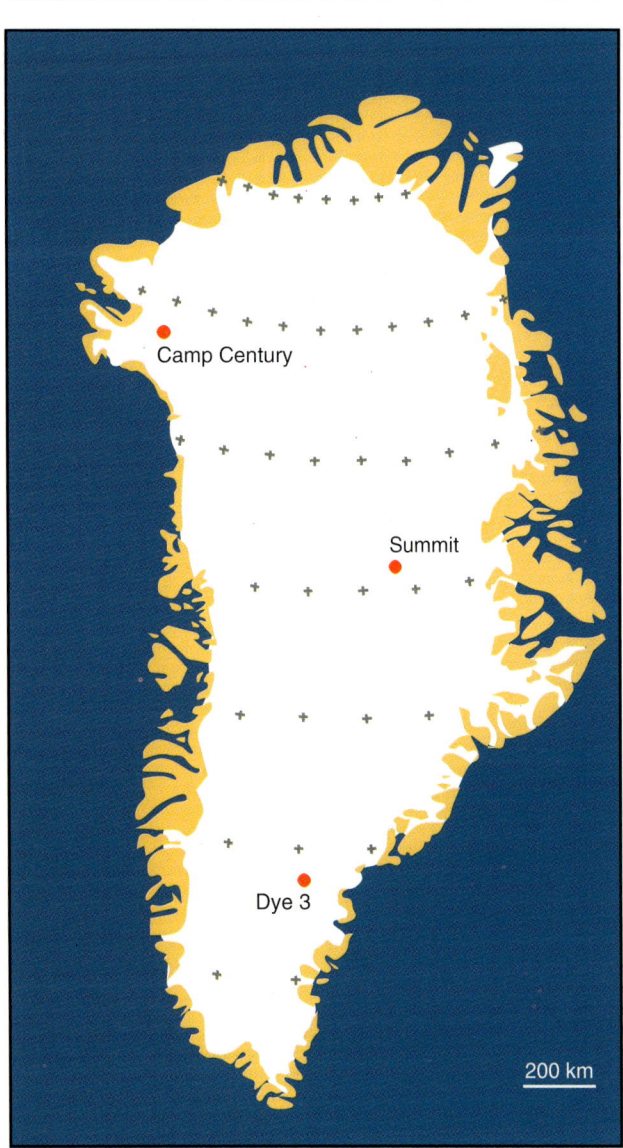

E.7.3 Lage der Eiskernbohrungen „Camp Century", „Dye 3" und „Summit" in Grönland. In allen diesen Bohrungen wurde das Säuresignal der Minoischen Eruption gefunden.

bestimmen. Allerdings ist das „Abzählen" der Eislagen nur mit Hilfe von kostspieligen Bohrungen und in ebenso kostspieligen Laboratorien möglich.

Auf Grönland hat man inzwischen mehrere Bohrungen im Inlandeis abgeteuft, jedoch sind bisher nur drei Tiefbohrungen darunter: „Camp Century", „Dye 3" und neuerdings „Summit", die in Zentralgrönland liegt. Die an der Radarstation Dye 3 gelegene Bohrung gleichen Namens lieferte einen kontinuierlichen Eiskern von 2 300 Metern Länge, die Summit-Bohrung über 3 000 Meter Kern (Abbildung E.7.3).

Das Eis der Polkappen enthält nicht nur sehr wichtige Informationen über den Klimaverlauf etwa der letzten 200 000 Jahre, sondern auch über größere Vulkanausbrüche. Es ist nicht so sehr das Aschenmaterial der Vulkanausbrüche, das im Eis bewahrt wird, sondern die Schwefelsäure. Sie bildet sich, wenn schwefelhaltige Gase, die bei starken Vulkanausbrüchen in die Stratosphäre gelangen, sich mit Wasser verbinden und dann mit den Höhenwinden als sogenannte Aerosole polwärts verdriftet werden. Mit den Niederschlägen gelangt die Schwefelsäure dann ins Eis. Mit einer recht einfachen Methode kann man sie im Eiskern einer Bohrung feststellen. Säurehaltiges Eis leitet den elektrischen Strom, und diese Tatsache hat sich der Geophysiker Claus Hammer (Geophysikalisches Institut in Kopenhagen) zunutze gemacht, um die verschiedenen Säuresignale zu detektieren: Man zieht zwei Elektroden zickzackartig in Längsrichtung des

Eiskerns und kann die Leitfähigkeit des Eises an einem Meßgerät direkt ablesen. Wenn man ein Säuresignal mit diesem „Kratz-Kratz-Gerät" gefunden hat, wird der entsprechende Kernabschnitt in einer sehr zeitraubenden, chemischen Untersuchungsphase genau analysiert und datiert (Abbildung E.7.4).

Jede Jahresschicht läßt sich aufgrund ihrer chemischen Parameter genau charakterisieren und wird in ein kontinuierliches Protokoll eingetragen. Datierte Säuresignale mit einem genau bestimmten Alter in historischer Zeit lassen sich oft mit bekannten, größeren Vulkanausbrüchen zeitlich korrelieren. So konnte man zum Beispiel die bekannten explosiven Ausbrü

che von Krakatau (1883) und Tambora (1815) auch als Säuresignal in verschiedenen Eiskernen wiederfinden, was diese Untersuchungsmethode recht sicher macht. Erwartungsgemäß war jedoch der kräftige Katmai-Ausbruch (1912) von Alaska in der Dye 3-Bohrung fast nicht erkennbar. Der Ausbruch ereignete sich nämlich in zu hoher nördlicher Breite. Wegen der nordwärts gerichteten Drift der Stratosphärenwinde auf der Nordhalbkugel war das Signal, entsprechend der südlicheren Lage der Bohrung Dye 3, fast kaum zu bemerken.

Da man die verschiedenen Säuresignale mit entsprechenden Ausbrüchen korrelieren kann, ist es auch

E.7.5 Bergung eines Eiskerns der Bohrung „Summit" in Zentralgrönland. Auch im Eis dieser Bohrung konnte man das Säuresignal der Minoischen Eruption nachweisen. Foto W. Dansgaard, Juli 1993.

möglich, einen eventuellen Fehler in einer Bohrung zu finden, der zum Beispiel durch Kernverlust oder andere Pannen entstanden ist. Auf der anderen Seite lassen sich so auch die maximalen Fehlergrenzen einer Eiskerndatierung festlegen. Es kann allerdings eine Komplikation auftreten: Da auch Nitrat Säuresignale im Eisbohrkern erzeugen kann, gilt es, solche Spitzen, die durch Aufschmelzen von Eis in extrem warmen Sommern entstehen können, mittels chemischer Methoden auszusondern. Zurück bleiben dann die Schwefelsäuresignale. Das gibt der Eiskernmethode gegenüber den Frostschäden an Jahresringen von Bäumen einen entscheidenden Vorteil: Bei der Eiskernmethode kann man sicher sein, daß die Schwefelsäurelagen von Vulkanausbrüchen herrühren, während man bei den Frostschäden an Bäumen dies nicht mit Sicherheit annehmen kann.

Die Präzision der Eiskerndatierungen ist recht gut, da verschiedene Parameter jede Jahresschicht charakterisieren. Gewaltige Ausbrüche in Tambora-Stärke sind zum Teil in den Eislagen beider Hemisphären nachweisbar. Dies gilt zum Beispiel für den Ausbruch des Jahres 1259 nach Christus, der sowohl in Grönland als auch auf der Antarktis seine Säurespuren hinterlassen hat (Hammer und Clausen 1990). Doch ausgerechnet dieser starke Vulkanausbruch hat sich auf die Jahresringe der Bäume des entsprechenden Jahres nicht ausgewirkt.

Im Sommer 1992 wurde die Eiskernbohrung Summit (Abbildung E.7.5), die in Zusammenarbeit von acht europäischen Ländern im Projekt GRIP (*Greenland Ice Core Project*) in Zentralgrönland durchgeführt wurde, erfolgreich abgeschlossen. Das Team von bis zu 30 Wissenschaftlern hatte vier Sommer auf dem Inlandeis verbracht. Am 12. Juli erreichte man in einer Tiefe von 3 028,6 Metern den Boden des Inlandeises. Dort hat das Eis ein geschätztes Alter von etwa 200 000 Jahren. Der kontinuierliche Eiskern repräsentiert somit eine Datenbank, die Informationen über die letzte Eiszeit und das letzte Interglazial birgt. Wahrscheinlich ist es der längste zusammenhängende Eiskern, den man überhaupt auf der nördlichen Hemisphere erbohren kann. Für die Wissenschaftler ist es für dieses Zeitintervall das beste Informationsmaterial überhaupt – ein ganz idealer Eiskern, da man hier nicht die störenden Aufschmelzphasen wie im Kern von „Dye 3" in Südgrönland hat. In einer Übersicht von Johnsen et al. (1992) werden die ersten wissenschaftlichen Ergebnisse vorgelegt, die den Bearbeitungsstand von Ende 1991 darstellen. Von besonderem Interesse für Santorin ist, daß man auch in dem neuen „idealen" Eiskern die Säuresignale wiederfindet, die man bereits von den Bohrungen „Camp Century" und „Dye 3" kannte. So ist das Thera-(Santorin)-Säuresignal in einer Tiefe von 736,45 Metern festgestellt worden, was einem Alter von 3636 ± 7 Jahren (vor 1990) entspricht. Die zeitaufwendigen Analysen des Eiskernes werden uns erst in den nächsten Jahren ein noch genaueres Alter für den Minoischen Ausbruch liefern können. So kann man damit rechnen, daß das bisherige Alter von 1645 ± 7 Jahren vor Christus sich um wenige Jahre nach oben oder unten verschiebt.

Das bisher beste Datierungsresultat für den Minoischen Ausbruch lieferte der Bohrkern „Dye 3" aus Südgrönland. Der markante Säurewert des Jahres 1645 ± 7 vor Christus wird auch durch den kalibrierten Mittelwert der Radiokarbondatierungen bestätigt (Abbildung 7.5 und 7.6).

Zur Zeit ist man dabei, einen 3 200 Meter langen, kontinuierlichen Eiskern zu analysieren, der an der höchsten und gleichzeitig dicksten Stelle des grönlandischen Inlandeises gezogen wurde. In dieser „Summit" benannten Bohrung hat man das Säuresignal von Santorin bereits gefunden, doch die genaue Auswertung der zahlreichen Proben wird noch lange Zeit in Anspruch nehmen.

Man hat in der Ausgrabung von Akrotiri auch *archäomagnetische Messungen* vorgenommen, ohne jedoch die Frage nach dem genauen Alter der Minoischen Eruption lösen zu können (Tarling und Downey 1990).

Teil 3

Der Vulkan gibt sein Geheimnis frei

8.0 Die alte Ausgrabungsstelle von Robert Zahn im Erosionstal von Potamos bei Kamaras liegt nur wenige hundert Meter von der heutigen bei Akrotiri entfernt. Zur Jahrhundertwende hatte er hier am Rande der roten Ignimbritplattform (in der Bildmitte, rechts) bronzezeitliche Reste gefunden, die heute im Hiller-von-Gaertringen-Museum in Fira auf Thera aufbewahrt werden.

8

Ein Pompeji der Bronzezeit

Völlig unerwartet tauchte das „Pompeji der
Bronzezeit" aus Santorins Aschenmassen auf:
Mehr als 3 600 Jahre konnte der Vulkan sein
Geheimnis bewahren, obwohl griechische und
ägyptische Legenden von der Katastrophe
berichtet hatten.

Die ersten Funde auf Therasia

Die ersten bronzezeitlichen Besiedlungsspuren auf Santorin fand man in den sechziger Jahren des vergangenen Jahrhunderts auf der Insel Therasia. Damals gab es dort große Steinbrüche im nördlichen und südlichen Teil, wo Bimsstein abgebaut wurde, den man unter anderem für die Fundamente am Suezkanal bei Port Said verwendete. Die „Santorinerde" oder „Pozzulanerde", wie man den Bimsstein damals nannte, ergibt, gemischt mit Kalk, einen sehr guten Mörtel, der auch unter Wasser erhärtet. Schon seit Jahrhunderten hatte man solchen Mörtel für Hafenanlagen im Mittelmeergebiet verwendet. Bimsstein war auf Santorin ja reichlich vorhanden, und es wurden riesige Mengen für die Suezkanal-Kompagnie an verschiedenen Stellen der Inselgruppe gebrochen. So gab es damals zum Beispiel auch große Steinbrüche auf Thera nördlich von Akrotiri und bei Athinios am Calderarand sowie bei Oia, die inzwischen alle stillgelegt sind. Noch heute sind die Narben in der Landschaft deutlich erkennbar.

In einem dieser Steinbrüche machte man damals eine sensationelle Entdeckung, die Santorins historische Bedeutung mit einem Schlag ans Licht brachte: An der Ostseite von Therasia zwischen Kap Tripiti und Kap Kimina gegenüber der Insel Aspronisi entdeckten Arbeiter im Alafousos-Steinbruch Mauerreste an der Unterseite der Bimssteinschicht (Abbildung 8.1).

Aber erst als Wissenschaftler im Zusammenhang mit den Ausbrüchen auf Nea Kameni, die im Jahre 1866 einsetzten, nach Santorin kamen, erkannte man die Bedeutung dieser Funde. Unter den Forschern war auch der Chemiker Christomanos von der Universität Athen. Als er den Steinbruch auf Therasia zufällig besuchte, fiel ihm sofort auf, daß die dortigen Mauerreste älter als der Bimsstein waren, der sie bedeckte. Es stand daher für ihn auch fest, daß es sich hier nicht um ein später angelegtes Grab handeln konnte, wie man hätte glauben können.

Der Besitzer des Steinbruches, Alafousos, und ein Arzt von Thera namens Nomicos nahmen daraufhin dort eine Ausgrabung vor. Sie legten ein Haus mit mehreren Räumen frei, in denen sie Keramik und Geräte fanden.

Unter jenen Wissenschaftlern, die damals nach Santorin gekommen waren, befand sich auch der französische Vulkanologe Fouqué. Als er die Mauerreste auf Therasia im Jahre 1867 sah, war auch er davon überzeugt, hier ganz außergewöhnliche archäologische Funde vor sich zu haben: Man hatte ein neues Pompeji entdeckt. Damals, als Fouqué die Stelle besuchte, fand man in den Ruinen auch Skeletteile eines Mannes, Unterkiefer und Beckenknochen. Zusammen mit anderen Spezialisten setzte Fouqué die Ausgrabung auf Therasia fort. Hierüber hat er in einem Zeitschriftenartikel mit dem Titel „Une Pompéi Antéhistorique" (1869) berichtet, aber auch in seinem großartigen Werk „Santorin et ses Éruptions" (1879), in dem einige Zeichnungen mit den Funden von Santorin wiedergegeben sind. Damals wußte man allerdings noch nicht, daß die Kulturreste, die der Vulkan auf Thera und Therasia unter seinen Bimsmassen begraben hatte, von der Steinzeit bis zur minoischen Kulturperiode reichten. Ja, auch der Begriff *minoisch* war damals noch unbekannt. Er wurde nämlich erst geprägt, als Sir Arthur Evans um die Jahrhundertwende auf Kreta den Palast von Knossos ausgrub.

Aus der Lage der Gebäude, direkt auf einem Lavaplateau, und der Orientierung der Fenster sowie der Art, wie der Bimsstein das Gebäude umgab, konnte er sich der von Christomanos geäußerten Meinung anschließen, daß es sich nicht um ein Grab, sondern um eine Behausung handelte (Abbildung 8.2). Die Bauweise war ganz anders, als man sie heute auf Santorin antrifft: Die Wände bestanden aus einer Art Fachwerk, das aus Holz, zufälligen Lavabrocken und Erde zusammengefügt war. An einigen Stellen waren Äste in das Gemäuer eingesetzt. Aus der Form der Äste und der noch erkennbaren Rinde schloß er, daß es sich um Olivenholz handeln müsse. Das Holz war, wie man es auch von der späteren Ausgrabung von Akrotiri her kennt, bereits so stark zersetzt, daß es bei der geringsten Berührung zu Staub zerfiel. Man fand keine Gegenstände aus Metall, aber Keramik und eine Lanzenspitze mit einer Länge von acht Zentimetern sowie eine Sichel aus Feuerstein.

Heute ist die Ausgrabungsstelle nicht mehr genau zu lokalisieren. Man findet zwar den ehemaligen Steinbruch, aber die Ruinen sind längst zerfallen. Spätere Besucher, wie zum Beispiel Mavor (1969) und Aston und Hardy (1990), berichten über Funde von bemalten Scherben in dieser Gegend. Wahrscheinlich wurden bei den Arbeiten im letzten Jahrhundert dort nicht nur diese Ruinen, sondern auch weitere wertvolle archäologische Schätze vernichtet, wie bereits Fouqué mit Bedauern feststellte. Doch 100 Jahre nach ihm hat sich die Situation auf Santorin nicht geändert, wie aus dem Bericht der Archäologin Christina Televandou (1989) über die Funde im Mavromatis-Steinbruch hervorgeht: »Die Steinbruchaktivität in diesem Gebiet ist eine

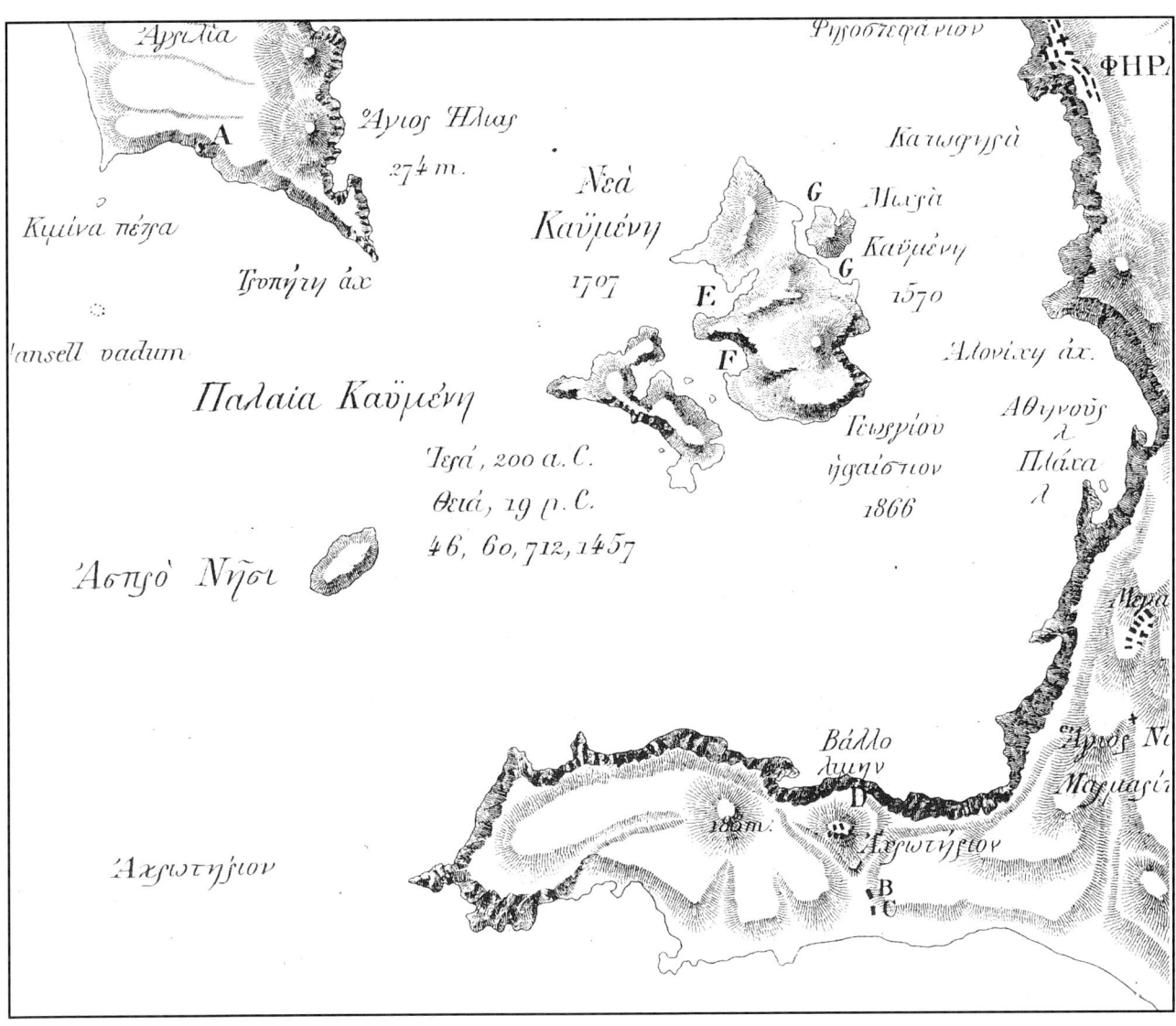

8.1 Ein vergrößerter Ausschnitt aus der Übersichtskarte des französischen Archäologen Mamet (1874) zeigt die Fundstellen bronzezeitlicher Ruinen auf Therasia und Thera. Dies sind auf Therasia der Alafousos-Steinbruch (A) und auf Thera die beiden Stellen in der Nähe von Akrotiri (B und C) sowie der Fundplatz bei Balos (D).

große Katastrophe für die prähistorische Kultur und Geschichte der Kykladen, und deshalb sollte man die Bimssteingruben für immer schließen.«

Die Funde auf Thera

Auch auf Thera fand Fouqué Ruinen in einer Erosionsrinne in der Nähe des Dorfes Akrotiri. Hier waren es Mauerreste, die noch in den Bimsstein hineinragten und denen von Therasia ähnelten. Fouqué konnte die Stelle jedoch nicht ausgraben, da er keine Erlaubnis vom Besitzer des Grundstücks erhielt.

Fouqués Sondierungen wurden später bei regulären Ausgrabungen von Gorceix und Mamet von der „Französischen Archäologischen Schule" in Athen weitergeführt. Sie gruben im Jahre 1870 in der Gegend von Akrotiri. Mamet veröffentlichte diese Untersuchungen 1874 unter dem Titel „De Insula Thera". Obwohl Mamets Arbeit nur eine Lageskizze der Ausgrabung enthält, darf man annehmen, daß es sich um die gleiche Fundstelle handelt, an der man zur Zeit die Ausgrabung bei Akrotiri durchführt.

Über die Entdeckungen bei Akrotiri hat Fouqué einen fesselnden Bericht hinterlassen. So schildert er, wie die Ausgräber in einen Raum eindringen, und dort – wahrscheinlich als die ersten überhaupt nach der Eruption – ein bronzezeitliches Fresko erblickten. Er beschreibt auch die Farben: Blutrot, Gelb, Dunkelbraun und brillantes Blau, das aller-

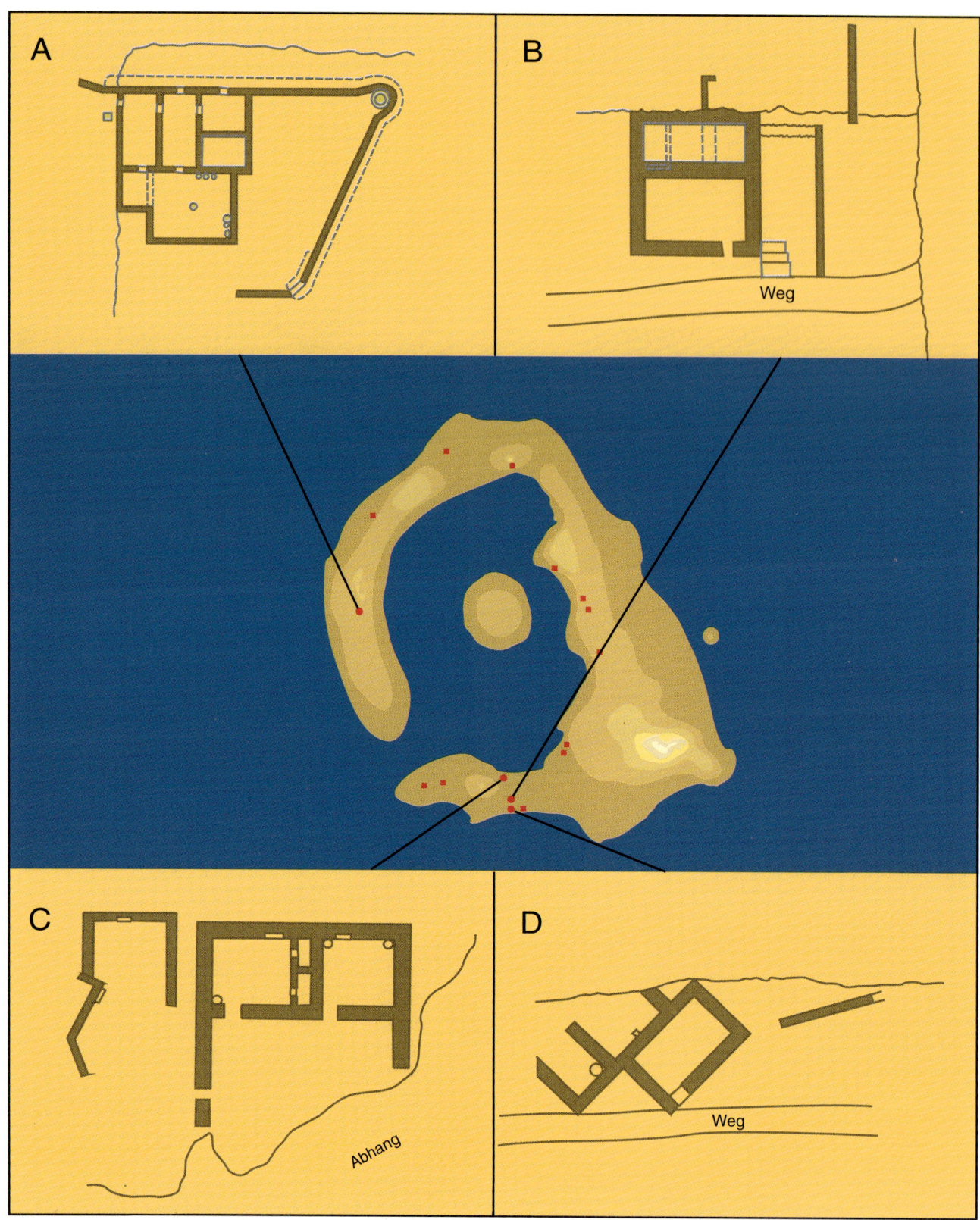

8.2 Bereits im vergangenen Jahrhundert entdeckte man an vier Stellen bronzezeitliche Gebäude auf Santorin. Ihre Lagen und Grundrisse sind hier nach Angaben von Mamet (1874) und Fouqué (1879) zusammengestellt und in die neue Rekonstruktion der bronzezeitlichen Ringinsel eingetragen. Der Abstand zwischen den Höhenschichten beträgt 100 Meter. A: Haus im Alafousos-Steinbruch an der Süd-spitze von Therasia. B: Ruinen, die in einer Erosionsrinne beim Dorf Akrotiri von Mamet und Gorceix ausgegraben wurden. Hier fand man Fresken. C: Haus am Calderarand bei Balos. D: Ein weiteres Haus in der Erosionsrinne bei Akrotiri. Rote Quadrate: Bronzezeitliche Fundstellen, die in diesem Jahrhundert entdeckt wurden.

dings sofort beim Zutritt von Luft verblich (Abbildung 8.2 B).

Später setzten Mamet und Gorceix ihre Ausgrabungen bei Akrotiri fort, wo sie ein kleineres Haus entdeckten. Außerdem fanden sie ein Haus nördlich von Akrotiri in der Nähe der Balosbucht. Es war unmittelbar am Rande der heutigen Caldera gelegen. Sie bargen dort einige Gefäße, und in einem davon fanden sie Reste von Gerste, Linsen und Kichererbsen. Sie berichten auch von einem Tau, das offenbar aus Zweigen geflochten war: Als sie es berührten, zerfiel es zu Staub.

Schon nach diesen Ausgrabungen war es für die Wissenschaftler klar, daß die prähistorischen Bewohner Santorins eine hoch entwickelte Kultur hatten. Sie verstanden sich bereits auf Freskomalerei, konnten bemalte Keramik fertigen und auch schon Metalle wie zum Beispiel Kupfer und Blei verarbeiten. Auch Landwirtschaft und Handel mit den Gebieten der näheren und weiteren Umgebung hatten ein hohes Niveau erreicht, ja, selbst mit Nordafrika pflegten sie Handelsbeziehungen. Aus den Funden seiner archäologischen Kollegen schloß der französische Forscher Louis Figuier bereits im Jahre 1872, daß Platons Atlantisbericht mit Santorin in Verbindung stehen könnte, wie später noch ausgeführt werden wird.

Erst im Jahre 1899 wurden erneut Ausgrabungen auf Santorin durchgeführt, diesmal von dem deutschen Archäologen Zahn. Er grub nicht an der Fundstelle bei Akrotiri wie seine französischen Vorgänger, sondern bei Kamaras, nur wenige 100 Meter nördlich in einer Erosionsrinne. Dieses Erosionstal wird „Potamos" genannt, weil es zur Regenzeit einen Bach (griechisch *potamos*) führt (Abbildung 8.0). Es liegt parallel zu jener Erosionsrinne, in der man heute die Ausgrabung bei Akrotiri durchführt. Die Ergebnisse der Zahnschen Ausgrabung wurden von Hiller von Gärtringen, der zur Jahrhundertwende das antike Thera auf dem Mesa Vouno ausgrub, in seinem monumentalen Werk (1904) kurz erwähnt. Åberg (1933) bildet einige der keramischen Objekte aus Zahns Ausgrabung in seinem Werk über die „Chronologie der Bronzezeit" ab. Die Fundstelle bei Kamaras wurde nach der Ausgrabung wieder zugeschüttet, und sie war nicht auffindbar, als Spyridon Marinatos zu Beginn seiner Ausgrabungen 1967 nach ihr suchte. Doch, wie Doumas (1983, deutsche Ausgabe 1991) berichtet, lebten damals noch zwei alte Santorinianer, die sich an die Ausgrabung bei Kamaras erinnern konnten. Außerdem ließ sie sich später aufgrund von alten Fotos eindeutig lokalisieren. Auf den Fotos sieht man auch, daß die bronzezeitlichen Siedlungen direkt auf dem roten Ignimbrit, dem sogenannten Kap-Riva-Ignimbrit, gelegen haben, dem gleichen Gestein also, das auch für die Häuser in der Ausgrabung bei Akrotiri verwendet wurde und dort ansteht.

Vor einigen Jahren entdeckte man bei Potamos beim Bau einer Zisterne Reste von Fresken. Diese neue Fundstelle liegt in unmittelbarer Nähe der Zahnschen Ausgrabungsstelle. Dies und andere Beobachtungen deuten darauf hin, daß die bronzezeitliche Siedlung bei Akrotiri eine größere Ausdehnung hatte und sich möglicherweise sogar bis hin zum heutigen Ausgrabungsfeld bei Akrotiri erstreckte. Der Leiter der heutigen Ausgrabung, Christos Doumas, nimmt an, daß die Gesamtfläche der ehemaligen Siedlung etwa

8.3 Dieser Bronzedolch mit eingelegten Äxten aus Gold wurde bei Kamaras bei Potamos auf Thera gefunden. Heute wird er im Nationalmuseum in Kopenhagen aufbewahrt (Antiksamlingen, inv. nr. 3167). Er zeigt goldene Äxte – allerdings nicht die für die Minoerzeit charakteristischen Doppeläxte. Der Verarbeitung nach erinnert er an ähnliche Funde von Mykene, auf denen Jagdszenen abgebildet sind. Es könnte daher ein mykenischer Dolch sein. Mykenische Scherben hat man übrigens an einer anderen Stelle auf Thera gefunden. Außerdem ist ein vermutliches Zusammentreffen zwischen Theräern und Mykenern in der sogenannten Seeschlacht, einem Fresko von der Ausgrabung bei Akrotiri, dargestellt.

Tabelle 8.1: Chronologie der Bronzezeit in Ägypten und Griechenland (zum Teil nach Doumas 1983).

Jahre vor Christus	Dynastien in Ägypten	Kreta	Griechisches Festland	Santorin
1300	19. Dynastie	Spätminoikum	Späthelladikum	Spät-kykladikum IIIB
1400				Lücke
1500	Amarna 18. Dynastie			Spät-kykladikum I
1600	Hyksos			Eruption
1700	13. und 14. Dynastie	Mittel-minoikum	Mittel-helladikum	Mittel-kykladikum
1800				
1900	12. Dynastie			
2000		Früh-minoikum	Früh-helladikum	Früh-kykladikum III
2100	11. Dynastie			
2200	I. Zwischenzeit			
2300				
2400	6. Dynastie			Früh-kykladikum II
2500	5. Dynastie			
2600	4. Dynastie			?

8.4 Ein bemalter Vorratskrug (*Pithos*) aus einem bronzezeitlichen Haus von Akrotiri, das bereits im vergangenen Jahrhundert ausgegraben wurde. Er ist etwa 1 Meter hoch. Aus Fouqué (1879).

200 000 Quadratmeter umfaßt (Doumas 1983). Der Fund eines Bronzedolches mit eingelegten Äxten aus Gold bei Potamos zu Beginn dieses Jahrhunderts läßt weitere wertvolle Funde in diesem Gebiet vermuten (Abbildung 8.3).

Als Spyridon Marinatos im Jahre 1967 die Ausgrabungsstellen seiner französischen Vorgänger aus dem vergangenen Jahrhundert zu lokalisieren versuchte, waren genau 100 Jahre seit der Entdeckung der ersten bronzezeitlichen Ruinen auf Therasia vergangen. In diesem Zeitintervall hatte nur Zahn bei Kamaras gegraben, und der französische Archäologe Renaudin (1922) hatte die Funde aus dem vergangenen Jahrhundert von Akrotiri und Therasia untersucht und als Spät Minoisch IA einstufen können (Abbildung 8.4). In einer Erosionsrinne bei Akrotiri wurde Marinatos allerdings bereits bei den ersten Probegrabungen fündig. Er hatte das „Pompeji der Bronzezeit" erneut entdeckt. Die dann beginnende, umfassende Ausgrabung bei Akrotiri brachte schon nach kurzer Zeit sensationelle Funde von mehrstöckigen Häusern, ausgeschmückt mit prachtvollen Fresken und bemalter Keramik, ans Tageslicht: Ein bedeutungsvoller archäologischer Fundplatz war entdeckt worden, vielleicht der wichtigste in Griechenland in diesem Jahrhundert.

9.0 Ein importiertes Straußenei, das in einen Krug umgestaltet wurde, deutet auf Handelsbeziehungen der Theräer nach Nordafrika.

9

Was lebte auf der Ringinsel in der Bronzezeit?

Aus den Vorratskammern der Theräer, ihren
prachtvollen Wandmalereien und der
bemalten Keramik können wir uns ein
Augenblicksbild vom Leben auf dem Vulkan
vor der Minoischen Katastrophe machen. Die
Funde verraten uns, wie Flora und Fauna
damals ausgesehen haben, aber auch, welche
Handelsverbindungen bestanden.

Über die Pflanzen- und Tierwelt der Bronzezeit auf der Ringinsel wüßten wir so gut wie gar nichts, wenn uns nicht die Theräer zwei wichtige Informationsquellen hinterlassen hätten: die Nahrungsmittel, die in den Vorratskammern von Akrotiri gefunden wurden, und die Darstellungen von Tieren und Pflanzen auf Fresken, Krügen und sogar als plastische Figuren.

Die auf Santorin gefundenen Pflanzen- und Tiermotive sind allerdings nur mit einiger Vorsicht als „lokal" zu deuten: Nicht alle Tiere oder Pflanzen, die hier abgebildet wurden, gab es damals auf der Ringinsel. Einige sind sofort als Fabelwesen oder Symbole zu erkennen, wie zum Beispiel der geflügelte Greif, andere sind sicherlich als Importe aus Nordafrika beziehungsweise aus dem Nildelta aufzufassen, wie die blauen Affen, die Sömmeringgazellen und das Ei eines Straußes. Letzteres hatten die Töpfer geschickt zu einem Krug umgearbeitet (Abbildung 9.0). Auch die Darstellung einer Flußlandschaft auf einem Fresko aus dem Westhaus (Zimmer 5) der Ausgrabung von Akrotiri erinnert eher an eine Landschaft im Nildelta als an die bronzezeitliche Ringinsel. Man sieht auf dem betreffenden Fresko Palmen am Flußufer, einen Greif, fliegende Enten und eine jagende Raubkatze.

Die Flora

Auf den Inseln Thera und Therasia ist es an einigen Stellen möglich, die Landoberfläche der alten Ringinsel auch heute noch zu betreten. Es sind jene Gebiete, wo die Bimsschichten der Minoischen Eruption entweder durch Erosion oder Steinbrucharbeiten der letzten Jahrhunderte entfernt worden sind.

Sucht man diese ehemalige Oberfläche nach Spuren von Pflanzen oder Tieren ab, so wird man in der Regel nichts finden. Das kann zwei Gründe haben: Entweder hat der Minoische Ausbruch so gut wie alle Spuren verwischt, oder aber es gab damals kaum Vegetation. Nehmen wir das Letztere an, so darf man weiter folgern, daß die wenigen Pflanzen hauptsächlich in den Erosionsrinnen wuchsen, versteckt und windgeschützt, wie in anderen Vulkangebieten, wo starke Winde herrschen. Die ehemaligen Rinnen sind heute von Bimsstein bedeckt und uns daher nicht zugänglich. Nur in Verbindung mit dem Bimsabbau, wie im Steinbruch von Fira, oder bei der Ausgrabung bei Akrotiri findet man einige direkte Hinweise auf die frühere Vegetation. Aber auch dort sind die eigentlichen Pflanzen nicht erhalten oder haben nur schwache Spuren hinterlassen: In Mauern, zum Beispiel in den fachwerkartigen Wänden und in Konstruktionen, wo Äste oder Balken eine tragende oder stützende Funktion hatten, sind heute nur noch Hohlräume in den Wänden oder Bimsschichten vorhanden. Das ursprüngliche organische Material ist meistens längst vergangen. Das gleiche gilt auch für die hölzernen Möbel, wie Betten, Tische und Stühle, die nur Hohlformen hinterlassen haben. Man kann diese Hohlformen mit Gipsbrei ausgießen und sich so eine Vorstellung von der ehemaligen Form der hölzernen Objekte machen. Außerdem kann man auf diese Art eventuell herausfinden, welches Holz damals verwendet wurde (Abbildung 9.1). Vermutlich hat man für die Baukonstruktionen, wo lange, gerade Balken benötigt wurden, Zypressen oder andere Nadelhölzer verwendet. Solche Bäume gab es wohl damals kaum auf der Ringinsel.

In diesem Zusammenhang sollten die prachtvollen Schiffe der Theräer nicht unerwähnt bleiben, die im sogenannten Schiffsfresko von Akrotiri zu sehen sind (siehe Kapitel 10, Abbildung 10.27). Zu ihrer Herstellung sind sicherlich ausgesuchte Hölzer benötigt worden, die man vermutlich eingeführt hat. Lokale Holzsorten, wie Oliven und Tamarisken, konnte man für den Hausbau – besonders für das Fachwerk – und auch als Brennholz verwenden. Da man bisher nicht die geringste Spur von Wald auf den Resten der Ringinsel gefunden hat, darf man wohl annehmen, daß gutes Bauholz und Edelhölzer aus Kreta, Naxos oder vom Festland eingeführt wurden. So kennen wir bisher mit Sicherheit nur Tamariskenholz von der Ausgrabung bei Akrotiri (Kapitel 7, Abbildung 7.2) und Olivenholz von Therasia. Allerdings beruht die Identifizierung dieses Olivenholzes nur auf der Form der Zweige und der Rinde (Fouqué 1879). Die Existenz von Oliven im bronzezeitlichen Thera dagegen ist durch den Fund einer Presse für Olivenöl in der Ausgrabung von Akrotiri belegt.

Nachstehend soll eine Auswahl von Pflanzen aus der Ausgrabung von Akrotiri vorgestellt werden, die ich vor einigen Jahren selbst untersucht habe. Die Liste ist unvollständig, da die Bearbeitung des Fundmaterials noch nicht abgeschlossen ist. Sie wird aber ergänzt durch die Untersuchungsresultate der griechischen Archäologin Anaya Sarpaki (1990), die auch die weitere Bearbeitung der ethnobotanischen Funde übernommen hat. Sie hat die in den Vorratskrügen aus Akrotiri gefundenen Früchte und Samen von Unkräutern beschrieben. Diese Untersuchung ist ein wichtiger Beitrag zum Verständnis der bronzezeitlichen Flora der Ringinsel.

9.1 Fast alle Gegenstände in der Ausgrabung von Akrotiri, die aus Holz gefertigt waren, sind längst vergangen oder liegen als stark verwitterte Reste vor. Sie haben jedoch dort, wo sie von Tephra umschlossen wurden, ihre Form als Hohlraum hinterlassen. Diesen Hohlraum kann man mit Gipsbrei ausgießen und erhält, ähnlich wie man in Pompeji Leichen nachweisen konnte, ihre ursprüngliche Form.

Auf diese Weise ließen sich in Akrotiri Betten und andere Möbel rekonstruieren. Das Foto zeigt ein Profil, auf dem in der Mitte zwei senkrechte Hohlräume sichtbar sind, die von einer Türeinrahmung stammen. Im Bereich der Türöffnung sieht man Bimsstein (Bo_1). Auch erkennt man Löcher, die von den tragenden Balken der Bodenkonstruktion der überliegenden Etage herrühren.

In der Ausgrabung von Akrotiri fand man an den Wänden der Häuser Abdrücke von **Italienischem Rohr** (*Arundo donax*) mit seinen charakteristischen tiefen Längsrillen. Offenbar hatte man dort damals die langen Rohre dieser Pflanze als Schattenspender oder als Zwischenlagen von Regalen und in den Deckenkonstruktionen eingesetzt. Auch heute noch verwendet man solche bambusähnlichen Pflanzen auf Santorin für den Bau von Sonnendächern.

Auch Körbe und Reusen kannte man damals. Vermutlich wurden hierzu die dünnen und sehr biegsamen Zweige vom **Mönchspfeffer** (*Vitex Agnus castus*) verwendet, die man auch heute noch auf Santorin zum Korbflechten benutzt.

9.2 Ein erdgefülltes Gefäß enthielt zahlreiche mandelförmige Hohlräume. Durch Ausgießen dieser Hohlräume mit Gipsbrei war es möglich, Abgüsse mit typischer Mandelform zu erhalten. Auch dünne Häutchen von Mandelkernen waren noch in einigen Hohlräumen zu finden.

Daß die Theräer der Bronzezeit die **Weinrebe** (*Vitis vinifera* Linné) gekannt haben, steht außer Frage. Weintrauben als Dekoration auf Gefäßen kennt man, und außerdem darf man annehmen, daß in den Vorratskrügen von Akrotiri auch Wein aufbewahrt wurde. Übrigens wurden in der bronzezeitlichen Siedlung von Chania auf Kreta sehr gut erhaltene Abdrücke von Weinblättern in gebranntem Ton gefunden.

Ein kleineres Vorratsgefäß von der Ausgrabung bei Akrotiri enthielt graue Erde, die von zahlreichen mandelförmigen Hohlräumen durchsetzt war. Gipsabgüsse dieser Hohlräume bestätigten eindeutig, daß es sich hier um Früchte des **Mandelbaums** (*Prunus amygdalus* Linné) handelte (Friedrich 1980). In einigen der Hohlräume waren noch Reste der hölzernen Mandelschalen zu finden; in einem Hohlraum fand ich sogar die braune Haut eines Mandelkerns (Abbildung 9.2).

Die Fundumstände deuten darauf hin, daß die Mandeln vermischt mit Erde in die Krüge gelegt wurden, vermutlich, um sie so frisch zu halten und vielleicht auch vor Tieren zu schützen. Man weiß aus Beschreibungen der Römerzeit, daß man in ähnlicher Weise auch Walnüsse in Sand aufbewahrt hat (Lenz 1859).

Auch **Feigenbäume** (*Ficus carica* Linné) muß es auf der damaligen Insel gegeben haben. Ebenfalls in einem mit Erde gefüllten Tongefäß fand man in der

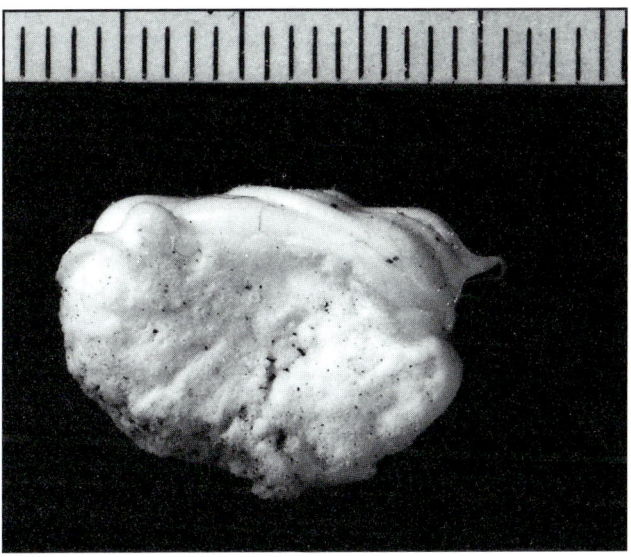

9.3 Die dunkle Masse in einem erdgefüllten Krug konnte näher untersucht werden: Im polierten Anschliff der mit Gießharz getränkten Funde sind die winzigen Feigensamen noch deutlich in der Feigenfrucht zu erkennen. Darunter ist der Gipsabguß einer Feige zu sehen.

Ausgrabung von Akrotiri Reste von Feigen. Es war möglich, diese Feigenreste in Dünnschliffen näher zu untersuchen, wobei die kleinen Feigensamen deutlich sichtbar wurden (Friedrich 1980; Abbildung 9.3). Als man die dunkle Feigenmasse von dem erdigen Material abtrennte, konnte man den so entstandenen Hohlraum mit Gips ausgießen und die ursprüngliche Form der Feigen rekonstruieren. Die Feigen waren viel kleiner als die, welche heute auf Santorin wachsen. Feigen sind aus zahlreichen bronzezeitlichen Siedlungen bekannt, so zum Beispiel von Tyrins in Griechenland (Willerding 1973), wo sie ebenfalls so klein wie die von Akrotiri waren.

In den Vorratskrügen von Akrotiri wurden auch **Linsen** (*Lens culinaris* Medik.) und **„Bohnen"** (*La-*

thyrus clymenum Linné) gefunden. Die Linsen waren – verglichen mit denen von anderen Fundstellen aus der Bronzezeit – sehr klein. Im Durchmesser maßen sie im Mittel nur 2,79 Millimeter. Linsen waren offenbar ein wichtiger Bestandteil der damaligen Kost, wie man zum Beispiel auch aus gleichaltrigen Funden von anderen Kulturen im Mittelmeerraum schließen kann. Aus dem Alten Testament ist uns die Geschichte von Esau und Jakob überliefert, die sich um ein Linsengericht streiten, und auch aus zahlreichen Berichten des klassischen Altertums erfahren wir über die Verwendung von Linsen in der täglichen Kost. Gemischt mit Gerste verwendet man Linsen zum Beispiel zur Herstellung von Brot. Daß Linsen damals hauptsächlich ein Nahrungsmittel der armen Leute waren,

9.4 Auch heute noch benutzen die Santoriner Steinmühlen, um Fabasamen zu schroten, fast genau so, wie ihre Vorfahren es vor 3 600 Jahren taten. Fababohnen (*Lathyrus clymenum* Linné) werden nach wie vor in der Gegend von Akrotiri angebaut. Faba ist heute ein sehr beliebtes Volksgericht, das besonders bei religiösen Festen gegessen wird. Offenbar folgt man hier einer uralten Tradition. Im Hintergrund des Bildes ist das Ausgrabungsgelände von Akrotiri zu sehen.

erfahren wir unter anderem von Aristophanes (etwa 455–387 vor Christus), dem Dichter aus Attica. Er berichtet von einem Bürger aus Athen: »Nun da er reich ist, mag er Linsen nicht mehr, damals jedoch, als er noch arm war, aß er alles, was er bekommen konnte.« Auch Dioscorides (ungefähr 60 nach Christus) bemerkte, daß zu häufige Linsenkost zu schlechten Augen und aufgeblähtem Magen führen könne. Außerdem stellte er fest, daß sie gesünder seien, wenn sie vorher in Essig gekocht würden.

Die kleinen bohnenförmigen *Lathyrus*-Samen wurden in großer Zahl in den Vorratskrügen von Akrotiri gefunden. Im Volksmund werden solche Samen auf Santorin als „Faba" bezeichnet, und sie sind hier auch heute noch ein wichtiges Nahrungsmittel. Solche Samen wurden an mehreren bronzezeitlichen Grabungsstellen im Mittelmeerraum gefunden. Man hat sie lange Zeit fälschlicherweise für Samen von *Vicia faba* Linné (var. *minor*) gehalten. Erst in den letzten

Jahren erkannte die griechische Archäologin Anaja Sarpaki (1990), daß es sich hierbei um Samen von *Lathyrus clymenum* handelt.

Fabasamen wurden im bronzezeitlichen Akrotiri offenbar in der gleichen Weise aufbewahrt, wie es auch heute noch auf Santorin üblich ist. Man trocknete sie an der Sonne und schrotete sie in einer Steinmühle (Abbildung 9.4). Nach der Schrotung wurden sie in Säcke gefüllt, die dann in Tonkrüge gelegt wurden (Abbildung 9.5). Man verschloß sie mit einem hölzernen Deckel, der mit einem Stein beschwert wurde (Friedrich et al. 1990). Durch das Schroten werden die Samenschalen abgetrennt und die Samen in zwei Hälften zerlegt. Hierdurch verhindert man, daß die Samen von Insekten (zum Beispiel Bruchiden) angegriffen werden. Larven von solchen Käfern konnte ich übrigens an Samen von der Ausgrabung nachweisen.

Steinmühlen, fast von der gleichen Art, wie man sie auch heute noch in der Gegend von Akrotiri verwen-

9.5 Am Boden eines Tonkruges fand man eine dunkle, organische Masse, die aus Resten von Fabasamen bestand. Als diese Mass mit Kunstharz präpariert und herausgehoben wurde, konnte man auf der Unterseite des Präparates den Abdruck des Bodens des Tongefäßes erkennen. Außerdem wurden radial verlaufende Streifen sowie ein Knoten sichtbar, der von einem Sack stammte. Dieser Fund belegt, daß man Fabasamen damals in Säcken aufbewahrte.

det, wurden auch in der Ausgrabung gefunden. Übrigens heißt der Flurname, in der die heutige Ausgrabung von Akrotiri liegt, „Favatas", das bedeutet etwa „Fabagebiet".

Ein kleines Gefäß in der Ausgrabung bei Akrotiri enthielt eine graue, pulverartige Substanz, die schon bei der leichtesten Berührung zu Staub zerfiel. Durch Zusetzen von Kunstharz war es möglich, dieses Pulver zu festigen und als Ähren von **Gerste** (*Hordeum vulgare* Linné) zu identifizieren (Abbildung 9.6). Einige Gerstenkörner lagen als Beimischungen in Krügen, in denen Lathyrus-Samen aufbewahrt wurden.

Bemerkenswert ist, daß Gerste bisher nur in so kleinen Mengen gefunden wurde. Dies könnte folgende Gründe haben: Entweder war die Ernte schlechtgewesen oder die flüchtenden Bewohner hatten aus der Siedlung größere Vorräte an Gerste nach den ersten Vorwarnungen wegschaffen können. Eine dritte Möglichkeit wäre, daß die Vorräte zum Zeitpunkt des Minoischen Ausbruchs bereits aufgebraucht waren. Gerste wurde, wie auch Faba, häufig als Motiv auf Krügen von der Ausgrabung bei Akrotiri verwendet (Abbildung 9.7).

Außer den bereits erwähnten Palmen kann man auch Krokus (*Crocus sativus* Linné) auf den Fresken identifizieren (Abbildung 9.8). Die Griffel der Krokusblüte wurden zur Herstellung von Safran gesammelt. Dies war offenbar eine der kultischen Handlungen, die auf der Ringinsel vollzogen wurden. Das Fresko der festlich gekleideten und geschmückten Krokuspflückerinnen legt diese Deutung nahe. Es gehört zu den schönsten Fresken der Bronzezeit siehe auch Abbildung 11.0). Auch heute wächst Krokus auf Thera, und bereits Plinius erwähnt Thera als einen der Orte, wo man damals Safran gewann.

Eine weitere Pflanze ist auf den Fresken mehrfach zu finden, der vermutlich ebenfalls kultische Bedeutung zukam. Es ist die Strandnarzisse (*Pankratium maritimum*), die zu den Amaryllisgewächsen gehört (Diapoulis 1980, Baumann 1982). Die Theräer der Bronzezeit schmückten mit ihr die Wände ihrer Häuser und verwendeten sie auch als Symbol an ihren Schiffen (Abbildung 9.9). Allerdings sind die betreffenden Darstellungen auf den Fresken zu groß, und man hat auch diskutiert, ob es sich nicht statt dessen um Papyrus handeln könnte. Die Strandnarzisse

9.6 Als man das dunkle Pulver am Boden eines kleinen Kruges aus der Ausgrabung von Akrotiri mit Kunstharz tränkte, wurden gut erhaltene Reste von Gerstenähren sichtbar.

9.7 Zwei weiße Tonvasen aus der Ausgrabung bei Akrotiri mit Faba- und Gerstenmotiven.

9.8 Krokusse und fliegende Schwalben sind auf dieser prachtvollen Vase von der Ausgrabung bei Akrotiri abgebildet. Ähnliche Motive kennt man auch vom sogenannten Frühlingsfresko, auf dem die Schwalben vor rund 3 600 Jahren bereits perspektivisch dargestellt waren.

9.9 Die Schiffe der Theräer waren mit Symbolen und Blumen kunstvoll geschmückt, wie der Ausschnitt aus dem Schiffsfresko von der Ausgrabung von Akrotiri zeigt (siehe auch Abbildung 10.28). Aus Marinatos (1974).

kommt auch heute noch in großer Zahl an den Stränden der Akrotiri-Halbinsel vor (Abbildung 9.10). Auch die Madonnenlilie (*Lilium candidum*) ist auf den Fresken von Akrotiri dargestellt. Im sogenannten Frühlingsfresko sieht man Gruppen von Madonnenlilien mit roten Blüten auf roten Vulkanfelsen. Man erkennt deutlich die charakteristischen Merkmale der weißen Madonnenlilie. Entweder gab es damals eine rote Varietät der Madonnenlilie oder die Künstler hatten die rote Farbe gewählt um den Kontrast besonders hervorzuheben. Heute ist die Madonnenlilie in Nordgriechenland zu finden.

Die Fauna

Auch die Tierwelt der Ringinsel ist uns am besten aus den Illustrationen auf Fresken und Tongefäßen von der Ausgrabung bei Akrotiri bekannt. Es sind besonders Vögel, Delphine, Rinder, Hirsche, Affen, Ziegen,

9.10 Die Strandnarzisse (*Pancratium maritimum*) wächst heute in den Küstengebieten der Akrotiri-Halbinsel. Auch auf der bronzezeitlichen Ringinsel war sie vertreten, wie aus den Fresken von Akrotiri ersichtlich ist. Im unteren Foto sieht man auch Tamariskenbäume.

Gazellen und Fische, die von den Künstlern abgebildet wurden. Über diese Funde gibt es inzwischen mehrere Arbeiten, und Vanschoonwinkel (1990) hat einen Katalog über die auf Gegenständen von der Ausgrabung abgebildeten Tiere ausgearbeitet. Doch nicht nur Darstellungen von Tieren kennt man aus der Ausgrabung, sondern auch konkrete Reste gibt es: Knochen von verschiedenen Tieren, meist Haustieren wie Rindern und Ziegen, hat man gefunden. Sogar das Skelett eines halben Schweins war unter den Funden (Marinatos 1976). Wildziegen gab es vermutlich ebenfalls auf der damaligen Ringinsel. Das darf man annehmen, da es sie heute noch auf der Santorin benachbarten Insel Polyegos gibt (Schultze-Westrum 1963). Obwohl Bären auch zu den abgebildeten Tieren gehören, hat es sie wahrscheinlich nicht wild auf der Ringinsel gegeben, da das Landgebiet der Insel für sie zu klein war. Aber die Theräer sind auf sie sicherlich auf dem benachbarten Festland gestoßen, wo es sie ja noch heute gibt.

Die exotischeren Elemente der Fauna, wie die Raubkatze, die einen Hirsch verfolgt, die grauen (blauen) Affen, die Sömmeringgazellen und das Strau-

9.11 Das sogenannte Antilopenfresko gehört zu den bekanntesten Funden der Ausgrabung von Akrotiri. Es zeigt zwei Sömmeringgazellen, wie man aus ihren charakteristischen schwarzen Gesichtsmasken und der Form der Hörner ersehen kann. (Als Gazellen bezeichnet man kleine Antilopen). Sömmeringgazellen leben heute im Nildelta und in den Trockensteppen des Sudan auf beiden Seiten des Nils. Übrigens sind Sömmeringgazellen im Zoologischen Garten von Hannover als „Kostbarkeit aus Nordafrika" zu sehen. Für die Archäologen ist dieses Fresko insofern bedeutungsvoll, als es zusammen mit anderen Funden und Darstellungen auf Fresken (Affen, Straußenei, Papyrus, Flußlandschaft mit Palmen, Kopf eines Afrikaners) auf Kontakte der Theräer zum Nildelta und somit zu Ägypten hinweist.

ßenei, deuten auf Beziehungen der Theräer zu Nordafrika hin. Diese Auffassung wird auch durch die Abbildung eines Afrikaners auf einem Fresko unterstützt. Bei den Affen auf den Fresken dürfte es sich um Verwandte jener Tiere handeln, die noch heute am Felsen von Gibraltar leben. Die Sömmeringgazellen weisen sogar direkt auf das Nildelta hin (Abbildung 9.11). Bereits in den ersten Jahren der Ausgrabung von Akrotiri hatte Spyridon Marinatos auf Nordafrika (Libyen) als Bezugsgebiet für die exotischen Funde verwiesen. Inzwischen wird diese Auffassung auch durch die neuen Funde von minoischen Fresken im Nildelta untermauert, wo man – wie bereits erwähnt – zur Zeit den Palast der Hyksos-Herrscher ausgräbt (Bietak 1992).

10.0 Wichtige Informationen über die Geologie von Santorin sind in den großen hellen Kalkblöcken (Stromatolithen) enthalten, die am Rand des nördlichen Calderabeckens im Hang von Megalo Vouno liegen. Sie wurden in der dritten Phase der Minoischen Eruption ausgeworfen. Vor etwa 12 000 Jahren waren sie im seichten Meerwasser der gefluteten Caldera entstanden. Diese Blöcke mit den darin enthaltenen, fossilen Meerestieren sind der beste Beweis dafür, daß die heutige Caldera in groben Zügen schon vor dem Ausbruch von 1645 vor Christus bestand.

10

Eine Idee nimmt Gestalt an

Geologische und archäologische Funde ermöglichen es uns, die Insel so zu rekonstruieren, wie sie vor dem Ausbruch aussah. Gesteine und Minerale aus den Ausgrabungen liefern hierzu wichtige Informationen. So erlauben sie uns, einen Blick in die geologischen Verhältnisse auf der ursprünglichen Vulkaninsel zu werfen und Rückschlüsse auf Steinbrüche und Mineralvorkommen zu ziehen. Sogar damalige Verkehrswege lassen sich rekonstruieren.

Geologische Indizien für die Rekonstruktion der Ringinsel

Wie sah Santorin vor dem Minoischen Ausbruch aus? War die Insel rund, oder hatte sie eine ganz andere Form? Existierte im Zentrum ein hoher Zentralvulkan, wie man noch vor einigen Jahrzehnten glaubte (Luce 1973), oder gab es bereits eine wassergefüllte Caldera mit einer Insel in der Mitte? Solche Fragen stellt man sich immer wieder, und sie waren auch ein Hauptthema auf dem dritten Internationalen Thera-Kongreß, der im September 1989 auf Santorin abgehalten wurde. Aus den verschiedensten Fachgebieten und unterschiedlichsten Blickwinkeln legten Wissenschaftler dort ihre Resultate zum Thema *Thera and the Aegean World* vor. Bei den geologischen Diskussionen wurde vor allem die interessante Frage nach dem Aussehen der vorminoischen Insel berührt, eine Problematik, welche die Geologen schon lange beschäftigt hatte.

Bereits während des zweiten Thera-Kongresses, der im August 1978 stattgefunden hatte, konnten wir (Pichler und Friedrich 1980) zeigen, daß die Insel vor dem Minoischen Ausbruch nicht vollständig rund war. Sie hatte vielmehr im Südwesten eine wassergefüllte Einbuchtung, die sich ins Innere einschnitt. Damals vertraten wir die Auffassung, daß die Insel vor dem Minoischen Ausbruch, aus mehreren Bergkuppen bestehend, eine relativ niedrige Vulkaninsel bildete. In dieser Caldera – so stellten wir uns damals die Rekonstruktion dieser Insel vor – konnte auch der Hafen der Theräer der Bronzezeit gelegen haben. Die Rekonstruktion von 1978 wie auch der rekonstruierte Verlauf der Minoischen Eruption beruhten im wesentlichen auf morphologischen Beobachtungen auf den Inseln Thera, Therasia und Aspronisi (Abbildung 10.1).

Sechs Jahre später erarbeiteten die amerikanischen Forscher Heiken und McCoy (1984) ein graphisches Modell, das die Insel vor dem Minoischen Ausbruch zeigt. Die Autoren hatten eine umfassende Vermessung der minoischen Bimsteinschicht auf den Inseln Thera, Therasia und Aspronisi durchgeführt und für die Rekonstruktion die gemessene Mächtigkeit dieser Schicht von den Höhenwerten der topographischen Karte abgezogen. Damit konnten sie die Landoberfläche der Insel vor dem Ausbruch rekonstruieren. Was die Caldera anbetrifft, so war sie in ihrer Rekonstruktion größer als in unserer Zeichnung von 1978 (Abbildung 10.1B).

Doch mit dieser Deutung war die Geschichte noch nicht abgeschlossen. Eine Wendung in der Rekonstruktion der Insel trat einige Jahre später ein, aber von einer völlig unerwarteten Seite: In den Aschenlagen der minoischen Ausbruchsserie findet man vereinzelt Kalkblöcke als beigemischte Fremdgesteine, die nichts mit den sie umgebenden vulkanischen Gesteinen zu tun haben. Da sie jedoch weiß sind wie der Bimsstein, mit dem sie zusammen abgelagert wurden, bemerkt man sie kaum. Sie fallen erst ins Auge, wenn zum Beispiel ein weißer Kalkblock in eine schwarze Lavamauer eingebaut ist (Abbildung 10.2).

Das hatte Karl von Fritsch bereits 1871 beobachtet und sich über die weißen Kalkblöcke gewundert. Aber erst 120 Jahre später wurde deren Schlüsselrolle für die Geologie von Santorin erkannt. Weshalb sie zusammen mit dem Bimsstein vorkommen, läßt sich recht einfach erklären: Sie waren vor dem Ausbruch an einer Stelle entstanden, an der später die Eruption erfolgte. Bei der Eruption wurden sie offenbar vom Untergrund oder den Seitenwänden des Vulkanschlotes gelöst und zusammen mit den enormen Bimssteinmassen ausgeworfen. Auch ihr ungefähres Alter kannte man schon lange: Quenstedt (1936) beschrieb Fossilien aus solchen Blöcken und stufte sie ins „Spätquartär" ein.

Auch der Vulkanologe Hans Pichler, der mit seinen Studenten die offizielle Geologische Karte Santorins angefertigt hat (Pichler und Kussmaul 1980), kannte diese Blöcke wohl, aber er hat sie nie in seinen Arbeiten erwähnt.

Während meiner eigenen Studien auf Santorin, die ich seit 1975 zum Teil mit Kollegen und Studenten durchgeführt habe, hatten wir einige dieser Blöcke gefunden und als Algenkalke, sogenannte Stromatoli-

10.1 Der Stand der geologischen Erforschung von Santorin spiegelt sich deutlich in den sechs Rekonstruktionen wider, die seit 1978 vorgestellt wurden. In Rekonstruktion A ist eine Einbuchtung im Südwesten eingezeichnet, im Osten liegt die kleine Monolithos-Insel. Diese Insel und auch die Stelle der Öffnung der Caldera sind in allen nachfolgenden Rekonstruktionen wiederzufinden. B zeigt ein bedeutend größeres Calderabecken im Südwesten als A. In C sind die südwestlichen und nördlichen Calderabecken geflutet, und die Vor-Kameni-Insel ist zu sehen. In D sind die Calderawände bei Fira und Megalo Vouno detaillierter gezeichnet, und die zentrale Insel (Vor-Kameni-Insel) ist größer als in C, während die Calderawand in der Gegend von Athinios noch unsicher ist.
Um die Küstenlinien der einzelnen Rekonstruktionen miteinander vergleichen zu können, wurden fünf Fixpunkte (Kap Akrotiri, Kap Exomytis, Kap Mesa Vouno, Monolithos und Kap Kolumbo) verwendet, mit deren Hilfe die Rekonstruktionen auf eine einheitliche Größe und Lage gebracht wurden. Die ursprünglichen Darstellungen der Rekonstruktionen B–E enthalten zusätzliche geologische Informationen, die hier jedoch nicht berücksichtigt werden konnten. ▶

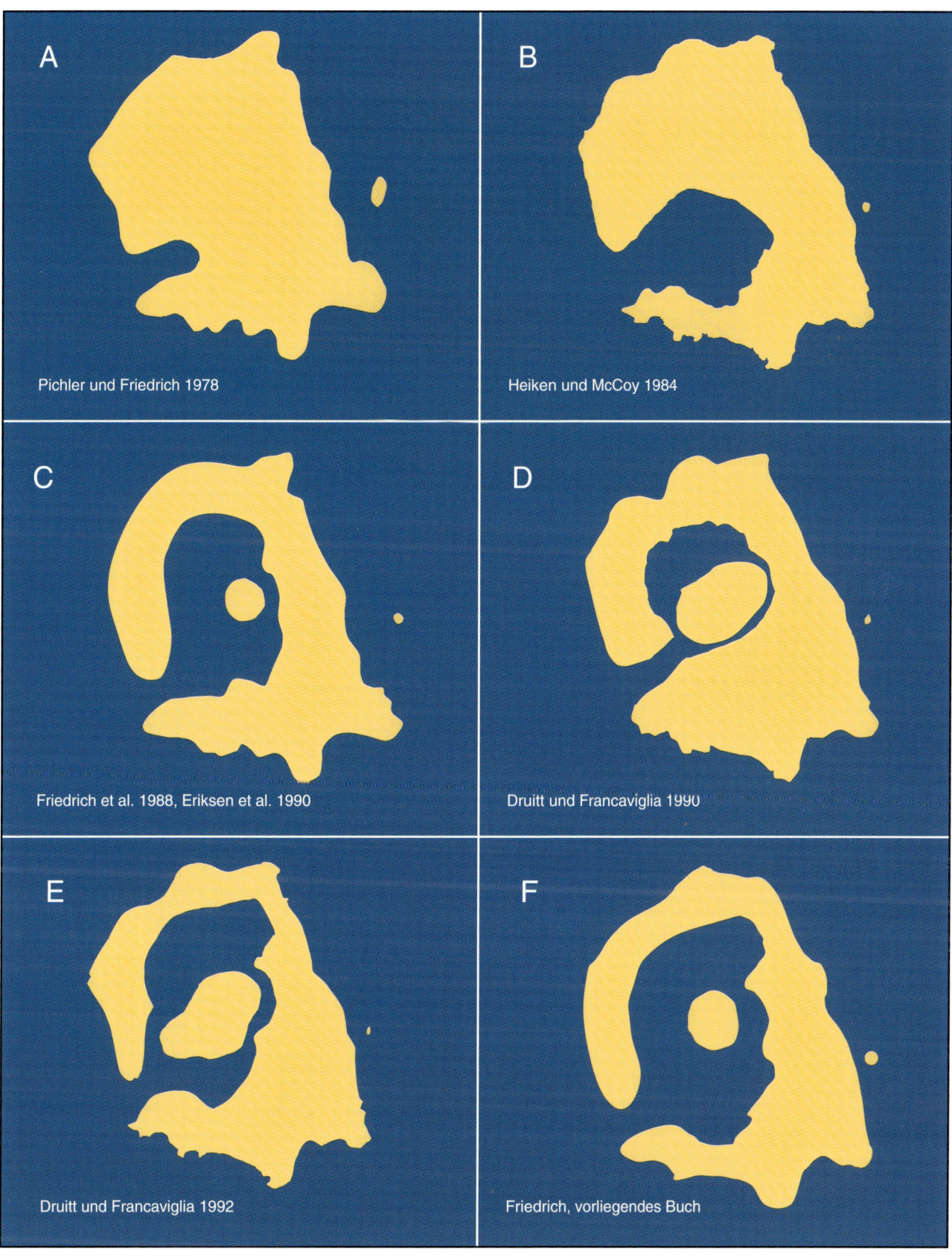

A Pichler und Friedrich 1978

B Heiken und McCoy 1984

C Friedrich et al. 1988, Eriksen et al. 1990

D Druitt und Francaviglia 1990

E Druitt und Francaviglia 1992

F Friedrich, vorliegendes Buch

10.2 Der helle Kalkstein (Stromatolith) fällt sofort ins Auge, wenn er, wie hier im Foto, zusammen mit dunklen Steinen in einer Mauer eingebaut ist.

the (siehe Exkurs) erkannt. Doch es dauerte noch mehrere Jahre, in denen ich immer wieder solche rätselhaften Blöcke fand, bis ich beschloß, der Sache auf den Grund zu gehen.

Stromatolith

Ein aus Algen-Bakterien-Matten entstandenes, biogenes Kalkgestein. Normalerweise werden die Matten im Flachwasser gebildet, wo sie von Schnekken abgeweidet werden. Wenn die Schnecken jedoch schlechte Lebensbedingungen haben – sei es durch erhöhte Temperatur oder höhere Salinität –, beginnen die Algen-Bakterien-Matten zu wachsen und bilden Stromatolithe. Sie können sowohl Sediment an der Oberfläche der Matten einfangen als auch Kalk in ihren unteren Schichten ausfällen.

Erst 1987, als eine Studentin aus Aarhus, Ulrike Eriksen, die Untersuchung der Kalkblöcke als Examensarbeit übernahm, geriet Bewegung in die Angelegenheit. In kurzer Zeit hatte sie „einen Blick" für diese hellen Kalkblöcke entwickelt und sich speziell auf die dunklen Mauern konzentriert, wo die Weinbauern Auswürflinge von Lavablöcken, aber auch vereinzelte Kalkblöcke von den Feldern zusammengetragen und für die Stützmauern verwendet hatten. Auch in den ehemaligen Steinbrüchen auf Thera und Therasia waren zahlreiche Kalkblöcke zu finden: Weil man sie

beim Abbau von Bimsstein als Abfallprodukt betrachtete, hatte man sie dort auf Halden gekippt. Man brauchte sich also nur auf die Mauern und alten Halden zu konzentrieren, um genügend Kalkblöcke zu finden. Im Laufe der Zeit vervielfachte sich die Zahl der Blöcke, die gemessen und deren Fundstellen in eine Karte eingetragen wurden. Insgesamt wurden 1 406 Blöcke registriert, für die Ulrike Eriksen ein Gesamtgewicht von 56 Tonnen errechnete. Allerdings muß die tatsächlich ausgeworfene Menge um ein Vielfaches größer gewesen sein.

Eine wichtige Aufgabe war es nun, herauszufinden, wo die Kalkblöcke eigentlich herstammten. Hier konnte uns nur eine Kartierung ihrer individuellen Größe und ihr Verbreitungsmuster auf den Resten der alten Ringinsel eine Antwort geben. Auf diese Weise hofften wir, sowohl ihr Bildungsgebiet als auch die Lage des Eruptionsschlotes rekonstruieren zu können. Die größten Blöcke mußten, den Grundregeln der Ballistik folgend, in der Nähe dieses Punktes liegen. Bereits nach kurzer Zeit ergaben die Messungen der Kalkblöcke ein eindeutiges Resultat: Wie erwartet wiesen sie auf den nördlichen Teil der heutigen Caldera als den Bildungsraum der Kalkblöcke hin, also auf das gleiche Gebiet, das auch schon aus früheren Beobachtungen als Ausbruchspunkt ermittelt worden war (Abbildung 10.3).

Pichler und Kussmaul (1972) hatten seinerzeit aus Untersuchungen der Korngrößen des minoischen Bimssteins geschlossen, daß der Eruptionspunkt im

10.3 In den Ablagerungen der dritten Phase des Minoischen Ausbruchs findet man vereinzelt helle Kalkblöcke, die noch im Verband mit dem umgebenden Bimsstein liegen. An diesem Block von der Calderawand bei Mikros Profitis Elias ist deutlich der konzentrisch, schalige Aufbau der Stromatolithknollen erkennbar. Die Münze ist etwa 2 Zentimeter groß.

»Raum der heutigen Kameni-Inseln« gelegen haben muß. Dies wurde auch durch die Untersuchungen von Bond und Sparks (1976) bestätigt. Durch unsere Messungen der Größe der Kalkblöcke konnten wir die Stelle sogar noch stärker einengen: Der Förderschlot muß nordöstlich der heutigen Insel Nea Kameni gelegen haben, also eindeutig im Bereich der heutigen gefluteten Caldera (Friedrich et al. 1988, Eriksen et al. 1990). In diesem Gebiet liegt heute das nördliche Teilbecken der Caldera, wo eine Tiefe von fast 400 Metern unter dem Meeresspiegel erreicht wird (Abbildung 10.4).

Da solche Algenkalke gewöhnlich im Flachwasserbereich gebildet werden, wo den Algen-Bakterien-Matten genügend Licht zur Verfügung steht, war dies auch für die Funde von Santorin anzunehmen. Nun galt es noch zu klären, ob sie im Süß- oder Meerwasser entstanden waren. Letzteres war eher anzunehmen, da ja auch die heutige Caldera mit Meerwasser gefüllt ist. Die endgültige Antwort kam jedoch erst, als der Geologe Bjørn Buchhardt aus Kopenhagen die Sauerstoffisotope der Kalkblöcke untersuchte und Ulrike Eriksen in einigen Blöcken mehrere tausend kleine Schnecken und andere Fossilien fand.

Fossilien lösen das Rätsel

Nun beschäftigte uns die Frage nach dem Alter der Kalkblöcke. Aus der geologischen Literatur über Santorin war bekannt, daß fossilführende Kalke in den Bimsablagerungen zu finden sind. Quenstedt (1936) hatte ja sogar einige von ihnen bestimmt und sie ins Spätquartär eingestuft. Theoretisch bestand daher die Möglichkeit, solche Funde mit Hilfe der Radiokarbonmethode zu bestimmen, wenn sie jünger als 50 000 Jahre waren, weil dies etwa die obere Grenze der Anwendbarkeit der Methode markiert. Außerdem mußten mindestens 30 Gramm Kalk für die Messung mit der konventionellen Radiokarbonmethode zur Verfügung stehen. Das war relativ leicht zu erfüllen. Im Herbst 1987 sandte ich einen der Kalkblöcke, die Ulrike Eriksen gesammelt hatte, an Henrik Tauber im Radiokarbon-Laboratorium in Kopenhagen, und Anfang 1988 lagen die ersten Resultate vor. Unsere Erwartungen wurden bestätigt: Die Kalke waren datierbar und hatten Radiokarbonalter von etwa 18 000 Jahren. Vom gleichen Kalkblock gaben wir auch Proben an Mette Skovhus Thomsen in Århus für ^{14}C-Untersuchungen mit der AMS-Methode. Wie erwartet, ergab sich hier das gleiche Alter. Allerdings waren die in Kopenhagen ebenfalls gemessenen δ^{13}C-Werte ungewöhnlich hoch. Während ein Wert von 1 als

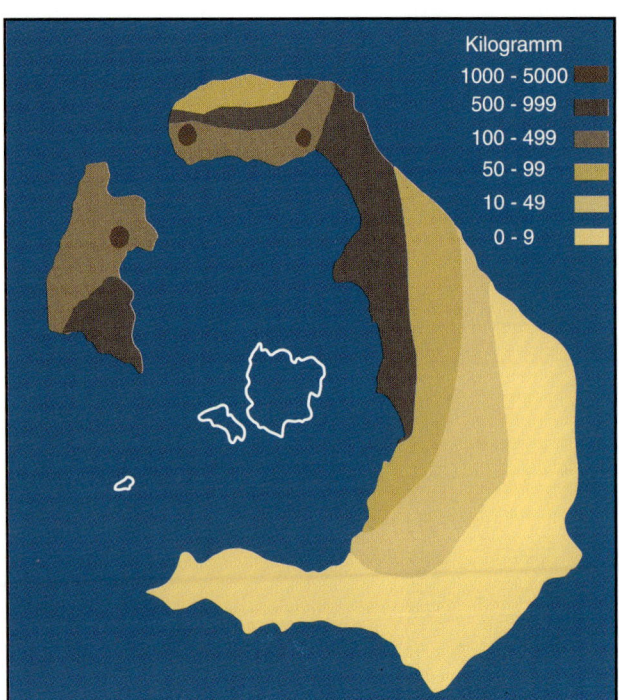

10.4 Das Verbreitungsmuster der hellen biogenen Kalkblöcke (Stromatolithen) auf Thera und Therasia zeigt einen deutlichen Schwerpunkt im Norden der beiden Inseln. Von 1 406 Kalkblöcken wurde das jeweils individuelle Gewicht (Kilogramm) berechnet und mit Hilfe eines Computerprogramms sortiert und ausgeplottet. Es zeigt sich dabei, daß die schwersten (und größten) Blöcke im Norden zu finden sind, während sie radial von der Caldera weg an Gewicht abnehmen. Dies belegt, daß sich der Bildungsraum der Kalkblöcke und auch der Eruptionsschlot der Minoischen Eruption im Bereich der heutigen Caldera befanden. Es ist die Stelle nördlich von Nea Kameni, wo heute das nördliche Calderabecken liegt. Es erreicht hier eine Tiefe von fast 400 Metern unter dem Meeresspiegel. Aus Eriksen (1990).

normaler $\delta^{13}C$-Wert angesehen wird, lagen unsere Werte bei +12. Diese Tatsache konnte nicht einfach unberücksichtigt werden, ließ sich jedoch erklären. Die extrem hohen $\delta^{13}C$-Werte deuten darauf hin, daß die Kalke während ihrer Bildung alten Kohlenstoff aufgenommen hatten, der aus vulkanogenen Kohlendioxidgasen stammte. Ihr Bildungsraum lag ja genau über der Magmakammer, wo sicherlich solche Gase austreten und im Wasser gelöst werden konnten. Das wiederum bedeutete, daß die gemessenen ^{14}C-Alter von etwa 18 000 Jahren viel zu hoch waren. Dies wurde bestätigt, als einige Proben, die nur aus einzelnen Schnecken bestanden, mit der AMS-Methode gemessen wurden. Es kamen nämlich viel geringere Alter dabei heraus (Tabelle 10.1). Das gleiche Probenmaterial diente dann schließlich auch für eine Untersuchung der stabilen Sauerstoff- und Kohlenstoffisotope, die Bjørn Buchardt in Kopenhagen durchführte. Seine Ergebnisse bestätigten unsere frühere Vermutung, daß die Kalkblöcke im Meer gebildet worden waren.

Inzwischen hatte Ulrike Eriksen aber auch andere Indizien hierfür erbracht: Sie konnte die kleinen Schnecken, die sie in einigen Kalkblöcken zu Tausenden gefunden hatte, als brackisch-marine Formen identifizieren, die auch noch heute im Mittelmeergebiet vorkommen: Unter den Fossilien waren nämlich die beiden Schneckenarten *Hydrobia neglecta* Muus und *Pirenella conica* (Blainville) sowie der Muschelkrebs (Ostracoda) *Cyprideis turosa* (Jones). Außerdem wurden zahlreiche marine Algen mit kieseligem Skelett, die Diatomeen, und Foraminiferen, zum Beispiel *Ammonia beccarii* var. *tepida* (Cushman), gefunden. Die Fossilfunde gaben uns weitere Informationen über den Bildungsraum der Kalkblöcke: Sie waren mit Sicherheit im Meer in geringer Wassertiefe entstanden. Zwar weiß man aus Untersuchungen, daß die beiden Schneckenarten und die Ostrakodenart auch noch unter extremen Salinitäts- und Temperaturbedingungen existieren können, aber sie benötigen normale marine Verhältnisse, um sich zu vermehren (Abbildung 10.5).

Im Frühjahr 1990 tauchte unverhofft eine Kopie der Arbeit von Karl von Fritsch (1871) wieder auf meinem Schreibtisch auf. Vor Jahren hatte ich seinen Artikel über die „Ringgebirge Santorins" gelesen und mir

Karl von Fritschs Beobachtung über die Kalkblöcke von Santorin

»Die Blöcke dieses Kalksteines, der bei seiner dunklen Färbung von weitem leicht für eine Lava gehalten werden kann, finden sich im oberen weissen Tuff auf Therasia, bei Apanomeria, Phinikia, Merovulion, Vurvulos, Phira und bis Messaria hin, vielleicht sogar noch weiter südwärts. Oft genug überzeugt man sich, dass diese Blöcke im anstehenden Tuff liegen. Bei ihrer grossen Verbreitung deuten sie auf ein beträchtliches, bei den Explosionen zerstörtes Lager. Bisweilen zeigen sich Fossilien in diesem Kalkstein, und am gewöhnlichsten Formen, die Herr Dr. K. Mayer als *Bythinia ulvae* Penn sp. (Turbo) bestimmte. Ein kleines Stück dieses Kalkes von Therasia enthält nach Dr. K. Mayer's Bestimmung *Cerithium conicum* Blainv. (*mamillatum* Risso).

Diese beiden Formen deuten auf eine ziemlich späte Bildungszeit, da beide noch lebend vorkommen; und zwar darf das Cerithium als ein Beleg für Bildung des Kalksteines in salzigem oder doch brackischem Wasser, vielleicht einer Lagune, angesehen werden. Ob das Kalksteinlager im Zusammenhange mit den jungtertiären Tuffen des Akrotiri-Landes gestanden, ist nicht zu ermitteln.«

Tabelle 10.1: Radiokarbonalter von Santorin aus Kalkproben von Stromatolithen, Schnecken, marinem Travertin sowie Holzkohle von Bäumen, die von einem Ignimbrit überdeckt worden waren. Die Daten stammen aus Friedrich et al. (1988), die mit * markierten aus Eriksen et al. (1990).

Laboratorium	Probe	Jahre vor Christus	δ^{13}C (in Promille PDB)	Material
Radiokarbon-Laboratorium Kopenhagen	*K-5 104	16 750 ± 270	12,3	Stromatolith
Radiokarbon-Laboratorium Kopenhagen	K-5 367	19 470 ± 280	13,8	Stromatolith
AMS Aarhus Universität	*AAR-14	17 730 ± 240		Stromatolith
AMS Aarhus Universität	*AAR-15	18 360 ± 250		Stromatolith
AMS Aarhus Universität	AAR-57	21 600 ± 290		Mariner Travertin
AMS Aarhus Universität	AAR-58	20 800 ± 330		Mariner Travertin
AMS Aarhus Universität	AAR-59	17 900 ± 250		Pirenella (Schnecken)
AMS Aarhus Universität	AAR-60	17 600 ± 220		Pirenella (Schnecken)
AMS Aarhus Universität	AAR-61	13 010 ± 160		Hydrobia (Schnecken)
AMS Aarhus Universität	AAR-62	12 860 ± 170		Hydrobia (Schnecken)
AMS Aarhus Universität	AAR-37	18 150 ± 200	−25	Holzkohle aus Ignimbrit

auch einige Stellen im Text unterstrichen, besonders die über die hellen Kalkblöcke. Als Ulrike Eriksen mich auf meine Unterstreichungen in dieser Arbeit aufmerksam machte, fielen mir auch weitere Einzelheiten wieder ein. Ich hatte mich seinerzeit über die merkwürdigen Algenblöcke gewundert, die nach seiner Beschreibung besonders bei Oia und auf Therasia in Mauern vorkommen sollten. Weil wir nun viel mehr über diese Gesteine wußten, kam uns seine Untersuchung, die vor mehr als 120 Jahren durchgeführt

10.5 Nur wenige Millimeter groß sind die Fossilien, die zu Tausenden in den Hohlräumen der Stromatolithen vorkommen. Es sind zumeist Schnecken, die vor der Minoischen Eruption im Flachwasserbereich der Caldera von Bakterien-Algen-Matten gelebt haben. Solche Funde in den Auswurfsmassen der Bo_3-Serie bezeugen, daß die Caldera damals geflutet war.

worden war, besonders interessant und hochaktuell vor. Von Fritsch hatte schon damals aus der Verbreitung der Kalkblöcke geschlossen, daß sie aus dem nördlichen Teil der heutigen Caldera stammen müßten. Auch Fossilien hatte er damals bereits gefunden, die Mayer als *Bythinia ulvae* und *Cirithium conica* bestimmte. Namen, die zwar heute nicht mehr gebräuchlich, aber Synonyme der von Ulrike Eriksen gefundenen *Hydrobia neglecta* und *Pirenella conica* sind.

In diesem Zusammenhang mußte ich an Sophokles (Ajax, Vers 645) denken, der offenbar vor mehr als zweitausend Jahren eine ähnliche Erfahrung gemacht haben muß, denn er schreibt: »Es gibt nichts, was auch nicht wieder in Vergessenheit geraten kann.«

Weitere Mosaiksteine für die Rekonstruktion

Nun wußten wir mit Sicherheit, daß die hellen biogenen Kalkblöcke oder Stromatolithen in der mit Meerwasser gefüllten Caldera vor etwa 10 000 Jahren entstanden waren und in der Schlußphase der Minoi-

schen Eruption ausgeworfen worden waren. Die Caldera bestand also zum großen Teil schon in der Bronzezeit. Wir hatten damals unsere Beobachtungen über die geflutete Caldera sofort veröffentlicht (Friedrich et al. 1988).

Unsere britischen und italienischen Kollegen Tim Druitt und Enzo Francaviglia lieferten auf dem dritten Thera-Kongreß (1989) einige spannende Ergänzungen zu unserer Geschichte, die unsere Resultate bestätigten: Sie hatten an der Innenseite der Caldera in einer Höhe von zirka 130 Metern über dem Meeresspiegel Bimsstein des Minoischen Ausbruchs entdeckt, der dort noch in situ lag. Außerdem war der obere Teil der Profilwand bei Katofira stark verwittert. Sie schlossen daraus, daß auch dieser Teil der Caldera bereits vor der Minoischen Eruption bestanden haben muß (Druitt und Francaviglia 1990). Somit war ein weiteres wichtiges Indiz für die Existenz der Caldera vor dem Ausbruch erbracht worden. Eine ganz ähnliche Beobachtung hatten Heiken und McCoy (1984) bereits am Megalo Vouno gemacht, wo auch das obere Drittel der Profilwand stark verwittert ist.

10.6 Wichtige Indizien für die Rekonstruktion der bronzezeitlichen Caldera kann man an den heutigen Calderawänden finden. Auf Nord-Therasia fallen die Schichten der Minoischen Eruption steil in die Caldera ein, wie man im Vordergrund links sieht.

Weitere Bestätigung für unsere neue Calderatheorie fanden wir an einigen anderen Stellen der Calderawände, wo ein Einfallen der „Oberen Bimsschicht" in die Caldera hinein zu sehen ist (Abbildung 10.6). Wir haben darüber 1990 auf einem Vulkanologen-Kongreß in Mainz berichtet (Friedrich et al. 1990).

Minerale und Farbpigmente. Während des Thera-Kongresses im September 1989 berichtete einer der Archäologen über weiße Tonkrüge aus der Ausgrabung von Akrotiri, deren weiße Farbpigmente er mit Hilfe eines Rasterelektronenmikroskops untersucht hatte (Vaughan 1990). Dabei hatte er herausgefunden, daß die weiße Farbe der Krüge aus dem Mineral Talk bestand (Abbildung 10.7).

Da man Talk von Santorin jedoch nicht kannte, mußte dieses Mineral importiert worden sein. Das war

jedenfalls die Schlußfolgerung seines Vortrages. Als ich das Wort „Talk" hörte, fing ich sofort an zu kombinieren. Talk kannte ich ja von den alten Gruben an der Innenseite der Caldera bei Kap Plaka, die mir der Besitzer des Gebietes, Parthenios Gavalas, dort gezeigt hatte (Abbildung 10.8). Doch nicht nur Talk, sondern auch andere Minerale, die man als Farbpigmente verwenden kann, kommen dort vor. Bei Kap Plaka an der Heilquelle, ferner in einer Grube an der Steilwand zwischen Kap Plaka und dem Hafen von Athinios (Abbildung 10.9) sowie bei Kap Thermia an der Christos-Kirche gibt es in den alten Phylliten des metamorphen Grundgebirges weiße, rote, blaue und grüne Minerale. Bei den Letzteren handelt es sich um die Kupferminerale Malachit und Chrysocoll. Die Fundstellen liegen alle an der Innenseite der Caldera in einer Höhe von drei bis 60 Metern über dem heutigen

10.7 Zwei weiße Krüge aus der Ausgrabung von Akrotiri sind mit Brüsten und Vogelköpfen verziert. Durch Untersuchungen fand man heraus, daß die weiße Farbe auf dem links stehenden Krug von einem dünnen Überzug aus Talk stammt. Das weiße Mineral Talk kommt heute in großen Mengen an der Innenseite der Caldera bei Kap Plaka vor, wo es früher abgebaut worden sein muß, da man dort noch alte Gruben findet. Dieses Talk-Vorkommen war in der Bronzezeit sehr wahrscheinlich zugänglich, wie die Einfallswinkel der minoischen Ausbruchsmassen an der Calderawand andeuten.

10.8 Das weiße Mineral Talk kommt auf Thera in den Phylliten bei Kap Plaka vor. Dort ist eine alte Talkgrube am Calderarand in einer Höhe von etwa 30 Metern über dem Meer zu finden. Der helle Fleck im Vordergrund stammt vom Aushub, gleich links daneben befindet sich das anstehende Talkgestein. Im Hintergrund rechts sind die Häuser von Plaka zu erkennen.

Meeresspiegel. Die Minerale bei Thermia hatten wir bei einem unserer Geländekurse mit Studenten gefunden und analysieren lassen (Klitgaard 1986; Abbildung 10.10).

Unmittelbar nach dem Kongreß führte ich dann die Archäologin Mariza Marthari zu den Talk-Fundstellen bei Plaka und gab ihr auch andere Proben von den farbigen Gesteinen mit.

Diese Entdeckung führte zu vielen neuen Fragen und Spekulationen: Wenn die Mineralvorkommen schon in der Bronzezeit den Theräern zugänglich gewesen wären, dann könnte man auch bestimmte andere Gegebenheiten in neuem Licht betrachten. Nachdem sich abzeichnete, daß die Caldera bereits in groben Zügen vor dem Minoischen Ausbruch existiert hatte und wassergefüllt war, tauchten einige neue

10.9 Etwa 200 Meter südlich der Hafeneinfahrt bei Athinios befindet sich in ungefähr 50 Metern Höhe über dem Meer eine Höhle. Sie ist etwa sieben Meter tief, und man findet dort blaue und schwarze Minerale. Bei den schwarzen handelt es sich um Mangan-Ausfällungen, die besonders auf Kluftflächen zu sehen sind, und bei den blauen um Kupferminerale. Letztere können bis zu zwei Zentimeter große Aggregate im Gestein bilden. Das Gestein der Höhle (Phyllit) wirkt intensiv rot, weil es von eisenhaltigem Staub überzogen ist, der möglicherweise durch den Wind von den Eisenausfällungen an der Küste der Kameni-Inseln hierhin transportiert worden ist.

Fragen auf: Gab es weitere wichtige Minerale beziehungsweise Pigmente direkt am heutigen Calderarand? Waren auch die Blei- und Silbervorkommen bei Athinios am Calderarand den damaligen Bewohnern zugänglich? Mit diesen Fragestellungen formulierten wir ein kurzes „Addendum" im dritten Thera-Kongreß (Friedrich und Doumas 1990).

Bei der Rekonstruktion der Insel zeigte es sich erwartungsgemäß, daß wesentliche Informationen in den Gesteinen, Mineralien und Erden in der Ausgrabung bei Akrotiri auf Thera stecken. All dies sind „Mosaiksteinchen", die uns helfen, das Puzzle der minoischen Landschaft und ihrer Geologie zusammenzusetzen. Nehmen wir einmal an, daß beim Aufbau der Siedlung bei Akrotiri schwere Lasten, wie Gesteinsblöcke, nur aus der näheren Umgebung herangeschafft wurden, so können uns die Baumaterialien helfen, einen Einblick in den geologischen Aufbau der damaligen Ringinsel zu gewinnen und die zugänglichen Rohstoffe zu lokalisieren. Auch können sie eventuell dazu beitragen, Transportwege zu rekonstruieren. Weiterhin darf man vermuten, daß schwere Lasten überwiegend auf dem Seeweg befördert und nur leichtere Gegenstände von Menschen oder Tieren getragen wurden. Doch wie sah das damalige Küstengebiet eigentlich aus? An einigen Stellen, wo die minoische Bimsschicht bereits abgetragen ist, kann man die bronzezeitliche Küstenlinie noch erkennen und so auch ehemalige Steinbrüche lokalisieren. Der Meeresspiegel dürfte in der Ägäis um 2000 vor Christus nach Flemming (1986) etwa den gleichen Stand wie heute

gehabt haben. Doch muß man in aktiven Vulkangebieten wie Santorin mit Höhenveränderungen im Küstenbereich rechnen, wie man es zum Beispiel beim Ausbruch von 1707–1711 beobachten konnte (siehe Kapitel 12). So gilt auf Santorin und speziell bei Akrotiri im Vergleich zu heute, daß die Küstenlinie der Bronzezeit noch einige Meter weiter ins Meer hinaus reichte. Dies kann man aus einer der heutigen Küste vorgelagerten, untermeerischen Plattform schließen, die aus sogenanntem Strandgestein (englisch *beach rock*) besteht. Eine ähnliche Plattform, allerdings aus Phylliten und Kalken, findet man auch an der Innenseite der Caldera bei Kap Plaka vor. Sie bildet hier einen etwa sieben Meter unter dem Meeresspiegel liegenden, 40–60 Meter breiten Gürtel an der Küste. Dieser seichte Gürtel war vermutlich in der Bronzezeit nicht vom Meer bedeckt, und folglich lag die Küstenlinie damals weiter innen in der Caldera. Auf dem Gürtel könnten weitere wichtige Mineralvorkommen gelegen haben.

Ein Gestein muß jedoch nach Thera importiert worden sein: der Obsidian, jenes dunkle, vulkanische Glas, das so scharfkantig bricht. Obwohl man hin und wieder Obsidianfragmente in den Aschenschichten auf Thera findet, sind sich Geologen und Archäologen einig, daß der Obsidian, den man für Messer und Pfeilspitzen verwendet hat, von der Insel Milos stammt, wo man auch entsprechende prähistorische Obsidian-Abbaustellen gefunden hat (Renfrew 1985).

10.10 Nur wenige Meter über dem Meer befindet sich am Strand bei Kap Thermia an der Innenseite der Caldera ein kleines Vorkommen von stark verwitterten Phylliten, die blaue Kupferminerale enthalten. Wilski (1934) gibt an, daß man hier früher Blei-Zink-Minerale abgebaut hat.

Gesteine und Baumaterial der Theräer. Die Bewohner der bronzezeitlichen Siedlung bei Akrotiri bauten ihre Häuser aus den Materialien, die sie in der Nachbarschaft finden konnten (Abbildung 10.11).

Das ist jedenfalls der Eindruck, den man bei einem Besuch in der Ausgrabung erhält. Zwar sind die Gesteine im überdachten Bereich der Ausgrabung heute alle weiß-grau, weil sie inzwischen von einer dicken Staubschicht überdeckt sind, aber außerhalb der Überdachung, wohin man einige Gesteinsblöcke zwischenzeitlich ausgelagert hat, sind die natürlichen Farben noch deutlich sichtbar. Besonders zwei Gesteinsfarben bemerkt man sofort: das Rot der vulkanischen Gesteine und das Weiß des feinkörnigen Tuffes, aus dem die damaligen Einwohner rechteckige Blöcke gehauen hatten. Diese Gesteine verwendete man an einigen Häusern, die vermutlich einen besonderen Status in der Siedlung hatten, da man dort Opferschalen und andere Kultgeräte gefunden hat. Einige dieser Häuser sind vollständig aus solchen Blöcken gebaut worden. Bei anderen wurde das Material nur für die Ecken, Hauseingänge und Fenstereinrahmungen verwendet, während die übrigen Häuser aus einer Art Fachwerk mit eingefügten Ästen gezimmert sind. Durch das Einfügen von Holz erhielten diese Häuser eine größere Sicherheit bei Erdbeben, wie Galanopoulos und Bacon (1969) bereits bemerkten.

In dem der heutigen Ausgrabung benachbarten Tal kommt der rote Ignimbrit vor. Dort bei Kamaras hatte Zahn zu Beginn dieses Jahrhunderts eine bronzezeitliche Siedlung ausgegraben, die direkt auf dem roten Ignimbrit errichtet worden war. Auch unmittelbar unter den Fundamenten der Ausgrabung bei Akrotiri konn-

10.11 In den rekonstruierten Umriß der bronzezeitlichen Ringinsel sind die möglichen Herkunftsgebiete von Gesteinen, Mineralien und Erden eingetragen. Einige der Angaben stammen von Einfalt (1978b). Die Quadrate markieren bronzezeitliche Fundpunkte. Die Höhenschichten haben einen Abstand von 100 Metern.

te Einfalt (1978b) dieses Material nachweisen. Es ist der 21 000 Jahre alte rote Ignimbrit (siehe Kapitel 3). Er bildete vor der Eruption eine mit acht Grad nach Süden hin geneigte Plattform, welche die ehemaligen Erosionsrinnen bei Potamos und Akrotiri ausgefüllt hatte.

Der weiße Tuff, aus dem man im bronzezeitlichen Akrotiri einige Häuser errichtet hat und aus dem auch die dort gefundenen steinernen Stierhörner hergestellt sind, kommt im Gebiet der heutigen Ortschaft Akrotiri vor. Den gleichen hellen Tuff findet man auch an der Küste, etwa einen Kilometer westlich der bronzezeitlichen Siedlung. Diese Stelle wird heute unter Touristen „white beach" genannt. Wahrscheinlich hat man das Gestein damals von dort geholt, weil es vermutlich – wie heute – bereits in Blöcken am Strand lag.

Die Fußböden der Räume in der Ausgrabung bei Akrotiri waren mit etwa vier Zentimeter dicken Steinplatten aus grauer Lava belegt. Solche Platten hatte man besonders in den Räumen der höheren Stockwerke benutzt. Hier verwendete man – wie aus den noch vorhandenen Balkenlöchern an den Hauswänden ersichtlich ist – eine Lage Balken, die dann mit Erde und eventuell auch Matten aus Italienischem Rohr (*Arundo donax*) belegt wurden. Darüber kamen als eigentlicher Bodenbelag jene unregelmäßigen Lavaplatten. Ganz ähnlich waren übrigens auch die Böden der bronzezeitlichen Häuser von Chania auf Kreta gebaut (Hallager 1990).

Bisher ist es noch nicht gelungen, die Herkunft der Lavaplatten eindeutig zu klären. Dünnplattige Laven

gibt es heute in den Lava-Domen auf Palaea Kameni und im Gebiet des Skaros-Felsens (Einfalt 1978b). Aber auch bei Mikros Profitis Elias auf Thera findet man Gänge, die in dünne Platten aufspalten. Weiterhin findet man sie auf Therasia an der Südwestküste bei Kap Kamina. Dort ist eine direkt am Meer gelegene, aus zähflüssigem Magma keulenförmig hochgedrücke Staukuppe angeschnitten, wo sich das Fließgefüge durch die plattenartige Absonderung der Lava deutlich abzeichnet.

Während man Palaea Kameni als mögliches Liefergebiet ausschließen kann, da diese Insel erst nach der Minoischen Eruption entstand, sind die Gebiete bei Skaros an der Innenseite der Caldera und auf Therasia durchaus als mögliche Herkunftsorte anzusehen, da man sie in der Bronzezeit – nach unserem heutigen Wissen – auf dem Wasserwege erreichen konnte. Eine andere Möglichkeit ist, die Vor-Kameni-Insel als Liefergebiet anzusehen, da sie vermutlich ähnlich wie Palaea Kameni aufgebaut war und in dem Teil der Caldera lag, der damals auf dem Seeweg zugänglich war.

Die Theräer hatten nicht nur hochentwickelte keramische Werkstätten auf Thera, sondern vermutlich auch solche zur Herstellung von Steinvasen. Man hat nämlich mehrere Steinvasen aus verschiedenen Materialien gefunden, doch es ist bisher nicht eindeutig geklärt, ob es sich nur um Importware handelt oder ob einige der ausgefrästen Vasen auf Thera selbst und aus lokalem Gestein angefertigt wurden. Als Werkstoff verwendete man graugrüne, marmorähnliche Kalke

10.12 In der Ausgrabung von Akrotiri wurde eine unvollendete Steinvase gefunden, die mit einer speziellen Bohrtechnik aus einem rötlichen Gestein ausgefräst wurde. Im Foto wirkt das Gestein weiß, weil die Vase noch mit einer hellen Staubschicht bedeckt ist. Bisher kannte man das Herkunftsgebiet des verwendeten Gesteins noch nicht, doch chemische Analysen zeigen nun, daß es aus dem Gebiet von Echendra am Gavrilos-Rücken stammen könnte.

10.13 Am Gavrilos-Rücken bei Echendra sind mehrere Felsengräber aus hellenistischer Zeit in das rötliche, marmorähnliche Gestein gehauen. Vermutlich wurde die Vase von der Akrotiri-Ausgrabung aus solchem Gestein gefertigt. Dieses Gebiet lag vor dem Minoischen Ausbruch direkt an der Küste und war auf dem Wasserwege von Akrotiri leicht erreichbar.

und rötlichen Marmor. Aus eben solchem Marmor hat man in der Ausgrabung bei Akrotiri eine unvollendete Steinvase gefunden, an der man den genauen Herstellungsprozeß studieren konnte (Warren 1978), aber die Fragen nach der Herkunft des Materials und dem Bearbeitungsort des kostbaren Fundes sind bisher noch nicht geklärt. Warren hatte damals die Vermutung geäußert, daß es sich bei dem roten Marmor um *Rosso*

antico aus den Steinbrüchen von Mani in Süd-Lakonien handeln könne, jedoch konnte dies durch die von Einfalt (in Warren 1978) durchgeführten Analysen nicht mit Sicherheit geklärt werden. Die Größe des Rohlings (57 × 55 Zentimeter), mit einem geschätzten Gewicht von etwa zwei Zentnern, und die Tatsache, daß die Vase noch nicht fertig war, sprechen meiner Meinung nach eher dafür, daß es sich um ein lokales

Produkt handelt (Abbildung 10.12). Doch wie konnte man dies beweisen?

Ein ähnliches Gestein gibt es auf Thera bei Gavrilos an den Felsengräbern von Echendra. Im September 1993 erhielt ich eine winzige Probe der Steinvase, die Bjørn Buchardt in Kopenhagen untersuchte und mit Proben von Echendra verglich. Es zeigt sich, daß die Vase zu 80 Prozent aus Kalziumkarbonat besteht, also aus Kalk oder Marmor. Die bisherigen Analysendaten liegen innerhalb des Spektrums, das man für die Proben von Echendra erhalten hat. Das Material kann somit von dieser Stelle stammen. Wir müssen aber noch weitere Proben aus diesem Gebiet untersuchen, denn die Gesteine bei Echendra variieren sehr stark. Daß es sich um ein Kalkgestein handelte, hatten wir durch Auftropfen von verdünnter Salzsäure ermittelt: Das Gestein der Vase braust sehr stark auf. Die Gesteinsfarbe konnten wir mit einer Farbtafel näher festlegen. Die vier Komponenten haben folgende Werte in der CMYK-Skala: Cyan 0, Magenta 40, Yellow 60, Black 10. Solche Farbwerte beobachtet man auch an den Gesteinen bei Echendra (Abbildung 10.13).

Einfalt nimmt übrigens an, das die Gerölle aus rötlichem Marmor, die in der Ausgrabung von Akrotiri gefunden wurden, aus dem Gebiet am Gavrilos stammen. Dort werden die steilen, nach Süden hin einfallenden Marmore und Phyllite von einer flachen Plattform aus minoischem Bims zum Meer hin abgegrenzt. Die Plattform existierte also vor der Minoischen Eruption noch nicht. Dieser Befund liefert uns eine wichtige Information: Die Südfront des Gavrilos lag vor der Minoischen Eruption unmittelbar am Meer und war daher ebenfalls von Akrotiri aus auf dem Seeweg erreichbar (siehe Abbildung 6.8).

Die anderen graugrünen, metamorphen Kalke könnten ebenfalls aus den Gesteinen des Kykladenmassivs stammen, zum Beispiel aus der Gegend zwischen Emborion und Perissa am Hang von Profitis Elias, wie Einfalt (1978b) bereits bemerkte. Von einer Stelle, wo auch Felsgräber zu finden sind, könnte man das Rohmaterial geholt haben. Diese Stelle lag vor dem Minoischen Ausbruch direkt am Meer und konnte daher von Akrotiri aus auf dem Wasserwege erreicht werden (Abbildung 10.14).

Eigentlichen plastischen Ton kennt man heute nicht auf Santorin. Allerdings untersuchte Einfalt (1978a) einige Gefäßscherben von der Ausgrabung von Akrotiri und konnte anhand der Funde, die als „lokal"

10.14 Diese neue Rekonstruktion zeigt die bronzezeitliche Ringinsel in der Vogelperspektive von Westen aus gesehen. Im Vordergrund sieht man die rekonstruierten Teile von Therasia und Aspronisi, die damals mit Thera verbunden waren. In der Mitte der Caldera liegt die Prä-Kameni-Insel und rechts im Bild das Gebiet um Akrotiri. Mit weißen Punkten sind bronzezeitliche Fundstellen markiert. Die Rekonstruktion beruht auf zahlreichen Beobachtungen und Messungen der minoischen Ausbruchsmassen sowie der Topographie auf Thera, Therasia und Aspronisi.

10.15 Eine Arbeitsnische in der Ausgrabung von Akrotiri zeigt Krüge, eine Sitzbank sowie eine Reibschale aus Stein am Fußboden.

angesehen wurden, nachweisen, daß der entsprechende Töpferton von Thera stammte (Abbildung 10.15).

Sowohl Fouqué (1879) als auch Phillipson (1896) hatten bereits auf die verwitterten Phyllite des Kykladenmassivs als mögliches Herkunftsgebiet für das tonhaltige Töpfermaterial hingewiesen. Als eine weitere Möglichkeit kommen die marinen, tonhaltigen Sedimente aus dem Pliozän in Frage, die auf der Akrotiri-Halbinsel liegen. Auch dieses mögliche Herkunftsgebiet hatte Fouqué (1879) bereits vorgeschla-

gen. Verwitterungsprodukte der Phyllite findet man an der Nordseite von Kap Athinios (van Padang 1936), an den Steilhängen bei Plaka und Thermia sowie in einzelnen Taschen bei Sellada, dem Sattel zwischen Profitis Elias und Mesa Vouno. Fouqué untersuchte seinerzeit einige Tonscherben aus dem Gebiet von Akrotiri und fand darin Foraminiferen. Er vermutete bereits, daß damals die fossilführenden marinen Sedimente der Akrotiri-Halbinsel zur Herstellung der Keramik verwendet worden sind. Diese Vermutung wird nun durch eine aktuelle Beobachtung bestätigt: Bereits vor einigen Jahren (Marinatos 1976) hatte man in der Ausgrabung bei Akrotiri beim Ausschachten eines Lochs für einen Pfeiler der Dachkonstruktion ein Tonvorkommen gefunden. Aus einer Probe dieses Tons stellte Vaugham (1990) zum Vergleich mit der

minoischen Keramik aus Akrotiri ein Testgefäß her, das bei 900 Grad Celsius gebrannt und anschließend petrographisch untersucht wurde. Er konnte zeigen, daß die von den Archäologen als „lokal" bezeichnete Töpferware aus dem gleichen Tonmaterial hergestellt worden war. Im Juli 1992 konnte ich eine Probe dieses

Fenster

10.16 Das Fresko der Westwand von Zimmer 4 in der Ausgrabung von Akrotiri zeigt eine Kabine, die auf imitierten Gesteinsblöcken steht (solche Kabinen sind auch im Schiffsfresko – mit Personen – zu sehen). Die Gesteinsblöcke sind so naturgetreu dargestellt, daß man sie ohne weiteres identifizieren kann. Bei den Blöcken handelt es sich meiner Meinung nach um die Hauptgesteine Santorins: links unten die nichtvulkanischen (Phyllite) und rechts die vulkanischen (durchgeschnittene, konzentrisch aufgebaute Wurfschlacken). Beide Gesteinstypen findet man heute bei Kap Plaka und Kap Thermia an der Innenseite der Caldera. Das Fresko ist 1,95 Meter hoch und 1,98 Meter breit.

10.17 Diese Abbildung zeigt einen Vergleich der gemalten Gesteinsblöcke des obenstehenden Freskos mit wirklichen Gesteinen von Santorin. Oben sind die gemalten Blöcke gezeigt, unten ein Foto der Phyllite von Kap Plaka. Das Foto zeigt die charakteristische Stauchfaltung der Phyllite, die auch im Fresko erkennbar ist.

Tons entnehmen, die Marit Seidenkrantz daraufhin auf Fossilien untersuchte. Sie fand in der Probe eine Foraminiferen-Fauna, die der von den Fundstellen bei Archangelos (siehe auch Seidenkrantz und Friedrich 1992) auf der Akrotiri-Halbinsel sehr ähnlich ist. Das erwähnte Tonvorkommen in der Ausgrabung stammt also von Thera selbst. Allerdings kann man zur Zeit wegen der nicht abgeschlossenen Ausgrabung an dieser Stelle noch nicht entscheiden, ob das Tondepot sich hier durch Verwitterung in situ gebildet hat oder aber durch die Winterregen im Laufe der Zeit dort angeschwemmt wurde. Theoretisch wäre es auch denkbar, daß die Theräer dort ein Tondepot für ihre Töpfereien angelegt hatten. Doch gegen diese Deutung spricht folgende Beobachtung: Der Ton ist feingeschichtet, und die Schichtung verläuft von einer Einflußöffnung aus schräg nach unten. Daher ist anzunehmen, daß das Sediment durch die Winterregen vom Lumaravi-Archangelos-Massiv abgespült wurde, auf der schrägen Ignimbritplatte in Richtung Meer floß, wo es sich am Fuße der Platte in natürlichen oder von Menschen geschaffenen Vertiefungen als Ton absetzen konnte. Diese Folgerung wurde inzwischen durch Analysen bestätigt, die Ole Bjørslev Nielsen aus Århus durchgeführt hat.

Gesteine auf Fresken. An den Sockelpartien einiger Fresken von der Ausgrabung bei Akrotiri erkennt man gemalte, rechteckig zugehauene Gesteinsblöcke. Offenbar versuchten die Künstler damals, wirkliche Gesteinsblöcke oder Platten zu imitieren. Besonders deutlich wird dies an einem Fresko aus dem „Westhaus", wo ein Zickzackmuster zu sehen ist. Aufgrund seiner Farbe und des klaren Musters, das geologisch gesehen als Stauchfaltung zu deuten ist, hat dieses nachgeahmte Gestein eine große Ähnlichkeit mit den Phylliten von Thera, wie man sie zum Beispiel heute bei Kap Plaka, etwa 50 Meter nördlich der Heilquelle am Meer findet (Abbildung 10.16 und 10.17).

Die Fundstelle bei Plaka, wo Talk und andere farbige Minerale vorkommen, war sehr wahrscheinlich bereits vor der Minoischen Eruption zugänglich (Ab-

10.18 Die Calderawand zwischen Kap Athinios und Kap Plaka enthält wichtige Informationen über die vorminoische Caldera. Im Foto sieht man in der Bildmitte die Bo_1-Schicht an der unzugänglichen Calderawand. Sie fällt mit 22 Grad in die heutige Caldera ein. Da diese Schicht ohne Zweifel in ihrer ursprünglichen Position liegt, beweist sie damit, daß die Mineralfundstellen bei Plaka, die etwa 200 Meter unterhalb dieser Steilwand liegen, in der Bronzezeit zugänglich waren. Dies ließ sich auch durch weitere Messungen in diesem Calderabereich nachweisen.

bildung 10.18). Hierfür sprechen zwei geologische Beobachtungen: Die Phyllite des Grundgebirges zeigen hier ein steiles Einfallen zur Caldera hin. An der Küste bei Plaka beträgt deren Einfallswinkel sogar 43 Grad West. Auch die diskordant darüber liegende vulkanische Serie hat einen starken Einfallswinkel, der sich auch noch in der minoischen Bimsschicht bemerkbar macht: So beobachtet man an der Calderawand bei Megalochorion, unterhalb der beiden Windmühlen, einen Einfallswinkel der Bo-Schichten von 4–7 Grad West (Abbildung 10.19). An der Calderawand zwischen Athinios und Plaka sind es sogar 22 Grad, und Druitt und Francaviglia beobachteten elf Grad West bei Athinios. Die Bimsschicht wurde also auch hier bei der Minoischen Eruption an die Innenseite der Caldera angelagert. Damit folgen die vulkanischen Schichten offenbar der ehemaligen Topographie des Grundgebirges und zeigen an, daß hier eine alte Eintiefung existiert hat (Abbildung 10.20).

Unter den ersten Fresken, die bei Akrotiri ans Tageslicht kamen, war das sogenannte Frühlingsfresko mit roten Lilien und Schwalben und auch das Fresko mit den Krokus pflückenden Mädchen. Auf beiden sieht man rote Gesteine abgebildet, welche allgemein als Lava aufgefaßt werden (Marinatos 1974). Solche Gesteine findet man heute in unmittelbarer Nähe von Akrotiri am Strand bei der Nikolauskirche. Ganz ähnliche Felsen gibt es aber auch an der Innenseite der Caldera auf der Akrotiri-Halbinsel bei Kokkinopetra.

In der Ausgrabung von Akrotiri wurden Messer, Sicheln, Lanzen und Gefäße wie Pfannen und Kessel aus Bronze gefunden. Sie bezeugen den hohen Stand der Metallverarbeitung. Ihr Design ist zweckmäßig und zeitlos. Zu ihrer Herstellung hat man Kupfer- und Zinnerze benötigt, die sehr wahrscheinlich nicht von Santorin stammt, sondern durch Tauschhandel, vermutlich aus Zypern, erworben wurden.

Zur Zeit untersuchen wir (Sidsel Grundvig aus Århus und ich), ob Minerale von Kap Plaka und Kap Thermia als Farbpigmente für die Herstellung der Fresken von Akrotiri benutzt wurden.

Archäologische Indizien für die Rekonstruktion der Ringinsel

Als sich die geologischen Indizien für eine wassergefüllte Caldera häuften, zeichnete sich auch eine andere Auffassung von den am heutigen Calderarand gelegenen bronzezeitlichen Siedlungen und Einrichtungen ab. Bisher hatte man vermutet, der innere Teil der Insel sei bergig gewesen. Ja, in den siebziger Jahren konnte man sogar in einigen Büchern und Reiseführern lesen, daß der Zentralvulkan eine Höhe von 1 600 Metern hatte (Luce 1973). Vereinzelte Gebäude aus der Bronzezeit, die man im Laufe der Jahre in den Bimssteinbrüchen am heutigen Calderarand entdeckt hatte, wurden von den Archäologen bronzezeitlichen Hirten zugeschrieben. Nachdem sich nun ein ganz

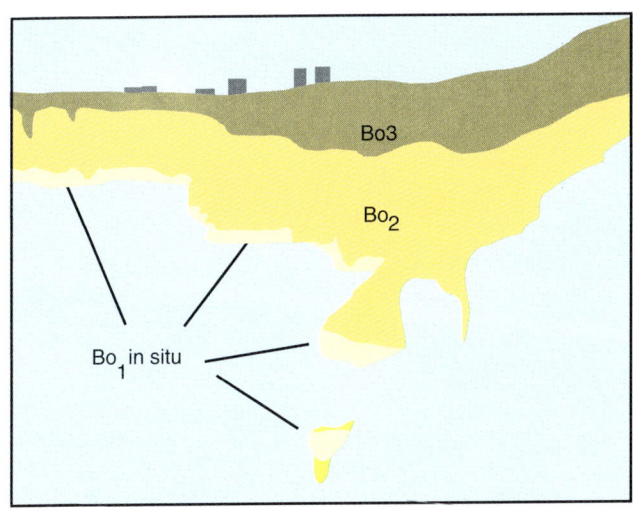

10.19 An der Calderawand unterhalb der Ortschaft Megalochorion zeigt die helle Bimssteinsschicht der Minoischen Eruption ein deutliches Einfallen in die Caldera (Foto, unten). Der Einfallswinkel beträgt hier sieben Grad West. Die Skizze (oben) zeigt die in ihrer ursprünglichen Position liegende Bo_1-Schicht.

anderes geologisches Bild abzeichnet, öffnet sich ein Weg für völlig neue Interpretationen, in denen auch den archäologischen Funden eine neue Rolle zukommt.

Alte Siedlungen am Calderarand. Bereits im letzten Jahrhundert, als man in der Nähe der Stadt Fira Bimsstein abbaute, fand man zwei Figuren und einige Schalen aus weißem Marmor, die vermutlich aus Gräbern stammten. Sie gehören zu den besten Beispielen der Kunst der Inselbewohner zur Zeit der Periode „Früh Kykladisch II". Die beiden Statuetten werden heute im Badischen Landesmuseum in Karlsruhe aufbewahrt. Die Fundumstände sind leider unbekannt. Nachfragen am Badischen Landesmuseum ergaben,

daß die Stücke aus der Sammlung Friedrich Maler stammen, der sie in den Jahren um 1840 erworben hatte (Abbildung 10.21).

Gräber hat man auch zu Ende der zwanziger Jahre dieses Jahrhunderts im Steinbruch bei Fira gefunden (Karo 1930). In einem Grab entdeckte man eine kleine sitzende Figur (ein Idol) aus Marmor und eine geriefte Schale aus Steatit, einem sehr weichen Gestein. Karo nimmt an, daß in diesem Gebiet eine bedeutungsvolle Nekropole (eine Begräbnisstelle) gelegen hat. Die Gräber lagen unmittelbar am Calderarand hinter der damaligen Mörtelfabrik. Sie waren bedeckt mit Steinplatten aus »Kalkgestein von anderen Teilen der Insel«. Vermutlich waren es Kalk-Phyllitplatten wie die, die heute an der Innenwand der Caldera bei

10.20 Bei Athinios auf Thera ist die Diskordanz zwischen den metamorphen und den vulkanischen Gesteinen deutlich sichtbar. Die Vulkanite folgen hier der alten Topographie und sind schräg auf das Grundgebirge abgelagert worden. Es bestand hier offenbar eine alte Eintiefung. Heute gleichen die von der Erosion übriggebliebenen Tuffe „Tapetenresten an einer Wand" (rechts der Bildmitte). Auch der obere Bimsstein (Bo) hat hier ein Einfallen von elf Grad West zur Caldera hin.

Kap Athinios und Plaka vorkommen. Auch der Geologe Hans Reck (1936) erwähnt, daß man in diesem Steinbruch Gräber entdeckt hat. Dort sind wohl in diesem Jahrhundert häufiger Reste von Keramik gefunden worden. So berichtet zum Beispiel auch der griechische Geophysiker Galanopoulos (1958) über archäologische Funde unter den Bimsmassen im dortigen Steinbruch. Vermutlich gaben ihm diese Funde das Startsignal für seine Atlantis-Forschungen.

Als ich 1975 im gleichen Steinbruch bei Fira geologische Untersuchungen durchführte, konnte man dort die Reste eines gepflasterten Weges, Mauerreste sowie bemalte Tonscherben sehen. Es waren die Überreste eines kykladischen Hauses, das man dort ausgegraben hatte. Ob es die von Galanopoulos gefundenen waren, war allerdings nicht zu klären. Obwohl die Ruinen seinerzeit eingezäunt waren, hat man diese Zeugnisse aus Santorins Vorzeit nicht erhalten können. Heute sind sie längst verschwunden.

Archäologische Funde im Steinbruch bei Fira von A.G. Galanopoulos

»Gelegentlich einer Geländeuntersuchung über die Wirkungen des letzten grossen Amorgos-Bebens vom 9. Juli 1956 auf der Insel Thera habe ich von Herrn PAPAGEORGIOU erfahren, daß in ihrem der Stadt Fira nächstgelegenen Bimssteinbruch Mauerreste und Gegenstände prähistorischen Alters gefunden worden seien. Bei meinem sofortigen Besuch in dem obengenannten Steinbruch gelang es mir, nahe einer unter der rosa Bimssteinbank und unmittelbar auf der tiefgründigen Verwitterungserde gelegenen und ungefähr aufrechtstehenden 1–2 m hohen Mauer menschliche Knochen und Zähne sowie Bruchstücke von bemalten Tonvasen und verkohlter Baumrinde zu sammeln. Bald nach meiner Rückkehr wurden die Holzfunde an das Lamont Geological Observatory, Columbia University, Palisades, New York, für eine C^{14}-Datierung geschickt. Die übersandten Holzproben (L 362) ergaben anfänglich 3 050 ± 150 Jahre (Galanopoulos 1957). Eine neue Prüfung derselben ergab 3 370 ± 100 Jahre.«

Im Mai 1980 untersuchte ich mit meinem Sohn Andreas, damals zwölf Jahre alt, sowie meinen Kollegen Rud Friborg und Birthe Schmidt die Aschenfolgen im Steinbruch südlich von Fira. Während ich mich mit Profilvermessungen beschäftigte, sonnte Andreas sich an einem Schuttkegel, der sich am Fuße einer Profilwand gebildet hatte. Plötzlich rief er mich zu sich und zeigte mir eine große, bemalte Tonscherbe (Abbildung 10.22).

Während ich noch auf ihn zuging, hatte er schon eine weitere Scherbe gefunden, die zur ersten paßte.

Im gleichen Augenblick hatte ich an der Profilwand weitere Scherben entdeckt, die zur Hälfte noch in der Wand saßen. »Wo kommen die Scherben wohl her?« fragte ich ihn. Andreas richtete seinen Blick nun auch auf die Wand und meinte: »Die müssen wohl von dort oben stammen.« In der Wand konnte man nämlich noch Mauerreste und weitere Scherben erkennen. Wir waren uns einig: Diese Entdeckung mußte unbedingt den Archäologen mitgeteilt werden. Wir begaben uns daraufhin sofort zu unserem Bekannten Charalambos Sigalas, der damals als Archäologe in der Ausgrabung

10.21 Die beiden Harfenspieler aus Marmor von Thera bezeugen den hohen Stand der Kunst zur Zeit um 2500 vor Christus. Sie stammen vermutlich aus dem Steinbruch südlich von Fira, wo man im vergangenen Jahrhundert bereits Gräber fand.

10.22 Im Mai 1978 fand Andreas Friedrich Tonscherben und Mauerreste von bronzezeitlichen Häusern bei geologischen Untersuchungen im Steinbruch südlich von Fira. Die Fundstelle wurde später von der Archäologin Mariza Marthari ausgegraben.

von Akrotiri tätig war. Zusammen mit seinem Hund Midas inspizierte er daraufhin die Fundstelle, und innerhalb weniger Augenblicke konnte er mit einem Stock weitere bemalte Scherben aus der Wand lösen. Er hatte genug gesehen, um sofort einen Bericht per Telefon nach Athen zu senden.

Die Fundstelle wurde unmittelbar darauf vor weiterem Bimsabbau verschont und ein Jahr später von der Archäologin Mariza Marthari aus Athen ausgegraben und wissenschaftlich ausgewertet (Marthari 1983, 1988, 1989, Abbildung 10.23). Die Ausgrabung brachte drei miteinander verbundene, ovale Räume ans Tageslicht, die seit der Minoischen Eruption unter einer Bimsdecke von etwa 35 Metern Mächtigkeit begraben lagen. Die damaligen Bewohner hatten sie in eine vulkanische Blockschuttmasse eingetieft, die stratigraphisch gesehen vermutlich der „Kap-Riva-Eruption" zugeordnet werden kann. Zwei Räume

waren nahezu intakt. Sie waren miteinander durch Treppenstufen verbunden. Der dritte war zum Teil bereits durch den Bimsabbau weggegraben worden, und man konnte nur noch einen Mauerrest erkennen. Er war ebenfalls mit den beiden anderen durch eine Treppe verbunden. Die Steine für die Wände hatte man direkt in der unmittelbaren Umgebung gesammelt und mit Erde als „Mörtel" aufeinander gestapelt. Die drei Räume liegen nahe an der heutigen Caldera, und ihre Böden sind treppenartig zur Caldera hin geneigt.

Mit Hilfe der gefundenen Keramik konnte Mariza Marthari ein ungefähres Alter von zirka 2000 vor Christus für die Funde festlegen; das entspricht etwa „Früh-Mittel-Kykladisch". Nach Aussagen der Archäologen handelt es sich bei diesen Funden um die am besten erhaltenen Behausungen, die man von den Kykladen aus jener Zeit gefunden hat (Abbildung 10.24). »Ich wußte gar nicht, daß Du so einen spannenden Beruf hast«, meinte Andreas am Abend auf der Terrasse bei Fira, als wir über seine Funde sprachen und der untergehenden Sonne über Therasia nachsahen.

Die Funde auf Nordthera. Auch scheinbar unbedeutende Funde können manchmal wichtige Informationen enthalten, wie das folgende Beispiel zeigt. Während ihrer Suche nach Kalkblöcken fand Ulrike Eriksen bei Megalo Vouno eine bemalte Tonscherbe mit noch anhaftendem Bimsstein. Ein solcher Fund ist auf Thera eigentlich nichts Ungewöhnliches. Doch an dieser Stelle hatte man bisher noch keine archäologischen Funde gemacht, und außerdem lag die Stelle an der Innenwand der Caldera, was wiederum wichtig für unsere Rekonstruktion war. Offenbar handelt es sich hier um die Stelle, die Heiken und McCoy (1984) als stark verwittert ansehen – also ein Gebiet, das zur vorminoischen Caldera gehört.

Weitere bemalte Scherben und Abstliese aus Obsidian fand ich im ehemaligen Steinbruch nördlich der Ortschaft Oia an der Unterseite der Bo_1-Schicht. In der Profilwand war die Schicht mit den Scherben direkt zur heutigen Caldera hin abgeschrägt. Im gleichen Steinbruch ist eine größere Stelle der ehemaligen bronzezeitlichen Oberfläche zugänglich. Man findet dort Obsidian-Werkzeuge. Vermutlich gab es in der Bronzezeit Siedlungsplätze, die dicht am Rand der Caldera lagen.

Die Funde im Karageorghis-Steinbruch. Bis etwa 1982 war der am Calderarand liegende Karageorghis-Steinbruch nördlich von Athinios auf Thera in Betrieb.

10.23 Die ältesten Behausungen aus der Bronzezeit befinden sich südlich der Stadt Fira in einem Bimssteinbruch (Phtellos) in der Nähe des heutigen Calderarandes. Sie wurden um 2000 vor Christus erbaut. Es handelt sich um drei ovale Räume, die durch steinerne Treppen miteinander verbunden waren. Die Böden der drei Räume liegen nicht auf einem Niveau, sondern fallen stufenförmig zur heutigen Caldera hin ab.

Damals hatte ich mit meinen Mitarbeitern dort Profile aufgenommen und Pflanzenreste gesammelt. Unser besonderes Interesse hatten wir der ehemaligen bronzezeitlichen Landoberfläche gewidmet, die hier unter der Bimssteindecke auftauchte, weil wir dort eventuell Vegetationsreste in situ finden konnten. Eines Tages entdeckte ich dann in diesem Niveau einen etwa einen Quadratmeter großen, schwarzen Flecken. Es zeigte sich, daß es sich um eine mit Holzkohle gefüllte Grube handelte. Aus dieser Grube konnte ich zusammen mit meinem Kollegen Rud Friborg etwa fünf Kilogramm Holzkohle bergen. Eine Probe übergaben wir dem Museum in Fira, den Rest benutzten wir für eine ^{14}C-Datierung. Henrik Tauber vom Radiokarbon-Laboratorium in Kopenhagen untersuchte die-

se Holzkohle, und, wie erwartet, ergab sich ein ^{14}C-Alter von 1450 Jahren vor Christus. Dies ergibt einen kalibrierten Alterswert von 1770 Kalenderjahren vor Christus, was gut mit unseren anderen Datierungen aus Akrotiri übereinstimmt (Friedrich et al. 1980b).

Nur etwa 200 Meter in südlicher Richtung von dem Holzkohlenfund entfernt fand ich ebenfalls auf der bronzezeitlichen Landoberfläche bemalte Tongefäße, die sich in situ befanden (Abbildung 10.25). Die Gefäße wurden später von Mitarbeitern des Museums in Fira geborgen. Unweit dieser Stelle, allerdings an einer überhängenden Profilwand und daher unzugänglich, hatten Steinbrucharbeiter Knochenreste entdeckt, die aus der überhängenden Wand heruntergefallen

10.24 Ein bemalter kykladischer Krug aus der Ausgrabung Phtellos im Steinbruch südlich von Fira auf Thera. Er ist etwa 23 Zentimeter hoch.

waren. Wie mir Charalambos Sigalas, der die Fundstelle untersuchte, mitteilte, muß es sich hier um eine bronzezeitliche Begräbnisstätte gehandelt haben. Aus dem gleichen Steinbruch hat Christos Doumas auch eine bemalte mittelkykladische Tonkanne (1983, Figur 34) veröffentlicht. Er berichtet auch über mehrere Gräber, die dort gefunden worden waren.

Am Calderarand unterhalb des Dorfes Megalochorion befindet sich ein ehemaliger Bimsabbau, wo man vermutlich bis in die fünfziger Jahre dieses Jahrhunderts Bimsstein abgebaut hat. Da man seinerzeit beim Abbau nur bis zur Unterkante der minoischen Bimsschichten grub, gibt uns die zurückgebliebene Abbauplattform heute ein genaues Bild der ehemaligen bronzezeitlichen Landoberfläche. Sie ist allerdings inzwischen fast völlig von Müll überdeckt. Im Herbst 1976 fand ich auf dieser Oberfläche drei helle „Ringe", die von drei etwa 15 Zentimeter im Durchmesser messenden Krügen stammten, die dort noch im Boden standen. An dieser Stelle war auch ein etwa drei Quadratmeter großer, mit unregelmäßigen Steinen gepflasterter Boden sichtbar. Ich zeigte diese Stelle dem Wächter Panagotis Brekkas vom Museum in Fira und berichtete Christos Doumas schriftlich mit Lageplan und Bildern von der Fundstelle.

Als ich die Stelle Anfang September 1989 zusammen mit Doumas besuchte, konnte man dort noch den gepflasterten Boden sehen. Der Museumswächter von Akrotiri, Minas Arvanitis, der uns begleitete, fand aber unmittelbar am Calderarand, direkt an der steil abfallenden Kante, einige bemalte Tonscherben. Es wurde

10.25 Tongefäße an der Unterseite der Minoischen Bimsschicht im Karageorghis-Steinbruch auf Thera. In diesem Steinbruch wurden auch Knochenreste und Holzkohle gefunden.

10.26 Die bronzezeitliche Landoberfläche ist am Calderarand auf Thera an mehreren Stellen zu sehen. Sie enthält hier im Bild wichtige geologische Informationen. Die Personen stehen auf einem alten Boden, dessen Unterlage ein deutliches Einfallen zur heutigen Caldera hat und bezeugt damit, daß damals bereits eine Innensenke oder Caldera existierte.

Archäologische Funde im Mavromatis-Steinbruch

von Christina Televandou (aus dem Griechischen übersetzt von Achilleas Frangopoulos):

»Auf der Westseite von Thera, im Caldera-Gebiet, von Fira bis nach Akrotiri, hat man von Zeit zu Zeit prähistorische Gebäude und Friedhöfe gefunden. In diesem Gebiet existierten seit über 100 Jahren Steinbrüche, wo man Bimsstein abgebaut hat.

Der Mavromatis-Steinbruch liegt im Akrotiri-Gebiet (zwischen Akrotiri und Megalochori). Im Sommer 1979 fand man Gefäßscherben von großen Vorratsgefäßen sowie auch Teile von Gebäuden, die aufgrund von Geldmangel nicht ausgegraben wurden.

Im Juni 1982 wurde die Aktivität im Steinbruch auf dieses Gebiet ausgedehnt, mit dem Resultat, daß jene Gebäude total zerstört wurden. Die Steinbruchaktivität in jenem Gebiet umfaßt 50 000 Quadratmeter und liegt westlich von der Kirche St. Johannes bis zum Gebiet „Mavros", wo die prähistorischen Funde gemacht wurden. Man sieht hier, daß diese prähistorischen Gebäude im gesamten Gebiet vorkommen. An zwei Stellen hat man Mauerreste gefunden von zwei anderen Gebäuden sowie auch Gefäß-Scherben, die man als Mittel-Kykladisch und Spät-Kykladisch einordnen kann (PIN). Sie zeigen, daß hier Gebäude gelegen haben in einem Zeitraum von mehr als 500 Jahren.«

10.27 An der Calderawand von Thera sind die obersten Tuffschichten von jungen Erosionsrinnen durchsetzt, die mit Tuffen und Schlacken ausgefüllt sind. Diese Rinnen haben zumeist die gleiche Neigung wie der Außenhang des Vulkangebäudes, wie hier im Steinbruch südlich von Fira. Einige jedoch, die ganz dicht am heutigen Calderarand liegen, folgen dem Innenhang der heutigen Caldera und sind auf deren Zentrum gerichtet.

daraufhin beschlossen, diese Stelle in nächster Zukunft auszugraben. Die Scherben am Calderarand lagen in einem deutlich tieferen Niveau als der gepflasterte bronzezeitliche Boden. Auch von dieser Stelle aus muß man damals die gesamte Caldera übersehen haben können (Abbildung 10.26).

Nördlich des Dorfes Akrotiri, am Calderarand, war bis etwa 1987 ein Bimsabbau in Betrieb. In diesem Steinbruch, der nach dem Besitzer Mavromatis benannt ist, fanden wir während unserer geologischen Studien seit 1975 recht häufig bemalte Scherben und auch Mauerreste.

Als die beiden Geologen Antonin Paluska und Kveta Paluskowa mich 1987 in Århus besuchten, erfuhr ich von ihnen, daß sie in diesem Steinbruch Bodenprofile untersucht hatten und dabei auch auf bronzezeitliche Keramikreste gestoßen waren. Sie hatten ihre Beobachtungen den Archäologen in der Ausgrabung von Akrotiri mitgeteilt, woraufhin diese Stelle später von der Archäologin Christina Televandou aus Athen ausgegraben wurde. Heute sieht man dort noch Ruinen von einigen Häusern aus der Periode „Mittel- und Spät-Kykladisch", die in der Nähe des heutigen Calderarandes gebaut worden waren.

10.28 Das Schiffsfresko aus der Ausgrabung von Akrotiri gehört zu den kostbarsten bildlichen Darstellungen der Bronzezeit. Sieht man auf dem

Zusammen mit Christos Doumas besuchten Ulrike Eriksen und ich diese Ausgrabung im September 1989, um ihm die gleich in der Nähe befindlichen, roten, 21 000 Jahre alten Ignimbrite zu zeigen, die dort zur Caldera hin einfallen und damit belegen, daß sie zu jener Zeit bereits existierte. Sie sind ein wichtiges geologisches Argument für die Rekonstruktion der bronzezeitlichen Caldera. An dieser Stelle hatte ich einige Jahre zuvor zahlreiche datierbare Holzkohlenreste gesammelt, die Mette Skovhus Thomsen aus Århus mit der Radiokarbonmethode datierte (Eriksen et al. 1990).

Als ich einige Tage später die Fundstelle erneut besuchte, fiel mir auf, daß auch die Schicht, in der die bronzezeitlichen Gebäude angelegt sind, genau wie auch die dort anstehenden Ignimbrite, in die heutige Caldera einfallen. Die bronzezeitlichen Häuser waren also damals nahe der Abbruchkante der heutigen Caldera gebaut worden, und man konnte wahrscheinlich von dieser Stelle in die wassergefüllte Caldera sehen – also wieder ein Mosaikstein für die Calderatheorie. Im Frühjahr 1991 besuchte ich mit Kollegen die Hochfläche in der Nähe des Leuchtturms auf der Akrotiri-Halbinsel. Dort hatte man bereits vor Jahren bronzezeitliche Funde an der Oberfläche unmittelbar unter der inzwischen weitgehend abgetragenen Bimsschicht gemacht (Marinatos 1976). Gleich in der Nähe, an einer Erosionsrinne, die Kaminia genannt wird, hatte der Besitzer des Grundstücks seinerzeit auch ein kykladisches Gefäß mit den Überresten eines neugeborenen Kindes gefunden. Man findet dort noch heute bemalte Tonscherben und Pfeilspitzen aus Obsidian (Aston und Hardy 1990).

Diese bronzezeitliche Bestattungsstelle liegt in einer Erosionsrinne, die schon vor dem Minoischen Aus-

bruch bestand. Die Rinne verläuft radial vom Zentrum der heutigen Caldera ausgehend. Heute, wie auch vor dem Ausbruch, entwässert sie die bergige Akrotiri-Halbinsel zur Caldera hin. Sie wurde von den Bimssteinmassen der Minoischen Eruption aufgefüllt und im Laufe der Zeit wieder freigelegt. Daher ist auch diese Stelle ein weiteres wichtiges Indiz für die Existenz einer gefluteten Caldera (Abbildung 10.27).

Völlig neue und interessante Themen brachten die beiden amerikanischen Geologen Grant Heiken und Floyd McCoy auf dem erwähnten dritten Thera-Kongreß zur Diskussion. Sie hatten aufgrund ihrer bereits 1984 (siehe Abbildung 10.1) veröffentlichten Rekonstruktion der bronzezeitlichen Insel, nun mit Hilfe von Computergraphik, zwei räumliche Zeichnungen angefertigt, welche die Insel aus unterschiedlichen Blickwinkeln zeigten. Mit diesen Modellen wollten sie nachweisen, daß die Berglandschaft, die man auf dem „Miniaturfresko" von Akrotiri erkennt, eine naturgetreue Abbildung der damaligen Landschaft sei. Nach ihren Ausführungen sieht man im Fresko die wassergefüllte Caldera mit Profitis-Elias-Massiv im Hintergrund. Der Vergleich wirkte recht überzeugend, und – falls er berechtigt ist – eröffnete er neue Perspektiven in der Deutung der Fresken von Akrotiri.

Als sie ihre Argumente auf dem Kongreß vorbrachten, kamen Reaktionen von mehreren Seiten: Wenn das Fresko wirklich die Caldera zeigt, dann ist auch die Vor-Kameni-Insel auf dem Fresko sichtbar, wie sie in unserer Rekonstruktion dargestellt ist (Abbildung 10.28).

Inzwischen liegen auch weitere Untersuchungen von Druitt und Francaviglia (1992) vor, in denen sie ihre früheren Beobachtungen an der Innenseite der Caldera

Fresko (links) die Vor-Kameni-Inseln mit dem Knossos-ähnlichen Palast, umgeben von konzentrischen Meeresringen?

10.29 Die Untersuchungen von Druitt und Francaviglia (1992) zeigen, daß die heutige Caldera von Santorin in verschiedenen Phasen entstand. Sie können dies aus dem morphologischen Erscheinungsbild der Calderawände ableiten. Auch konnten sie an einigen Stellen Bimsstein der Minoischen Eruption in situ an der Innenwand der Caldera beobachten und die Einfallswinkel dieser Schichten messen. Auch diese Werte zeigen, daß die Caldera bereits vor dem Minoischen Ausbruch eine ähnliche Form wie heute hatte. Hiermit bekräftigen sie unsere Untersuchungen von 1988 und 1990.

durch weitere Funde und Messungen bestätigen konnten. Besonders interessant ist hier die Identifizierung der verschieden alten Calderateile sowie der deutliche Nachweis, daß Teile der minoischen Bimsschicht bereits an der Innenwand der Caldera abgelagert wurden (Abbildung 10.29). Ihre Rekonstruktion der Insel vor dem Minoischen Ausbruch ist damit, wie sie selbst schreiben, in vielen Punkten konform mit der unsrigen (Friedrich et al. 1988 und Eriksen et al. 1990).

11.0 Ein Ausschnitt aus dem Fresko der Krokuspflückerinnen von Akrotiri zeigt dieses festlich gekleidete Mädchen. Reicher, goldener Schmuck an Stirn, Ohren und Armen sowie der teilweise geschorene Kopf zeigen an, daß es sich hier um einen zeremoniellen Vorgang handelt. Galanopoulos (1981) schreibt über die Fresken von Akrotiri: »Heute ist es generell akzeptiert, daß die Fresken von Thera den hohen kulturellen Stand einer Seefahrernation und die Quelle der Atlantis-Legende widerspiegeln.«

11

Geologische Beobachtungen und die Legende von Atlantis

Die neuen geologischen Vorstellungen über
das Aussehen der Inselgruppe vor dem Minoischen Ausbruch beantworten einige Fragen,
doch es bleiben noch genügend Rätsel übrig:
Lag hier das sagenumwobene Atlantis, das
mit seinen blühenden Siedlungen plötzlich in
der Tiefe des Meeres verschwand, wie Platon
berichtet?

Lag Atlantis auf der bronzezeitlichen Ringinsel?

Als auf Santorin die sensationellen Funde von Gebäuden und Fresken Ende der sechziger Jahre des vergangenen Jahrhunderts aus dem Schutt alter Zeiten auftauchten, erhielt Platons Bericht vom Untergang der Insel Atlantis neue Aktualität. Platon (427–347 vor Christus) war einer der großen Philosophen des Altertums und Freund und Schüler von Sokrates. Er beschreibt in den Dialogen Kritias und Timaios (Anhang 1) den Untergang der Insel Atlantis, das, wie wir es heute sehen, in vielen Punkten dem vorminoischen Santorin gleicht. Es ist die Rede vom spurlosen Verschwinden einer runden Insel, die aus konzentrischen Ringen aufgebaut und von einer kulturell hochstehenden Bevölkerung bewohnt war. Von Platon erfahren wir, wie Kritias von seinem Großvater gleichen Namens einen Bericht des Handelsreisenden Solon (etwa 640–560 vor Christus) erhalten hatte. Der Großvater hatte sie wiederum von Dropides bekommen, der mit Solon, »dem größten der sieben Weisen«, verwandt und befreundet war. Solon hatte auf seiner Reise nach Ägypten den Ort Sais im Nildelta besucht und dort von den ägyptischen Priestern die Geschichte über den Untergang von Atlantis erhalten, von der es offenbar einen schriftlichen Bericht gab. Kritias berichtet: »Und diese Niederschrift war im Besitze meines Großvaters (Kritias) und ist jetzt in dem meinigen und ist von mir in meinen Knabenjahren sorgfältig durchgenommen worden«. Dieser Bericht gelangte erst etwa 300 Jahre nach Solons Ägyptenreise in die Hände von Platon, der ihn uns dann in Dialogform überlieferte. Er hat seitdem Anlaß zu zahlreichen Spekulationen, Vermutungen und Phantasien gegeben. Platon selbst beteuert zwar insgesamt viermal in den genannten Dialogen, daß die Geschichte nicht erfunden sei, sondern auf Tatsachen beruhe. Jedoch schon im klassischen Altertum, wie auch später, wurde diese Legende von einigen Gelehrten als Platons Phantasieprodukt gedeutet. So hielt Aristoteles (384–322 vor Christus), der große Philosoph der Antike, den Atlantisbericht für eine Erfindung seines Lehrmeisters Platon: »Der Mann, der von diesem Inselreich geträumt hatte, ließ das Traumbild auch wieder verschwinden«. Allerdings gab es im Altertum auch Stimmen, die diese Geschichte als Realität auffaßten, wie wir von Proclus, einem Kommentator der Werke Platons erfahren. Proclus (410–485 nach Christus) schreibt in seinem *Kommentar zu Platons*

Timaios (76.1–10): »1. Die Diskussion über die Atlanter, wo die einen (sagen) …, daß es sich um reine, unverfälschte Geschichte handele, zu ihnen zählt Crantor, der erste Kommentator der Werke von Platon. Ebenfalls nach Crantor sagten die Zeitgenossen von Platon … daß er den Staat (eines von Platons Werken) nicht erfunden habe, sondern von den ägyptischen Institutionen kopiert habe … Als Beweis führt Platon (23.A–4) die ägyptischen Priester an, die sagen, daß jene Dinge in den Säulen eingemeißelt seien und bis auf den heutigen Tag erhalten seien.« Crantor lebte im dritten Jahrhundert vor Christus. Dagegen hielt Posidonius (135–51 vor Christus), Schriftsteller und Philosoph, die Atlantissage teils für eine Tatsache und teils für Phantasie. Der Geograph Strabo (67 vor bis 23 nach Christus) schreibt über Atlantis in seinem Werk *Geographica* (2.3.6–7), in dem er sich auf Posidonius bezieht: »Was jenen Punkt anbetrifft, so handelt er richtig, Platon zu zitieren, welcher behauptet, die Geschichte von Atlantis sei keine Fiktion.«

Von Ammianus Marcellinus (330–400 nach Christus) erfahren wir, daß die Gelehrten von Alexandrien die Legende als eine historische Tatsache betrachteten.

Heute ufert die Diskussion über Atlantis fast schon aus. So gibt es zur Zeit schätzungsweise einige tausend Arbeiten über dieses Thema, so daß ein grober Überblick allein den Rahmen und die Zielsetzung dieses Buches sprengen würde. Ein Thema, das von der Presse mit dem Schneemenschen, dem Yeti vom Himalaya und dem Loch-Ness-Ungeheuer gleichrangig eingestuft wird, kann – wie viele meinen – nichts mit seriöser Wissenschaft zu tun haben. Aus diesem Grunde möchte man als Naturwissenschaftler auch am liebsten einen großen Bogen um alles machen, was mit dem „sagenumwobenen Atlantis" zu tun hat. Man möchte nicht in den Verruf kommen, sich ins Utopische zu verlieren oder gar als Phantast zu gelten. Aber vielleicht lohnt es sich doch, den Kern der Sage näher zu untersuchen, wie es bereits einige Wissenschaftler getan haben. Meiner Meinung nach kommt ein Naturwissenschaftler, der sich mit der Naturgeschichte Santorins befaßt, kaum umhin, auch auf die Atlantislegende einzugehen, in der ja das gleiche Schicksal einer Insel beschrieben wird, das auch für die bronzezeitliche Ringinsel zutrifft, nämlich plötzlich im Meer zu verschwinden.

Die minoische Kultur und Atlantis. Soweit es sich in der Literatur ermitteln läßt, war der Franzose Figuier (1872) der erste, der Santorin mit Platons Atlantisbericht verband. Damals hatten die französischen Archäologen auf Therasia und auf Thera sensationelle Funde unter der dicken Bimsschicht gemacht, und Fouqué (1869) hatte gerade seine Arbeit mit dem Titel „Une Pompéi Antéhistorique" veröffentlicht. Danach wurde es einige Jahrzehnte still um die Atlantis-Santorin-Diskussion.

In diesem Jahrhundert setzten sich jedoch weitere Wissenschaftler mit dem Thema Santorin-(Kreta)-Atlantis auseinander: So hatte Frost in einem Zeitungsartikel (anonym, in *The Times*, 19.1.1909) bereits auf die mögliche Verbindung von Atlantis zu Kreta hingewiesen, als die ersten Funde auf Kreta von Sir Arthur Evans Ausgrabungen des Palastes von Knossos bekannt wurden. Frost hatte sich seinerzeit besonders eng an Platons Text gehalten, in dem die Rede vom Stierkult der Atlanter ist, der ja auch für den minoischen Kulturkreis bezeichnend war:

»In dem heiligen Bezirke des Poseidon trieben sich frei weidende Stiere herum; nun veranstalteten die zehn (Herrscher) ganz allein, nachdem sie zu dem Gott gefleht, er möge sie das ihm erwünschte Opferstück fangen lassen, eine Jagd ohne Eisen bloß mit Stöcken und Stricken. Denjenigen Stier aber, den sie fingen, schafften sie auf die Säule hinauf und schlachteten ihn auf der Höhe derselben über der Inschrift.«

Neue Impulse erhielt die Diskussion dann durch den Archäologen Spyridon Marinatos (1939), der vor dem Zweiten Weltkrieg auf Kreta unter anderem eine minoische Villa bei Amnissos, der Hafenstadt von Knossos, ausgegraben und einen Zusammenhang zwischen dem Niedergang der minoischen Kultur und dem Ausbruch des Thera-Vulkans vermutet hatte. Im Jahre 1950 publizierte er eine Abhandlung mit dem Titel „On the legend of Atlantis". Seine Meinung in bezug auf Santorin-Atlantis unterstrich er in einer späteren Version: »Ich glaube immer noch, wie ich bereits vor vielen Jahren in der erwähnten Arbeit beschrieben habe, daß die Eruption von Thera die Grundlage für die Atlantisliteratur sein könnte.« In einer anderen Arbeit schreibt er (zitiert in Galanopoulos 1981): »Der einzige Mythos, der auf die Thera-Explosion zurückgeführt werden könnte, ist die Legende über Atlantis von Platon … Es scheint, daß die Katastrophe der kleinen Insel Thera im legendären Atlantis-Konzept übertrieben wurde.« Auf die Verbindung Kreta-Ägypten-Atlantis hat er in anderem Zusammenhang hingewiesen: »Die Gräber von Theben veranschaulichen die wunderbaren, reichen Produkte der minoischen Zeit, die damals Ägypten über-

schwemmten. Die Ägypter müßten sich Kreta als riesige, glückliche Insel vorgestellt haben, als ein „Atlantis".«

In der Arbeit von 1972 begründet Marinatos seine Auffassung, daß die Atlantissage einen geschichtlichen Kern hat, indem er auf eine alte Überlieferung aus Griechenland verweist, die den Menschen auf den Kykladen über tausend Jahre nach dem Minoischen Ausbruch noch bekannt war: Pindar, der um 522–441 vor Christus lebte, berichtet in seinem Werk (*Paiane* IV.40–45, Seite 207 in der deutschen Version von L. Wolde 1958) fast 100 Jahre vor Platon und viel klarer als dieser über die gleiche Überlieferung, wo Zeus und Poseidon ein Landgebiet in die Tiefe versenkten:

»Mich schreckt der Krieg mit Zeus und ihm, des Dröhnen die Erde bewegt (Poseidon). Mit dem Wetterstrahl und dem Dreizack trafen
Sie ehmals die Flur und schickten die Scharen des Volkes
In des Tataros Tiefen, nur meiner Mutter schonend und ihres ganzen schönumhegten Palastes.«

Wie Marinatos anhand weiterer Textstellen aus Pindars Werk hervorhebt, lag dieses Gebiet in den Kykladen, wo sich ja auch Santorin befindet.

Auch in einem der bedeutendsten Werke der europäischen Literatur, in Homers Odyssee, die vermutlich im 8. Jahrhundert vor Christus niedergeschrieben wurde, finden wir Anklänge an den Minoischen Ausbruch. Als die schiffskundigen Phaiaken Odysseus nach Ithaka zurückgeleitet hatten und ihr Schiff zu Stein verwandelt wird, ruft ihr König Alkinoos aus: »Weh, so erreichen mich nun uralte Sprüche der Götter / Meines Vaters, der sagte, Poseidon werde uns zürnen, / Weil wir stets alle Menschen ungefährdet geleiten. / Und es werde ein wohlgebautes Schiff der Phäaken, / Das von solchem Geleit heimkehre im dunstigen Meere, / Einst zerschmettern und rings um die Stadt ein hohes Gebirg ziehn« (13. Gesang, 172–177). Bemerkenswert ist in diesem Zusammenhang außerdem, daß der Vater des Alkinoos Nausitoos heißt, über den wir erfahren, daß dieser der Gründer der Phaiakenstadt Scheria ist und ein Sohn des „Erdenerschütterers" Poseidon. Weiterhin wird berichtet, wo ungefähr jene Stadt der Phaiaken lag, die durch Poseidons Zorn von Gesteinsmassen verschüttet wurde: Sie konnte innerhalb eines Tages per Schiff von Euboia erreicht werden (7. Gesang, 325–327), also im gleichen Entfernungsradius, in dem auch Santorin liegt.

Die Atlantistheorie von Galanopoulos. Die meiner Meinung nach überzeugendste und logischste Verknüpfung der Atlantislegende mit Santorin wurde jedoch von dem Geophysiker Galanopoulos aus Athen gezogen, der speziell geologische Argumente in seine Theorie einbezieht: Er kam aus einem ganz anderen Fachbereich auf die Fährte von Atlantis. Im Steinbruch bei Fira hatte er bronzezeitliche Funde untersucht und 1957 darüber berichtet, also zehn Jahre vor dem Beginn der Ausgrabungen bei Akrotiri durch Marinatos. Im Jahre 1960 brachte er dann die auf Santorin bis dahin gemachten bronzezeitlichen Funde mit Platons Insel Atlantis in Verbindung. Später erweiterte er seine Theorie zusammen mit Edward Bacon, dem ehemaligen archäologischen Editor von *Illustrated London News*, in dem Buch *Atlantis, The Truth behind the Legend* (1969 erschien 1977 als deutsche Ausgabe). Auf dieses Buch soll später noch ausführlich eingegangen werden. Mit wissenschaftlicher Akribie und einer Fülle von gut durchdachten Argumenten vermochten sie einen fesselnden und überzeugenden Nachweis der Verknüpfung von Santorin mit der Metropolis von Atlantis zu geben.

Seitdem haben sich aber auch der amerikanische Ozeanologe James W. Mavor in seiner *Reise nach Atlantis* (1980), der britische Historiker John V. Luce in seinem Buch *The End of Atlantis. New Light on an Old Legend* (1973) und der griechische Archäologe Nicholas Platon *The Discovery of a Lost Palace of Ancient Crete* (1971) mit dem Thema Atlantis in bezug auf die minoische Kultur auseinandergesetzt. Auch der derzeitige Leiter der Ausgrabung der Siedlung bei Akrotiri Christos G. Doumas (1977, 1983) hat zu diesem Thema Stellung genommen.

Letzterer zählt – mit Einschränkungen – zu den Atlantis-Anhängern (Doumas 1977): »Viele Angaben des Mythos stimmen mit verschiedenem, was der archäologische Spaten ans Licht bringt, überein. Es gibt aber auch anderes, was überhaupt nicht entspricht. Die Sage von Atlantis, wie sie uns Platon übermittelt, scheint halb Geschichte, halb Märchen zu sein. Vielleicht erwähnt der große Weise das wirkliche Ereignis, wenn er vom Versinken spricht. Der Staat jedoch, wie er ihn beschreibt, mußte wohl phantastisch sein, so wie er selbst die athenische Bevölkerung organisiert gewünscht hätte.«

Der Archäologe Nicholas Platon (1971) und auch der Historiker Luce (1973) bringen Übersichten über die griechischen und ägyptischen Quellen der Atlantislegende. Sie interpretierten diese in bezug auf die Ausgrabungen auf Kreta und an anderen Stellen im Mittelmeer. Das Land „Keftiu" der Ägypter ist nach ihnen und anderen Autoren dem minoischen Kreta gleichzusetzen, mit dem die Ägypter einen regen Handel betrieben, wie aus ägyptischen Quellen ersichtlich ist (Abbildung 11.1). Keftiu soll mehreren Autoren zufolge, darunter auch N. Platon und Luce, auch mit dem Land Kaphtor der Bibel identisch sein, über das der Herr sagt (Amos, 9.7): »Habe ich nicht Israel aus dem Lande Ägypten herausgeführt, doch auch die Philister aus Kaphtor und die Aramäer aus Kir?« Bei Jeremias (47.4) lautet die betreffende Textstelle: »Ja, es vernichtet der Herr die Philister, den Rest von der Insel Kaphtor.« Weiterhin gibt es semitische Quellen, in denen von einem Land Kaptara die Rede ist, womit vermutlich das gleiche Land gemeint ist. Helck (1979) hat die Beziehungen Ägyptens und Vorderasiens zur Ägäis bis ins 7. Jahrhundert vor Christus mit zahlreichen Beispielen belegt. In diesen ist der Name Keftiu häufig zu finden.

Doch wo lag dieses Keftiu? Strange (1980), der sich mit der Problematik „Caphthor/Keftiu" auseinandergesetzt hat, argumentiert für die Verknüpfung von Keftiu mit Zypern. Andere Forscher dagegen teilen diese Auffassung nicht, zu denen zählt auch der auf Kreta arbeitende Archäologe Hallager (1987), der vielmehr annimmt, daß Keftiu ein Synonym für Kreta ist.

Nach Strange ist die deutlichste Aussage über die geographische Lage dieses Reiches aus folgender Quelle zu entnehmen: »Keftiu und die Inseln in der Mitte des Meeres.« Dieser Text ist im Grab von Rekmire in Theben zusammen mit bildlichen Darstellungen von Gabenträgern zu sehen, die charakteristische Gaben aus dem Raum der Ägäis bringen. Das Grab stammt aus der 18. Dynastie zur Zeit von Pharao Tuthmosis III (1490–1436 vor Christus).

Das Verschwinden von Keftiu erklärt Luce folgendermaßen: »Doch dann änderte sich die Situation im ägäischen Raum schlagartig. Als Tuthmosis III. in Kanaan kämpfte (und dabei Häfen als Stützpunkte benutzte, die ständig von minoischen Handelsschiffen angelaufen wurden), bereitete eine grauenvolle Katastrophe Keftiu-Kreta und seinen Inselbasen ein jähes Ende. Flüchtlinge und Seefahrer müssen den Ägyptern vom Untergang dieses Reiches in den Wogen der See berichtet haben. Vermutlich war in ihren Berichten auch davon die Rede, daß ein großer Teil des alten Thera im Meer verschwunden, Kreta selbst dagegen nur von Finsternis und Aschenstaub heimgesucht worden war.«

Heute jedoch zeigen die archäologischen Befunde auf Kreta, daß die Schäden durch den Vulkanausbruch

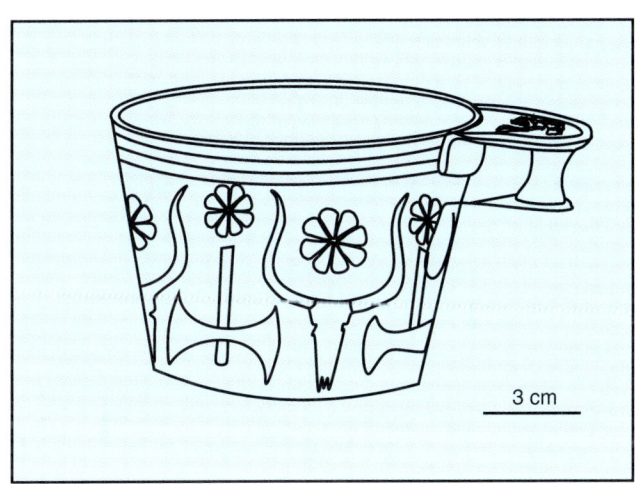

3 cm

11.1 In den Gräbern von Theben in Ägypten fand man mehrere Beispiele für Kontakte zwischen Ägyptern und Keftiern, so zum Beispiel in denen von Rekmire, Useramon und Senmut. Hier ist ein Ausschnitt aus dem Grab von Senmut (Senenmut) gezeigt, auf dem Gabenträger große, mit Stierköpfen verzierte „Vapheio"-Tassen tragen (oben), die einigen Forschern zufolge aus Kreta stammen (nach Davies 1930). Zum Vergleich mit der obigen Abbildung ist hier eine rekonstruierte „Vapheio"-Tasse aus Silber von der griechischen Fundstelle Midea gezeigt (nach Davis 1977, Figur 211).

bedeutend geringer waren, als Luce und andere Forscher noch vor wenigen Jahrzehnten angenommen haben. Der Kontakt zwischen Kreta und Ägypten hörte keineswegs nach dem Vulkanereignis von Santorin auf. Dies geht eindeutig aus ägyptischen Funden zur Zeit von Amenophis III (1403–1364 vor Christus) hervor: So werden zum Beispiel in einer Inschrift in Theben außer Keftiu auch die auf Kreta liegenden Orte Knossos und Amnissos genannt.

In der bildreichen Sprache der ägyptischen Quellen taucht in Verbindung mit Keftiu auch mehrfach der Begriff „Säule" auf. Das veranlaßt Luce, dieses Land mit Kreta zu verbinden, indem er schreibt: »Vermutlich wußte man auch, daß Kreta sehr gebirgig ist.

Vielleicht führte dies dazu, daß man die Insel als einen jener Pfeiler betrachtete, von denen man glaubte, daß sie den Himmel trügen.« Dieses Bild kann man aber auch ganz anders deuten. Bei einem Vulkanausbruch bildet sich eine Eruptionssäule, die sich buchstäblich bis in den Himmel erheben kann und ihn somit mit der Erde zu verbinden scheint. In dem ägyptischen Begriff liegt also möglicherweise ein Hinweis auf den Santorin-Vulkan.

Auch für die Frage nach der geographischen Lage von Atlantis gibt Luce eine plausible Erklärung. Nach Andrews (in Luce 1973) soll Platon Solons Aufzeichnungen falsch interpretiert haben: Statt »*größer als* Libyen und Asien«, wie es in Platons Text steht,

Die Atlantistheorie von Galanopoulos und Bacon

Die beiden Autoren fassen Platons Bericht als historisches Ereignis und nicht als Legende oder Gleichnis auf. Sie argumentieren weiterhin dafür, daß dieses Ereignis sich in der Bronzezeit im Zeitraum zwischen 2100 und 1200 vor Christus und zwar an *zwei* geographischen Orten abgespielt hat: Auf einer kleinen runden Insel mit einem Radius von 9,5 Kilometern (*Metropolis*) und einem viel größeren langgestreckten Areal (*der Königsstadt*). Auch haben sie mit geologischen Argumenten die anderen Atlantistheorien zurückgewiesen, die alle keinen zwingenden Grund für das plötzliche Verschwinden der Insel Atlantis nennen konnten. Sie finden, daß der einzige logische Schauplatz jener Ereignisse nur das östliche Mittelmeergebiet gewesen sein kann und daß die übliche Identifizierung der Säulen des Herakles in Platons Text mit der Straße von Gibraltar nicht richtig sein muß. Vielmehr halten sie die Straße zwischen Kap Malea und Kap Matapan am Peloponnes für die Stelle, auf die jene Bezeichnung zutrifft. Schließlich können sie auch zeigen, daß es in der Bronzezeit im östlichen Mittelmeer auf der Insel Santorin vulkanische Aktivität gegeben hat, bei der das Zentrum einer kleinen, bewohnten, runden Insel verschwand. Sie halten daher die Identifizierung von Stronghyle-Santorin mit der Metropolis von Atlantis für sehr wahrscheinlich. Allerdings räumen sie ein, daß Platon niemals gesagt hat, daß Metropolis auf einem Vulkan gelegen hat. Aber nach seiner Beschreibung muß es sich um einen Vulkan gehandelt haben, der eine lange Ruhepause hinter sich hatte. Ihre Vulkantheorie wird gestützt durch den sehr fruchtbaren Boden, der die Akropolis der Insel umgeben haben soll. Solche Böden findet man ja ausgerechnet auf vulkanischem Untergrund. Auch die Farben der von Platon beschriebenen Gesteine – Rot, Schwarz und Weiß – ließen sich in diesen Zusammenhang bringen, da man solche Farben speziell in vulkanischen Gebieten beobachtet und besonders auf Thera vorfindet. Selbst die von Platon erwähnten kalten und warmen Quellen passen in das Vulkankonzept, denn auch sie gibt es auf Santorin.

Ferner soll nach Galanopoulos und Bacon auch Platons Beschreibung der ehemaligen Metropolis in Form und Struktur mit dem Zentralkegel von Stronghyle-Santorin übereinstimmen, da die Maße der Metropolis in der gleichen Größenordnung liegen. Sie veranschaulichen dies in der nebenstehenden Zeichnung (Abbildung E.11.1).

In einem plastischen Modell von Santorin, das vor vielen Jahren auf Basis der British Admirality Map angefertigt wurde, wollen sie sogar mühelos Spuren der Häfen von Metropolis erkennen können, so zum Beispiel zwischen Nea Kameni und Fira und zwischen Nea und Palaea Kameni, wo man den kreisförmigen Umriß des Zentralhafens erahnen soll. In eine Umrißskizze von Santorin haben sie im gleichen Maßstab die Metropolis von Atlantis eingezeichnet. Vergleicht man nun diese Skizze mit dem Modell von Santorin, so seien am Boden der Caldera die Spuren der Kanäle zu erkennen, die zudem die gleiche Weite hätten wie die von Platon beschriebenen Meereszonen. Ferner soll zufolge den beiden Autoren ihr Abstand vom Zentralkegel des Vulkans genau so groß sein wie der Abstand der entsprechenden Meereszonen zum Hügel, auf dem der Tempel des Poseidons lag. Allerdings bemerken auch sie eine Diskrepanz: In Platons Kritias (113 C) liegt die Akropolis 50 Stadien vom Meer entfernt, während in Kritias (117 E) die äußere Zone, welche die Akropolis umgibt, 50 Stadien vom Meer entfernt ist. Die Zeichnung wurde nach den Werten der zweiten Textstelle angefertigt. Sollte jedoch die erste Textstelle die richtige sein, so müßte der Radius der Metropolis um zwei Kilometer kleiner sein als in der Zeichnung und würde somit fast genau mit dem heutigen Radius von Santorin übereinstimmen. Und außerdem wäre die Schlucht zwischen Thera und Therasia genau so lang wie der Kanal, der das Meer mit dem inneren Hafen der alten Metropolis verband.

Dieser Zufall scheint den Autoren bemerkenswert. Aber noch erstaunlicher sei die Form der Meeresmündung der untermeerischen Schlucht. Platon zufolge haben die Bewohner von Atlantis die Mündung verbreitert, damit die größten Schiffe der damaligen Zeit den Hafen anlaufen konnten. Galanopoulos und Bacon räumen ein, daß es sich bei den Resten der Häfen auf dem Grund der Caldera um natürliche Erscheinungen handeln könne. Aber sie halten es für äußerst schwierig, die klar abgezeichnete Öffnung der Unterwasserschlucht zwischen Thera und Therasia ebenfalls als zufällig entstanden zu deuten, da ihre Tiefe und Form eine Bildung durch Erosion ausschließe. Diese Tatsache zusammen mit der Übereinstimmung der Länge der Unterwasserschlucht und dem Verbindungskanal von Atlantis seien starke Argumente gegen die Möglichkeit, diese Spuren seien Zufall, dafür gäbe es in der Tat zu viele und zu starke Übereinstimmungen. Folge man Platons Beschreibung, so sei es offensichtlich, daß die ringförmigen Meereszonen *natürliche* Kanäle seien, die den Zentralkegel umgäben. Andererseits sei der Kanal, der die Meeresgürtel verband, durch Menschenhand, zumindest zum Teil, entstanden. Platon führte sie auf Poseidon zurück, den Gott der Erdbeben, der sie zu einer Zeit schuf, als es noch keine Schiffe gab (Kritias 11C–E). Sie enthielten Meereswasser und standen folglich mit dem Meer in Verbindung. Vermutlich sei diese Verbindung jedoch für die Schiffspassage unzureichend gewesen, denn die Nachkommen Poseidons erweiterten den Kanal, wie Platon berichtet (Kritias 11C–E), damit ein einzelner Dreiruderer ihn passieren konnte. Sie hätten ihn zudem überdeckt und so einen Tunnel geschaffen.

Galanopoulos und Bacon haben auch eine Vorstellung entwickelt, wie die Menschen im zweiten Jahrtausend vor Christus eine so gewaltige Aufgabe lösen konnten: Sie verweisen auf ähnliche Leistungen, die seinerzeit vollbracht wurden, wie zum Beispiel die Megalith-Konstruktionen bei Carnac in Frankreich und den ein Kilometer langen Tunnel bei Eupalinos auf Samos, den der Tyrann Polykratos, der in der Mitte des sechsten Jahrhunderts vor Christus lebte, als Aquädukt graben ließ. Der zweite Schauplatz (die Königsstadt) von Platons Atlantisgeschichte liegt, nach Galanopoulos und Bacon und auch anderen, auf Kreta.

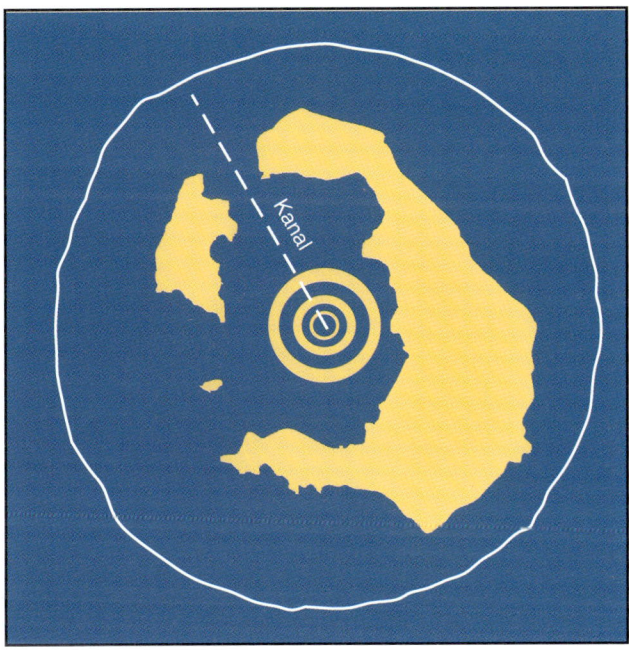

E.11.1 Eine Illustration aus dem Buch „Atlantis" von Galanopoulos und Bacon (1969). Sie zeigt einen Größenvergleich der in Platons Werk *Kritias* beschriebenen Metropolis von Atlantis (Ringe) mit dem heutigen Umriß von Santorin.

müsse es *zwischen* Libyen und Asien heißen, da die betreffenden griechischen Wörter *meson* und *mezon* sich nur durch einen Buchstaben unterscheiden.

Galanopoulos und Bacon (1969) haben auch die Frage nach dem umstrittenen Zeitpunkt des Untergangs von Atlantis behandelt, der bei Platon mit 9 000 Jahren vor der Niederschrift angegeben wird – was einfach nicht stimmen kann. Sie haben hierfür eine einleuchtende Erklärung. Da die Geschichte von Solon aus Ägypten mitgebracht und ins Griechische übersetzt wurde, kam es bei der Übersetzung der Altersan-

gaben und Maßeinheiten zu Sinnverschiebungen. Die Ägypter benutzten ein anderes Zahlensystem. Statt 9 000 Jahre muß es 900 heißen. Dann paßt, nach Galanopoulos und Bacon, die Altersangabe: Platon lebte um 300 vor Christus, und Solons Reise nach Ägypten hatte zirka 300 Jahre vor Platon stattgefunden. Addiert man nun 300, 300 und 900, so erhält man 1 500. Also etwa 1500 vor Christus soll sich der Untergang von Atlantis abgespielt haben, was ja relativ gut mit den Datierungen des Minoischen Ausbruchs übereinstimmt.

Galanopoulos schreibt (1981): »Nichtsdestoweniger könnte man nun behaupten, daß es zumindest für den Ursprung dieser Geschichte inzwischen überzeugende Tatsachen gibt. Heute ist es generell akzeptiert, daß die Fresken von Thera den hohen kulturellen Stand einer Seefahrernation und die Quelle der Atlantislegende widerspiegeln. Selbst wenn Platon diese Geschichte erfunden haben sollte, wie es Aristoteles und seine Anhänger behaupten, so ist sie dennoch wahr. Ohne jeden Zweifel existierte im ägäischen Archipel eine hochstehende Kultur, die in der Bronzezeit durch „gewaltige Erdbeben und riesige Überschwemmungen" zerstört wurde.«

Im Exkurs wird auf die Theorie von Galanopoulos und Bacon (1969) näher eingegangen.

Auch der Ozeanologe Mavor versuchte, eine Verbindung von Atlantis zu Santorin nachzuweisen, allerdings mit etwas zweifelhaftem Resultat (siehe Exkurs Seite 164).

Moderne Geologie und Atlantis. In der Tat sind die Argumente von Galanopoulos und Bacon verblüffend, aber auch überzeugend, besonders diejenigen, die Metropolis mit einem Vulkan verbinden. Weniger überzeugend ist allerdings die Aussage, daß man noch heute an einem Modell der Caldera die Lage der „Häfen" von Metropolis erkennen kann. Wie es sich inzwischen erweist, wurde die in der Mitte der Caldera gelegene Vor-Kameni-Insel durch den Minoischen Ausbruch völlig zerstört. Während des Ausbruchs oder kurz danach entstand statt ihrer dort das nördliche Calderabecken (Abbildung 11.2). Allein durch dieses gewaltige Ereignis dürfte sich die Topographie im Calderaraum sehr stark verändert haben. Auch das nachfolgende Abrutschen der sehr steilen Calderawände und die nach 197 vor Christus eingesetzte Wiederauffüllung der Caldera durch die Vulkane der Kameni-Insel dürften hierzu beigetragen haben. Dies geht auch ganz deutlich aus den neuesten geophysikalischen Untersuchungen in der Caldera (Abbildung 11.3)

Die Reise nach Atlantis

Der Ozeanologe James Mavor versuchte, die Theorien von Galanopoulos und Bacon mit den modernsten Geräten der Meeresgeologie zu beweisen. So suchte er zusammen mit Galanopoulos 1965 mit dem Forschungsschiff „Chain" den Meeresgrund in der Caldera und an der Außenseite von Santorin nach Spuren von Atlantis ab. Als einer der Konstrukteure des Unterseebootes „Alvin" hatte er eine Gruppe von Wissenschaftlern um sich sammeln können. Ihre ohne Zweifel bedeutenden Untersuchungen kamen jedoch ungewollt ins Zwielicht der Weltpresse:

So schrieb die *New York Times* am 4. September 1966:

»GRABEN IN DER ÄGÄISCHEN SEE ANGEBLICH TEIL VON ATLANTIS

Professor Angelos Galanopoulos teilte heute die Entdeckung »höchst überzeugender Beweise« mit, wonach die legendäre Stadt Atlantis im Ägäischen Meer gefunden worden sei. Der Professor, ein führender griechischer Seismologe, erklärte, daß die Umrisse eines breiten Grabens 400 Meter unter Wasser in dem versunkenen Teil der Insel Thera entdeckt worden seien. Ein griechisch-amerikanisches Wissenschaftlerteam unter der Führung von Dr. J. W. Mavor von der Woods Hole Oceanographic Institution in Massachusetts hat eine Woche hindurch auf Thera gearbeitet, um Beweise für die Theorie von Professor Galanopoulos zu finden, wonach Atlantis mit dem kretischen Reich, das in der Ägäis um 1500 existierte, identisch sei.

Professor Galanopoulos sagte, der Graben sei wahrscheinlich ein Teil der heiligen Insel von Atlantis, der Metropolis. Eine Ankündigung des seismologischen Laboratoriums der Athener Universität, dem Galanopoulos vorsteht, besagt, daß die Entdeckung durch das Forschungsschiff „Chain" gemacht worden ist.

Die „Chain" hat ein seismisches Profil der ägäischen Insel Thera angefertigt. Zwei Drittel der Insel sind als Folge eines Vulkanausbruches um 1500 v. Chr. mehr als 400 Meter unter den Meeresspiegel versunken. Elektronische Geräte an Bord des Forschungsschiffes haben den Graben unter einer starken Schicht vulkanischer Asche festgestellt.«

Am 10. September veröffentlichte die *New York Times* unter dem Titel „Die Entdecker von Atlantis nach Athen zurückgekehrt" einen Bericht, der Mavors mehr ins Detail gehende Kommentare enthielt:

»Dr. J. Mavor von der Woods Hole Oceanographic Institution von Massachusetts war Leiter eines Forscherteams. Er erklärte heute: Es gibt Beweisbruchstücke, die, zusammengesetzt, die Bestätigung einer Theorie möglich erscheinen lassen, wonach der versunkene Kontinent Atlantis mit dem Minoischen Reich, das im ägäischen Archipel und über Kreta um das Jahr 1500 v. Chr. herrschte, identisch war. Den Arbeiten des Teams lag die Theorie des führenden griechischen Seismologen Professor Angelos Galanopoulos zugrunde, der die Meinung vertritt, Atlantis sei eine Art Bundesstaat von Inseln gewesen, der von Kreta geführt wurde und durch gigantische vulkanische Ausbrüche zwischen 1520 und 1420 vor Christus zerstört worden ist.«

Es ist leicht verständlich, daß ein solcher Presserummel nicht die besten Voraussetzungen für Mavors geplante Expedition nach Santorin schaffte, die er im darauffolgenden Jahr durchführen wollte. Seine spannenden Berichte über die „Reise nach Atlantis" sind ein wichtiges Zeitdokument. Sie zeigen, wie es einem enthusiastischen amerikanischen Forscherteam ergehen kann, wenn man nicht das Einfühlungsvermögen besitzt, welches in einem fremden Land erforderlich ist. Die Komplikationen, Schwierigkeiten und Mißverständnisse zwischen Mavor und dem Entdecker von Akrotiri, dem griechischen Archäologen Marinatos, waren durch die Zeitungsnotizen vorprogrammiert. In dem Zusammenhang ist es interessant, die Geschichte auch aus der griechischen Perspektive zu sehen. Hierzu sollte man das übrigens sehr empfehlungswerte Buch von Lois Knidlberger (1975) lesen, mit dem Titel „Santorin – Insel zwischen Traum und Tag", wo er auf die „Atlantisthesen" und „Tatsachen" eingeht. Knidlberger steht hier im Streitfall Mavor-Marinatos ganz offensichtlich auf der griechischen Seite.

Mavor kommentierte die Zeitungsmeldungen wie folgt:

»Als wir Athen verließen, herrschte in der Presse allgemeine Aufregung. Manche der aufgestellten Behauptungen erschienen uns recht bedauerlich, andere Artikel wieder sehr willkommen. Nun fühlte ich mich mit meiner Aufgabe, Beweise für die Theorie von Galanopoulos zu finden, nicht mehr so einsam.«

11.2 Die heutige Caldera von Santorin besteht aus vier Teilbecken. Das nördliche Becken erreicht eine Tiefe von 390 Metern unter dem Meeresniveau, während die drei anderen nur etwa 290 Meter Tiefe aufweisen. Die Kameni-Inseln liegen auf einer Südwest-Nordost verlaufenden tektonischen Schwächezone. Eine weitere Zone mit ungefähr gleicher Richtung, jedoch etwas nach Norden versetzt, erstreckt sich vom Megalo Vouno zum Kolumbo-Vulkan, der außerhalb der Caldera nordöstlich von Thera als Untiefe im Meer liegt. ▶

1 km

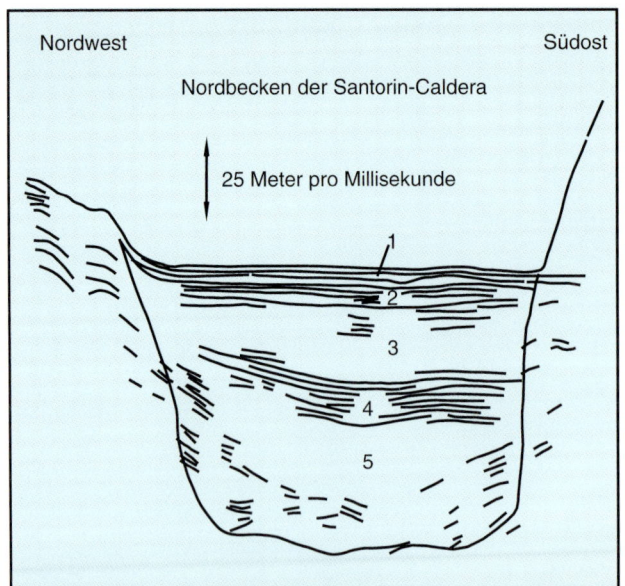

11.3 Ein reflektionsseismisches Profil durch das Nordbecken der Caldera von Santorin zeigt fünf Einheiten, die aus fast horizontal liegenden Lockersedimenten bestehen. Sie haben eine Gesamtmächtigkeit von etwa 120 Metern. Nach Perissoratis et al. (im Druck).

hervor. Perissoratis et al. (im Druck) finden im „Nordbecken", das nördlich von Nea Kameni liegt und 390 Meter unter den Meeresspiegel reicht, ein bis zu 120 Meter dickes, lockeres Bodensediment. Ganz anders ist es in den drei südlich der Kameni-Inseln gelegenen Teilbecken. Sie haben erstens eine geringere Tiefe unter dem Meeresspiegel (etwa 290 Meter), zweitens sind dort die Bodensedimente nur etwa 30 Meter dick. Die nachminoischen Sedimente liegen in den Becken fast horizontal, nur an einigen Stellen werden sie von Intrusionen und Aufdomungen unterbrochen.

Weiterhin deuten die von Platon geschilderten Farben der Gesteine der Insel Atlantis (rot, weiß und schwarz) und die kalten und warmen Quellen, die Galanopoulos und Bacon als Argumente für ihre Theorie benutzen, generell auf Vulkanismus hin. Sie könnten allerdings auch auf andere Vulkangebiete zutreffen. Die Form der verschwundenen runden Insel und ihre Maße weisen jedoch mehr in die Richtung Santorin.

Man sollte noch ergänzend zu Galanopoulos und Bacon die Erze nennen, die es auf der verschwundenen Insel gegeben haben soll: Solche Erze kommen ebenfalls – bis auf Gold – auf Santorin vor, und sie waren vermutlich auch in der Bronzezeit den Bewohnern zugänglich. So findet man Kupferminerale, Blei, Zink, Talk und Silber. Jedoch wissen wir noch nicht, ob es einstmals abbauwürdige Stellen auf der bronze-

zeitlichen Insel gegeben hat, da uns heute große Teile des Grundgebirges, in dem all diese Minerale auf Thera vorkommen, nicht zugänglich sind. Ob es damals Gold auf dieser Insel gab? Diese Frage kann man heute ebenfalls nicht beantworten. Geologische Untersuchungen haben bisher keinerlei Hinweise auf Gold geliefert. Hätte es jedoch Gold auf der Ringinsel gegeben, so wäre es leichter, den Reichtum der Siedlung von Akrotiri zu erklären. Gold besaß man damals – und übrigens auch Elfenbein –, wie der goldene Schmuck der festlich gekleideten Mädchen auf den Fresken von Akrotiri bezeugt (Abbildung 11.0). Selbst die Form der Insel, die nach Platon von hohen Bergen umgeben war, finden wir in den steilen Wänden der Calderaumwallung wieder. Das geologisch gesehen wichtigste Argument der Theorie von Galanopoulos und Bacon ist jedoch die Verbindung

11.4A Im nördlichen Bereich von Santorin waren mehrere Vulkangebiete abwechselnd tätig: Der Megalo Vouno, der Skaros und der Oia-Therasia-Vulkan sowie der Mikros Profitis Elias. Sie bildeten im Nordteil der Ringinsel einen zusammenhängenden Vulkankomplex, während im Süden eine – vermutlich wassergefüllte – Depression existierte.
B Vor etwa 23 000 Jahren ereignete sich eine gewaltige Ignimbrit-Eruption im Nordteil von Santorin bei Kap Riva. Ihre Spuren findet man an der Millo-Bucht auf Therasia, im Steinbruch bei Oia, im Mavromatis-Steinbruch bei Akrotiri, unter den bronzezeitlichen Siedlungen bei Akrotiri und im Potamos-Tal bei Kamaras. Das Alter dieser Eruption wurde durch Datierungen von Baumstämmen, die unter dem Ignimbrit begraben wurden, mit der Radiokarbonmethode ermittelt. Das charakteristische rote Ignimbritgestein findet man auch in den Ausbruchsmassen der Minoischen Eruption, was belegt, daß auch der zentrale Bereich von Santorin mit Ignimbrit bedeckt war.
C Im Norden bildete sich ein meeresüberfluteter, seichter Bereich, in dem vor etwa 15 000–12 000 Jahren Stromatolithen wuchsen. Erneute vulkanische Aktivität oder der Kollaps des Oia-Therasia-Skaros-Komplexes schufen im zentralen Bereich der bronzezeitlichen Ringinsel die Vor-Kameni-Insel. Ein System von nach-ignimbritischen Erosionsrinnen, die zum Südbecken hinführen, deutet darauf hin, daß es nach der Riva-Eruption vermutlich zu einer erneuten Eintiefung dieses Beckens kam.
D Der Einbruch des Daches der Magmakammer unter der Vor-Kameni-Insel führte zur hypothetischen, ringförmigen Struktur dieser Insel. An diesem Ort ereignete sich 1645 vor Christus die Minoische Eruption. Sie begann mit einer plinianischen Phase auf der Vor-Kameni-Insel. In dieser und den nachfolgenden Eruptionsphasen wurde die Insel völlig zerstört und ihre Gesteine zusammen mit den Eruptionsmassen ausgeworfen, wobei ein wassergefüllter Trichter entstand.
E Die Minoische Eruption verursachte folgende Veränderungen auf der Ringinsel: Das ursprünglich zusammenhängende Vulkangebäude wurde in die Teile Therasia, Thera und Aspronisi zerstückelt. Nachfolgende konzentrische und radiale Abbrüche an den steilen Calderawänden schufen im Laufe der Zeit die Form der heutigen Caldera. Es entstand das nördliche Teilbecken der heutigen Caldera mit einer (damaligen) Tiefe von über 500 Metern (heute 390 Metern) unter dem Meeresspiegel. Im Osten wurde die Insel Thera durch die Ausbruchsmassen der Minoischen Eruption beträchtlich vergrößert und die Monolithos-Insel mit Thera verbunden.
F Nach 197 vor Christus begann die Wiederauffüllung der Caldera. Die Inseln Palaea Kameni und Nea Kameni entstanden. Nea Kameni ist heute der einzige aktive Vulkan von Santorin.   ▶

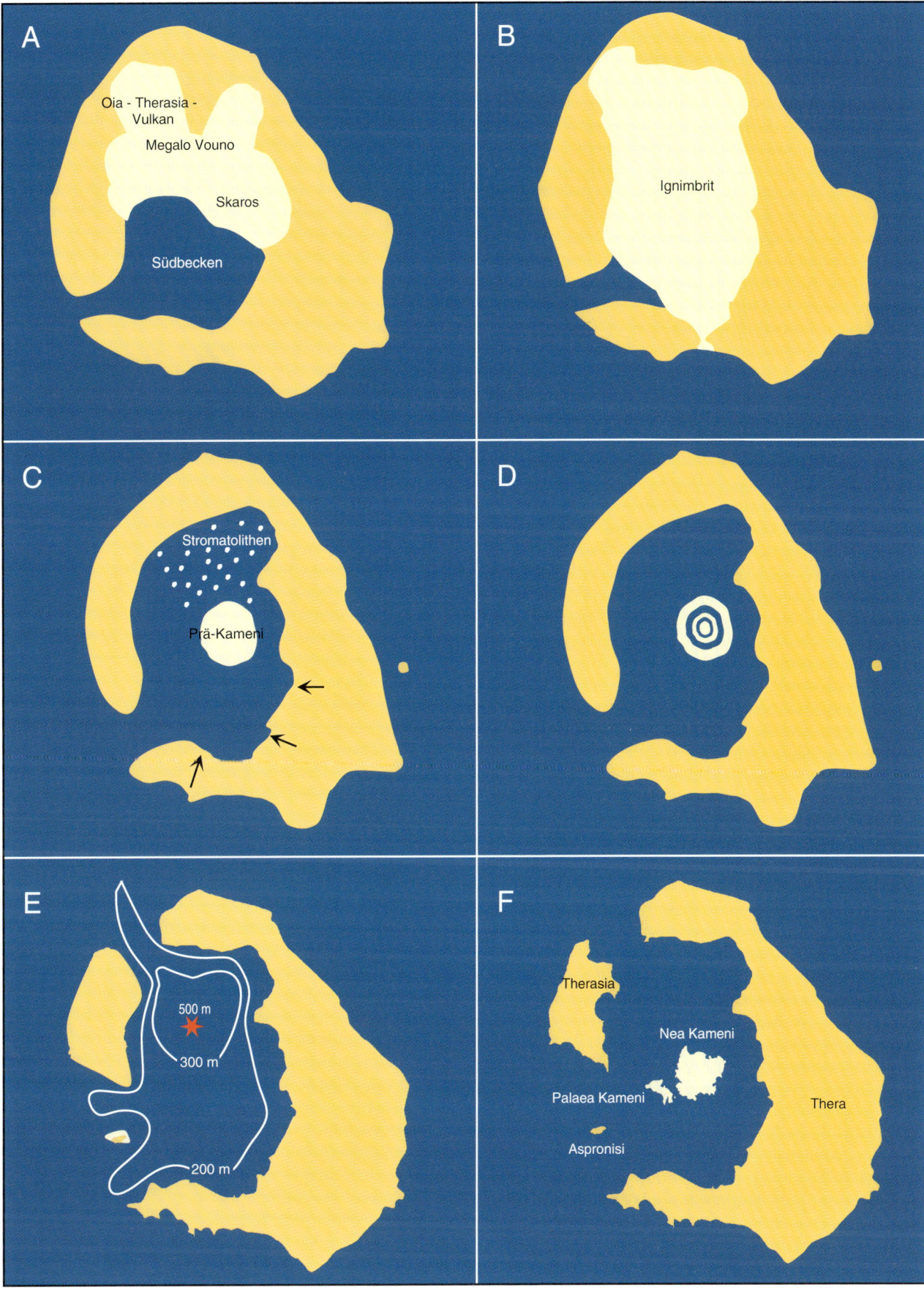

der konzentrisch aus Ringen aufgebauten Insel Atlantis, Poseidons Schöpfung, mit einer natürlich entstandenen vulkanischen Struktur, einer Caldera. Diese Verknüpfung ist sehr interessant, denn trichterförmig ineinander geschachtelte Calderen kennt man von mehreren Vulkanen.

Wir wissen heute, daß es bereits vor dem Minoischen Ausbruch eine wassergefüllte Caldera mit einer darin liegenden Insel gab (Abbildung 11.4C), was Galanopoulos und Bacon noch nicht wußten. Wir wissen auch ungefähr, wann das war. Es war im Zeitraum *nach* der Kap-Riva-Eruption (Abbildung 11.4B), die sich um 21000 vor Christus ereignete, aber *vor* der Minoischen Eruption von 1 645 ± 7 Jahren vor Christus. Die ^{14}C-Datierungen der marinen Fossilien, Stromatolithen und Schnecken, die in diesem Zeitintervall gelebt haben, deuten auf etwa 13000–10000 Jahre vor Christus hin. Das bedeutet, daß sich bereits mehrere tausend Jahre vor der Minoischen Eruption die Riva-Caldera gebildet hatte, die von Meerwasser gefüllt war. Nach diesem Ereignis muß es eine lange Pause in der vulkanischen Aktivität gegeben haben, wie man aus folgenden Beobachtungen ableiten kann: Auf Thera sieht man an einigen Stellen, daß der Kap-Riva-Ignimbrit direkt von den Ablagerungen der Minoischen Eruption überlagert wird. Weiterhin sind die obersten Aschen auf Thera und Therasia unter den Schichten der Minoischen Eruption stark verwittert. In dieser langen Ruhephase hatte sich wahrscheinlich nur die Vor-Kameni-Insel in der Mitte der Caldera gebildet. Die südlichen Teilbecken der heutigen Caldera existierten vor der Minoischen Eruption bereits zum Teil. Im Norden gab es ein seichtes Meeresgebiet (Abbildung 11.4A–C). Hier bildeten sich die Stromatolithen, die dann später bei der Minoischen Eruption ausgeworfen wurden.

Auch die Form der bronzezeitlichen Caldera von Santorin wird uns durch die geologischen Beobachtungen der letzten Jahre immer klarer. Sie ähnelt der von Galanopoulos skizzierten Caldera mit den konzentrischen Ringen in ganz erstaunlicher Weise (Abbildung 11.4C und D).

Eine derartig geschachtelte Caldera entsteht folgendermaßen (Abbildung 11.5): Bei einer kräftigen Eruption werden große Teile der Magmakammer innerhalb kurzer Zeit entleert, und infolgedessen wird das Dach der Kammer zerrüttet. Es kommt schließlich zum Einsturz des Vulkangebäudes über der Magmakammer und zur Anlage eines kreisförmigen Kessels, einer Caldera. Im Normalfall entsteht dabei an der Erdoberfläche eine aus mehreren konzentrischen Ringen

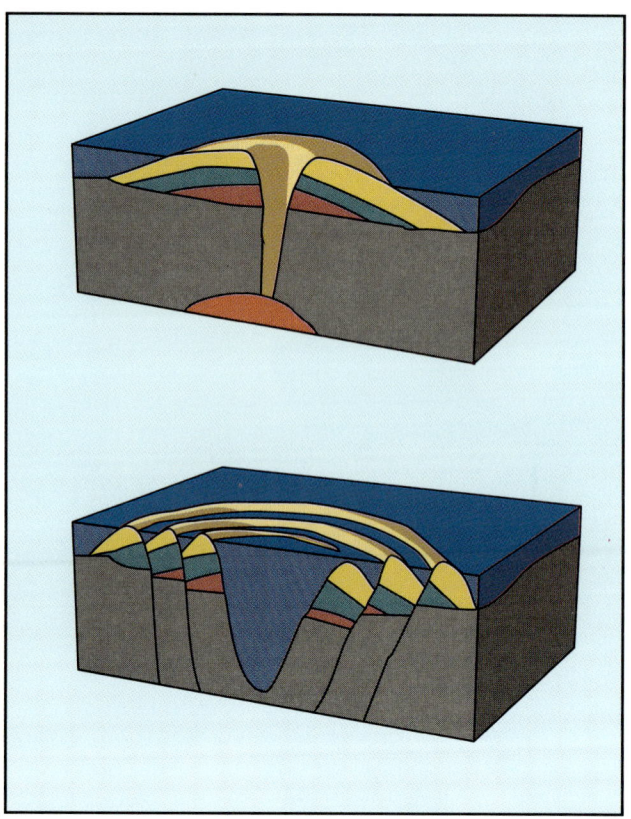

11.5 Schematischer Schnitt durch einen Vulkankegel vor und nach dem Einsturz. Beim Einsturz nach vorausgegangener explosiver Eruption (oben) entsteht ein trichterförmiges System.

bestehende Struktur, die nach unten hin trichterförmig verläuft. Falls dieses Ringsystem im Niveau des Meeresspiegels liegt, kann es vom Meer geflutet werden, und so können abwechselnd Ringe aus Land oder Wasser entstehen, also ein Gebilde, das dem System der wassergefüllten Ringe in Platons Bericht gleicht (Abbildung 11.4D). Daß solche konzentrisch aufgebauten Systeme tatsächlich in der Natur vorkommen, läßt sich am Beispiel des afrikanischen Vulkans Kilimandscharo veranschaulichen, dessen Gipfelpartie von einer Caldera gebildet wird. Die konzentrischen Ringe werden dort durch die Schneedecke plastisch hervorgehoben (Abbildung 11.6). Ein schöneres Beispiel für eine konzentrische Ringstruktur gibt es wohl kaum.

Nach dem heutigen Stand der geologischen Untersuchungen ist es also durchaus möglich, daß es vor der Minoischen Eruption auf dem bronzezeitlichen Santorin ein ringförmiges Calderasystem gegeben hat. Auch die übrigen geologischen Argumente der Theorie von Galanopoulos und Bacon könnten zutreffen. Selbst die Beschreibung des Untergangs der Insel Atlantis trifft für die Schlußphase der Minoischen Eruption zu. Es ist

11.6 Am afrikanischen Vulkan Kilimandscharo ist ein deutlich ausgebildetes konzentrisches Ringsystem zu sehen, das wahrscheinlich auf folgende Weise entstand: Beim Einsturz des Vulkangebäudes infolge der Entleerung der Magmakammer brach das Dach der Kammer ein, und die darüber liegenden Schichten rutschten an konzentrischen Bruchflächen in die Tiefe. Hierbei entstand ein System von ineinandergeschachtelten, trichterförmigen Ringen an der Erdoberfläche.

die Rede von „Erdbeben und Überschwemmungen". Dies war mit Sicherheit auch bei der minoischen Katastrophe der Fall. »Danach war das Meer an dieser Stelle lange nicht befahrbar, wegen des Schlammes, den die untergegangene Insel hinterließ«, heißt es weiter in Platons Atlantislegende. Man braucht nur das Wort „Schlamm" mit „Bimsstein" gleichzusetzen – der ja auf dem Wasser schwimmt –, so paßt auch diese Einzelheit zu dem Ausbruch von 1645 ± 7 Jahren vor Christus.

Allerdings kann hierdurch allein noch kein Beweis der Identität von Santorin mit der Metropolis von Atlantis erbracht werden. Die Theorie von Galanopoulos und Bacon hat etwas Faszinierendes an sich, doch es gibt noch zu viele Rätsel und Fragen. Liegt die Antwort in der Ausgrabung von Akrotiri oder gar

verschüttet und daher unzugänglich in der Tiefe der Caldera? Akrotiri ist noch nicht vollständig ausgegraben, und die seichten Randgebiete der Caldera sind noch nicht genügend durchforscht. Werden die Geologen und Archäologen das letzte Wort im Atlantis-Mysterium haben oder aber Zeus und Poseidon?

Teil 4

Die Insel verändert
ihr Aussehen

12.0 Inmitten der Caldera von Santorin liegen heute die beiden Kameni-Inseln, Palaea und Nea Kameni, die erst nach der Minoischen Eruption in den letzten zweitausend Jahren entstanden sind. Das Foto zeigt einen Krater auf Nea Kameni, im Hintergrund ist die Caldera-wand von Thera zu erkennen.

12

Die Caldera füllt sich wieder

Nach dem gewaltigen Minoischen Ausbruch
war die vulkanische Aktivität auf Santorin
keineswegs erloschen. Die riesige Caldera,
die bei der Eruption von 1645 ± 7 Jahren vor
Christus vergrößert und ausgetieft wurde, ist
seit rund 2000 Jahren wieder Schauplatz
erneuter Vulkantätigkeit: Die Caldera wird
aufgefüllt, und der Vulkankomplex verändert
seine Gestalt.

»Die Zeiten ändern sich, und wir ändern uns mit ihnen«, sagte man in der Antike. Diese alte Weisheit trifft für Santorin ganz besonders zu. Die Kameni-Inseln sind ein Beispiel dafür, daß sich die Erde unter uns bewegt und ständig verändert. Der Kykladenbogen, zu dem Santorin mit den Kameni-Inseln gehört, ist heute noch seismisch und vulkanisch aktiv.

Santorin, Milos und Nisyros – alle auf dem Vulkanbogen gelegen – können jederzeit wieder ausbrechen. Die Insel Methana war 282 vor Christus zuletzt aktiv, wie uns Strabo berichtet, und Nisyros hatte im Jahre 1422 nach Christus den letzten Ausbruch zu verzeichnen. In neuerer Zeit sind die Kameni-Inseln von Santorin die einzigen aktiven Vulkane in diesem Bogen. Ihre Ausbrüche sind an eine Nordwest-Südost verlaufende Schwächezone in der Erdkruste gebunden, an der das Magma aufsteigen kann. Auf dieser Zone

liegen, außer den Kameni-Inseln, auch die Christiana-Vulkaninseln (20 Kilometer südwestlich von Santorin) und eine Ausbruchsstelle außerhalb der Caldera, etwa sieben Kilometer nordöstlich von Kap Kolumbo (Abbildung 12.1).

Es existieren zahlreiche Augenzeugenberichte von den Veränderungen, die sich auf den Kameni-Inseln in den letzten 2000 Jahren vollzogen haben.

Die heutige Caldera

Der Minoische Ausbruch hatte die bereits existierende Caldera vertieft und ausgeweitet. Mit diesem Höhepunkt war die vulkanische Aktivität in dem riesigen Kessel jedoch nicht abgeschlossen. Ähnlich wie bereits nach dem gewaltigen Bimsausbruch vor etwa 100 000 Jahren, der zur Bildung der Bu-Caldera führte,

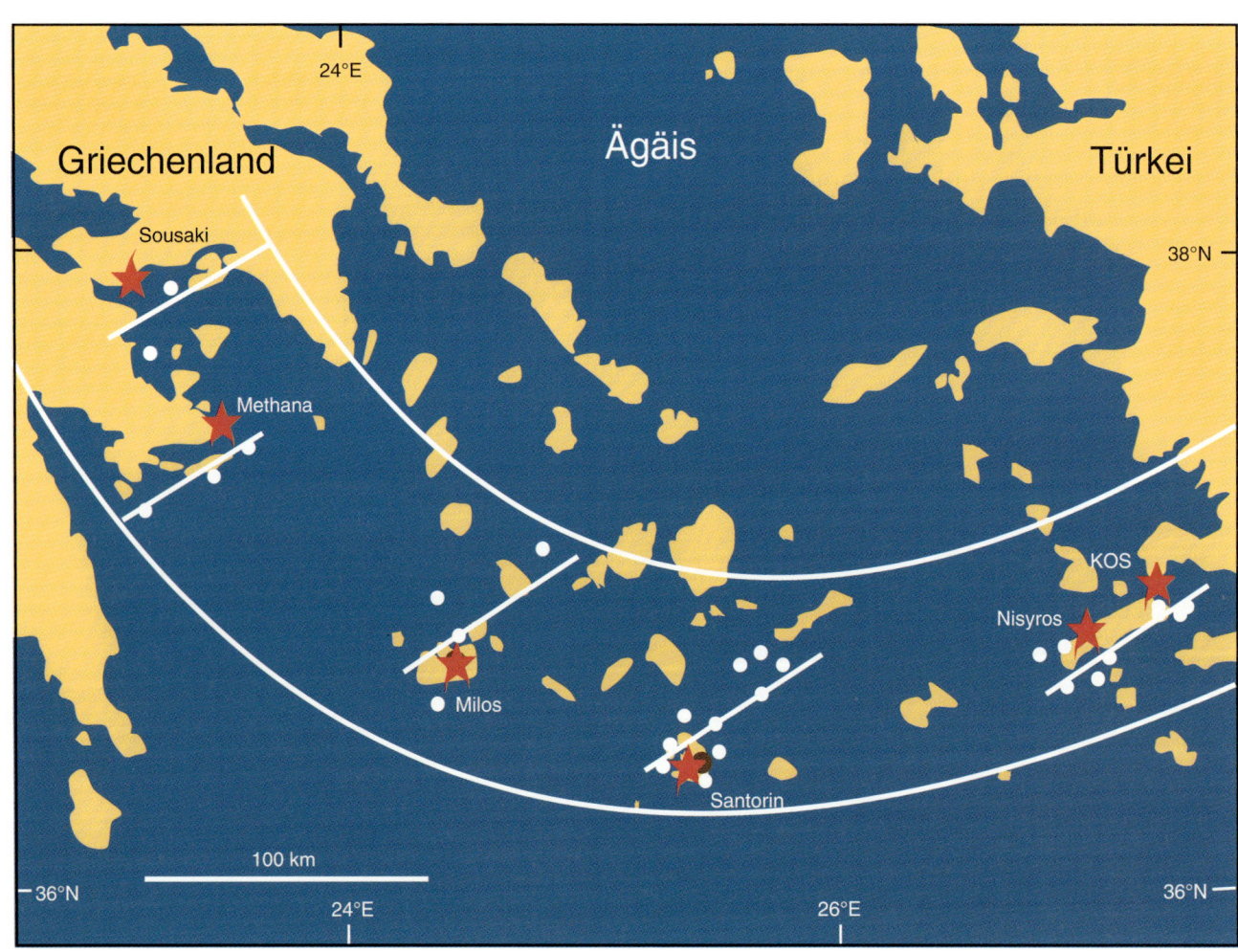

12.1 Santorin ist eines der fünf Vulkanzentren (Sterne), die auf dem Hellenischen Bogen liegen. Sie sind an tektonische Schwächezonen geknüpft, welche von Nordost nach Südwest verlaufen (weiße Linien). Diese Zonen sind durch häufige Erdbeben (Kreise) und Solfataren gekennzeichnet. Nach Papazachos und Panagiotopoulos (im Druck).

begann sogleich eine Wiederauffüllung des Kessels. Nach dem Ausbruch von 1645 ± 7 Jahren vor Christus setzte die vulkanische Aktivität – soweit es uns bekannt ist – erst im zweiten Jahrhundert vor Christus mit der Bildung der neuen Insel Hiera wieder ein. Diese Ausbrüche führten im Laufe der Zeit zu einer teilweisen Auffüllung der Caldera. Wenn der Prozeß weitergeht, so könnte er in Zukunft zur erneuten Bildung eines zusammenhängenden Vulkankomplexes führen, der möglicherweise wiederum in eine gigantische Eruption in der Größenordnung der Minoischen Eruption mündet.

Vor etwa 3600 Jahren, also kurz vor dem Minoischen Ausbruch, bestanden die Kameni-Inseln, so wie wir sie heute kennen, noch nicht. Es existierte aber mit großer Wahrscheinlichkeit eine Insel als Vorläuferin der Kameni-Inseln, die wir Vor-Kameni genannt haben. Sie lag ebenfalls inmitten einer wassergefüllten Caldera, allerdings etwas nördlicher als die heutige Nea Kameni, wie in Kapitel 10 bereits gezeigt wurde.

Der Ausbruch von 197 vor Christus

Zu dem Zeitpunkt, als die Olympischen Spiele in Griechenland zum 145. Mal abgehalten wurden und die Römer und Phillip III. von Makedonien Frieden schlossen, beobachtete man einen Vulkanausbruch in der Nähe der Insel Thera. Strabo berichtet, daß dies im vierten Jahr der Spiele war, die sich damals über mehrere Jahre erstreckten. Nach unserer Zeitrechnung geschah das im Jahre 197 vor Christus. Der Friedensschluß wurde nach Livius (XXXIII.1–13) nach der Schlacht von Kynoskephalae, also 197 vor Christus, vollzogen.

Wie der Name der Insel andeutet, maß man ihr offenbar einen göttlichen Status zu. Man nannte sie nämlich Hiera – die Heilige –, wie von mehreren Autoren berichtet wird. Außerdem hatte ein Orakelspruch von Delphi ihre Entstehung bereits angekündigt (siehe Exkurs).

Berichte über diese Inselbildung findet man auch bei Plutarch, Pausanias, Justinus und in der armenischen Bearbeitung des Textes von Eusebius. Die überlieferten Zeitangaben von Plinius dem Älteren dagegen weichen in einigen Punkten von den Berichten der vorgenannten ab, wie mehrere Autoren (Choiseul-Gouffier 1782; von Hoff 1824; Ross 1840; Reiss und Stübel 1868) bereits bemerkt haben. Nach Plinius soll Hiera auch den Namen Automate (die Selbstbewegliche) ge-

tragen haben. Vermutlich legte diese neue Insel den Grundstein für die heute noch existierende Palaea Kameni.

Eine Vorläuferin von Palaea Kameni?

Plinius der Ältere berichtet auch, daß neben Hiera (»in unserer Zeit«) die Insel Thia (Theia) entstanden sei. Allerdings kann die Zeitangabe bei Plinius nicht stimmen, denn er sagt an anderer Stelle, daß in der Nähe von Thera im Jahre 19 nach Christus eine Insel entstanden sei. Diese Angabe beruht wahrscheinlich auf einem Schreibfehler, da sie von anderen nicht erwähnt wird. Außerdem berichtet er über eine Insel gleichen Namens, die bei den Äolischen Inseln in Süditalien liegen soll.

Der Ausbruch von 46 nach Christus

Als in der Stadt Rom die Festlichkeiten ihrer Gründung vor 800 Jahren begannen, erschien neben Hiera die Insel Theia (Thia) – die Göttliche –, die offenbar mit ihr zusammenwuchs und somit zu einer Vergrößerung des Kernstückes der heutigen Palaea Kameni führte. Das Auftauchen einer Insel zu jenem Zeitpunkt wird von mehreren Autoren bezeugt, darunter Seneca, Dio Cassius, Aurelius Victor, Orosius, Cassiodorus (siehe Exkurs). Den Ausbruch von 46 nach Christus kann man somit zeitlich als gut gesichert ansehen.

Cassiodorus (468–562 nach Christus) schreibt: »Im fünften Jahre der Regierung des Kaisers Claudius, als Vinicius und Cornelius Konsuln waren, entstand zwischen Thera und Therasia eine Insel von 30 Stadien.« Dies war nach unserer Zeitrechnung 46 nach Christus, und sehr wahrscheinlich ist hier der Umfang gemeint, da 30 Stadien 5,6 Kilometern entsprechen. Auch Seneca berichtet: »Zwischen Thera und Therasia ist so in unserer Zeit eine neue Insel im Aegaeischen Meere entstanden.«

Victor Aurelius, der im vierten Jahrhundert nach Christus lebte, kann sogar noch eine weitere interessante Einzelheit über diesen Ausbruch hinzufügen, denn er schreibt in der *Historia Romana*, daß im sechsten Jahre der Regierung des Kaisers Claudius, im Jahre der Achthundertjahrfeier Roms (das entspricht 47 nach Christus) im Ägäischen Meere eine Insel aufgetaucht sei, und zwar in der Nacht, als die Mondfinsternis herrschte. Letztere Angabe ermöglicht es, den Zeitpunkt der Inselgeburt noch genauer zu erfassen. Wie Labbeus (1670) bereits ermittelte, ereignete sich eine totale Mondfinsternis am 31. Dezember des Jahres 46 am Abend zwischen 17 und 21 Uhr. Diese Mondfinsternis wird auch im „Canon der Finsternisse" von Oppolzer (1887) verzeichnet.

Vielleicht ist auch der Bericht von Philostratos, der im ersten Jahrhundert nach Christus lebte, auf das gleiche Ereignis zurückzuführen. Er berichtet nämlich über ein Erdbeben auf Kreta und über eine gleichzeitige Inselgeburt zwischen Thera und Kreta (siehe Exkurs in Kapitel 13).

Historische Quellen über die Entstehung der Kameni-Inseln, zusammengestellt zum Teil nach von Hoff (1824), Ross (1840), Reiss und Stübel (1868) sowie Dobe (1936).

Textstellen zu den Ausbrüchen von 197 vor bis 726 nach Christus:

Strabo ed. Loeb 1917, Seite 213

Der Geograph Strabo (66 vor bis 24 nach Christus) beschreibt zweifellos die Entstehung der Insel Hiera im Jahre 197 vor Christus. Seine Textstellen und die von Seneca sind sich sehr ähnlich. Sie haben vermutlich beide Posidonius als Quelle benutzt, den auch Seneca als seinen Gewährsmann angibt, wie schon Ross (1840) bemerkte.

Strabo (*Geographica*, 1.3.16): »Zwischen Thera und Therasia zeigten sich Flammen vier Tage lang und das ganze Meer kochte und schäumte und die Flammen brachten allmählich, wie von einer Kraft gehoben, eine Insel von 12 Stadien [2,2 Kilometer] Länge hervor. Diese bestand aus brennenden Massen. Nach dem Aufhören der Eruption wagten sich die Rhodier, die damals die Seeherrschaft hatten, [das war etwa 167–200 vor Christus, wie wir von Livius (31.15) und anderen Autoren erfahren] als die ersten auf die Insel und errichteten einen Tempel zu Ehren von Poseidon Asphalios.«

Seneca, *Questiones Naturales*, 2.26.4–6: »Wie uns Posidonius überliefert, entstand eine Insel im ägäischen Meere zur Zeit unserer Vorfahren. [Posidonius beschrieb die Entstehung von Hiera 197 vor Christus]. Das Meer war unruhig während des Tages, und Dampf stieg aus der Tiefe auf. Während der Nacht zeigte sich Feuer, das nicht kontinuierlich brannte, sondern in Intervallen in der Art von Blitzen, indem erst Dampf dem Meere entquoll und Feuer, dann Felsblöcke und Bimsstein, schließlich bildete sich ein ausgebrannter Fels in Form einer Insel.«

Seneca, *Questiones Naturales*, 6.21.1: »Zwischen Thera und Therasia ist so in unserer Zeit eine neue Insel im ägäischen Meere entstanden.«

Seneca, *Questiones Naturales*, 6.21.6: »Das gleiche ereignete sich zu unserer Zeit, als Valerius Asiaticus zum zweiten Mal Konsul war.« Valerius Asiaticus war Konsul 46 nach Christus.

Plutarch, der um 40–120 nach Christus lebte, bringt den Orakelspruch von Delphi, der den Ausbruch von 197 vor Christus im Meer vor Thera und Therasia vorausgesagt haben soll.

Plutarch, *De Pythiae oraculis*, 2.399c: »Wenn die Nachkommen der Troyaner die Vorherrschaft über die Phoenizier erlangen, werden unglaubliche Dinge geschehen. Das Meer wird von einem riesigen Feuer erleuchtet werden. Blitze werden aus den Wolken zucken, gleichzeitig wird ein Felsen zur Wasseroberfläche aufsteigen, eine bis dahin unbekannte Insel wird entstehen und sich im Meer verfestigen. Die Schwächeren werden durch ihre Waffen die Stärkeren besiegen.«

Diesen Orakelspruch deutet Plutarch folgendermaßen, indem er fortfährt:

»Tatsächlich ereigneten sich diese Dinge in einer kurzen Zeitspanne – nachdem die Römer Hannibal besiegt haben, tragen sie den Sieg über Karthago davon. Philipp gerät in Konflikt mit den Aetolern, und er wird von den Römern besiegt, und es erhebt sich schließlich eine Insel aus dem Meer unter kräftiger Dampfentwicklung. Wer wagt nun zu sagen, daß dies ein Zufall sei? Beweisen diese Tatsachen nicht die Wahrheit der Vorhersagung?«

Nach Livius (33.1–13) wurde der Friede zwischen den Römern und Philipp III. von Mazedonien nach der Schlacht von Kynoskephalae, also im Jahre 197 vor Christus, geschlossen.

Plinius, Caius Secundus, der Ältere, (23–79 nach Christus), *Naturkunde*: Das nachstehende Plinius-Zitat ist offenbar nicht richtig überliefert worden, denn es gibt weder geologisch noch historisch einen Sinn – wie übrigens mehrere Autoren bereits bemerkten. So heißt es in Buch II, Kapitel 89, Seite 173 in der deutschen Übersetzung:

Plinius, *Naturalis Historiae*, 2.89: »... später [entstanden] noch mehrere kleine (Inseln) wie Anaphe hinter

Melos, Nea zwischen Lemnos und dem Hellespont, Halone zwischen Lebedos und Teos, Thera und Therasia zwischen den Kykladen, im vierten Jahr der 135. Olympiade [237 vor Christus], dann zwischen den beiden Inseln 40 Jahre später [197 vor Christus] Hiera, auch Automate genannt, und zwei Stadien [etwa 300 Meter] von dieser entfernt, 242 Jahre später zu unserer Zeit, unter den Konsuln Junius Silanus und Laelius Balbus [46 nach Christus], Thia am 8. Tag vor den Iden des Juli [8.Juli].«

Ferner heißt es in Plinius (*Naturalis Historiae*, 4.70) auf Seite 161 der deutschen Übersetzung: ». . . Thera, als es zuerst auftauchte, Kalliste genannt. Davon ist später Therasia abgerissen worden, und zwischen beiden entstand dann Automate, die auch Hiera [heißt], und in unserer Zeit entstand neben diesen Thia.«

Pausanias lebte um 120 nach Christus. Er bringt eine landeskundliche Beschreibung von Griechenland, in der er auch über Thera berichtet.

Pausanias, *Graeciae Descriptio*, 3.1.7–8: »Theras von Sparta führte eine Kolonie aus Sparta nach Kalliste und nannte die Insel Thera.« Ähnliche Nachrichten bringt er auch in (3.15.6; 7.2.2; 10.1.5).

Pausanias (8.33.4): »Unfern Lemnos ist die Insel Chryse vollständig im Meere verschwunden, und eine andere, Hiera genannt . . . [Lücke im Text, hier fehlt offenbar: aufgetaucht], die bis zu dieser Zeit nicht dagewesen war.«

Justinus, Marcus Justinianus, lebte im zweiten Jahrhundert nach Christus. Er erwähnt den Ausbruch von 197 vor Christus.

Justinus (*Trogi Pompei Historiarum Philippicarum epitoma*, 30.4.4) sagt auf Seite 223 in der Ausgabe von Teubner, Stuttgart 1972: »Im selben Jahre, [indem Philipp von Makedonien mit den Römern einen Waffenstillstand einging, also 197 vor Christus] ereignete sich zwischen den Inseln Thera und Therasia mitten im Meere ein Erdbeben, bei dem zur Verwunderung der Schiffer plötzlich aus der Tiefe heiße Wasser und darauf eine Insel aufstiegen. Das Erdbeben traf Rhodos und weitere Gebiete.«

Philostratos, Flavius, der um 200 nach Christus lebte, bringt in der Biographie *Das Leben des Apollonius von Tyana* 4. auf Seite 429 der deutschen Übersetzung von Vroni Mumprecht 1983, folgende Geschichte: Apollonius habe ein Erdbeben auf Kreta mit der Bildung einer Insel zwischen Thera und Kreta in Verbindung gebracht (womit möglicherweise der Ausbruch von 46 nach Christus gemeint ist. Es kann sich aber auch um einen Ausbruch auf den beiden Christiana-Inseln, Askani und Christiani, gehandelt

haben, die sich etwa 20 Kilometer südlich von Santorin befinden.

Eusebius von Cesararea lebte von 270–340 nach Christus. In seinem Buch *Chronicorum Canonum quae supersunt*, ed. Schoene, Berlin 1866, gibt er erstens den griechischen Text des Eusebius, zweitens die lateinische Übersetzung einer armenischen Bearbeitung und drittens die lateinische Bearbeitung des Textes durch den Heiligen Hieronymus, der von 331 bis 420 nach Christus lebte. Eusebius selbst sagt von Thera nichts. In der armenischen Bearbeitung heißt es: »Im 4. Jahre der 144. Olympiade [das bedeutet 200 vor Christus], erschien neben Thera eine Insel, die Hiera heißt.« Wörtlich dasselbe steht in der Bearbeitung des Heiligen Hieronymus, aber für das zweite Jahr der 145. Olympiade, was 198 vor Christus bedeutet.

Ammianus Marcellinus, der um 330–400 nach Christus lebte, erwähnt in seinem Werk *Rerum gestarum libri qui supersunt* 7.7.13, rec. Gardthausen, Leipzig 1874, die Insel Hiera: »Erdbeben geschehen auf vier Arten: Erstens ungeheure Massen werden nach oben gebracht, wie in Asien Delos auftauchte und Hiera und Anaphi und Rhodos . . .«

Victor, Sextus Aurelius, lebte im vierten Jahrhundert nach Christus. Er schreibt in seinem Geschichtsbuch *Historiae Abbreviatae* 4.14, (Seite 8 in Ed. Budé, Paris 1975; »In dessen [Kaiser Claudius] sechstem Jahr [das heißt 46 nach Christus], zur Zeit der Achthundertjahrfeier der Stadt Rom [47 nach Christus], ... ist in der Nacht, als die Mondfinsternis war, in der Ägäis plötzlich eine Insel aufgetaucht.«

Orosius, Paulus, der im fünften Jahrhundert nach Christus lebte, berichtet ebenfalls über die neue Insel bei Thera in seinem Werk *Historiarum adversus paganos* (7.6.13): »Im fünften Jahre der Regierung des Kaisers Claudius [das bedeutet 45 nach Christus] tauchte zwischen Thera und Therasia eine Insel aus der Tiefe von 30 Stadien Ausdehnung [rund 5,6 Kilometer] auf.«

Cassiodorus, Magnus Aurelius, der von 418–562 nach Christus lebte, sagt in seinem Buch *Chronicon*: »Im fünften Jahre der Regierung des Kaisers Claudius, als Vinicius und Cornelius Konsuln waren [das bedeutet 45 nach Christus], entstand zwischen Thera und Therasia eine Insel von 30 Stadien [Umfang, wie Reiß und Stübel sagen, es steht nicht im Text, ist aber wohl anzunehmen da 30 Stadien rund 5,6 Kilometer sind].«

Nicephoros war Patriarch von Konstantinopel und lebte von 758–828 nach Christus. In der Ausgabe von

Georgios Syncellus, die den Titel *Breviarium rerum post Mauricium gestarum in Corpus Scriptorum histor. Byzantin.*, Bonn 1829, trägt, sagt er auf Seite 630 in Band I, daß im Jahre 46 nach Christus zwischen Thera und Therasia eine Insel von 30 Stadien Länge aufgetaucht sei. Ferner sagt er in einer späteren Ausgabe (Bonn 1837, Seite 64), daß im Jahre 726 auf der Nordseite von Palaea Kameni ein Ausbruch erfolgt sei. Unter Dampfentwicklung und Feuererscheinungen sei eine Insel aufgetaucht, die sich später mit Palaea Kameni vereinigt habe. Die Bimssteinförderung sei so stark gewesen, daß das Meer davon bis Abydos und an die asiatische Küste bedeckt gewesen sei. Dadurch sei das Meer so heiß geworden, daß man mit den Händen nicht hineinfassen konnte. Vorstehendes scheint der früheste Bericht über den Ausbruch von 726 zu sein, da alle späteren Berichte des Mittelalters ihm gleichlauten.

Theophanes (784–818 nach Christus) *Chronographia*, Paris 1655. Er gibt auf den Seiten 338–339 den gleichen Bericht wie Nicephoros über den Ausbruch von 726.

Muratori, Ludwig Anton (nach 806) *Geschichte von Italien*, Teil 4, Leipzig 1746. In der deutschen Übersetzung sind in Teil 4, Seite 284, die Berichte von Theophanes und Nicephoros über den Ausbruch von 726 abgedruckt. Außerdem wird der Ausbruch von 1707 kurz erwähnt, über den »der berühmte Weltweise und Ritter Anton Vallisneri Anmerkungen gemacht hat.«

Cedrenus, Georgius (nach 1059) *Annales*, Basel 1566, gibt auf Seite 162 an, daß im Jahre 46 nach Christus zwischen Thera und Therasia eine Insel von 30 Stadien Länge aufgetaucht sei. Auf Seite 373–374 sagt er, daß im 10. Jahre der Regierung Kaiser Leos des Isauriers, das heißt 726, ein Vulkanausbruch auf Palaea (Kameni) sich ereignet habe, der zu einer Verschmelzung mit Hiera führte.

Labbeus, Phillippus Bituricus *Chronologiae historicae*, Paris 1670. Eine totale Mondfinsternis fand statt am letzten Tage des Dezembers am Nachmittag von 5 Uhr bis 9 Uhr. In der selben Nacht tauchte eine Insel in der Ägäis auf, 17 Monate nach der Sonnenverfinsterung.

Ein historischer Wendepunkt (726 nach Christus)

Von 46 bis 726 nach Christus hat man keine Berichte über Vulkanausbrüche in der Caldera. Dies mag darin begründet sein, daß keine Berichte überliefert wurden oder aber tatsächlich kein Ausbruch stattgefunden hat.

Eine besonders große Bedeutung erhielt der Ausbruch vom Jahre 726, weil damals eine neue Insel an der Nordseite von Hiera entstand, die sich später mit dieser verband und so die Grundform der heutigen Palaea Kameni schuf. Der Ausbruch war so stark, daß Bimsstein das Meer bis hin zur Stadt Abydos bedeckte, die an den Dardannellen liegt. Selbst an der Küste von Kleinasien und auch in Mazedonien regneten die Aschen herab.

Obwohl der Ausbruch von 726 offensichtlich einen wichtigen Beitrag zur Geschichte des Abendlandes geliefert hat (siehe Exkurs), findet man keine direkten Spuren der Bimssteinmassen mehr auf Santorin selbst. Aber sehr wahrscheinlich hat Ross (1840) mit seiner

Historische Folgen des Ausbruchs von 726

Die ältesten Berichte über den Ausbruch des Jahres 726 findet man bei Nicephoros (758–823), der damals Patriarch in Konstantinopel war. Aber auch der Historiker Theophanes (752–818) berichtet hierüber in seiner *Chronographica* und später – mit fast den gleichen Worten – Cedremus (nach 1059). Man erfährt zudem, daß Kaiser Leo III. sich als „Bilderstürmer" (Iconoclast) betätigte. Leo III. hatte den Beinamen „Isaurier", der bedeutet, daß er aus einer Region nördlich von Syrien stammte. Die Iconoclasten zerstörten damals religiöse Bilder und vernichteten Klöster. Nach Nicephoros gibt es einen Zusammenhang zwischen dem Iconoclasmus Leos und dem Vulkanausbruch von 726. Leo III. deutete die Eruption als Zorn Gottes über die Verehrung von Bildern. Er ließ zum Beispiel ein Christusbild bei Chalke entfernen. Papst Gregor II. exkommunizierte den Iconoclasten daraufhin, wodurch sich das Verhältnis zwischen Rom und Byzanz dramatisch verschlechterte. Damit änderte er den Lauf der Geschichte des Abendlandes: Als darauf die Araber ins Abendland vorrückten, konnte sich der Papst in seinem Bestreben, das Christentum zu verteidigen und die Invasion des Islam zu stoppen, nicht mehr an Konstantinopel wenden. Er verbündete sich statt dessen mit den Langobarden. Diese konnten dann, sechs Jahre nach der Eruption auf Palaea Kameni, unter der Führung von Karl Martel den Vormarsch der Araber bei Poitiers in Frankreich bremsen.

Vermutung recht, daß die offensichtlich junge Lava-zunge am Nordende von Palaea Kameni von der Eruption von 726 stammt (Abbildung 13.0). Diese Auffassung findet man auch bei von Seebach (1868), Fouqué (1879) sowie Fytikas et al. (1990a).

Palaea Kameni zerbricht (1457–1458)

Auf einer Karte von Buondelmonte (1465–1466), auf der die charakteristischen Konturen von Santorin zu sehen sind, kann man zwischen den Inseln „Santilini" und „Thirasia" eine lateinische Inschrift lesen, wonach dort etwa acht Jahre zuvor eine Insel entstanden sei; dies müßte also 1457–1458 geschehen sein (Abbildung 12.2).

Vor diesem Hintergrund kann man auch den Text interpretieren, den man seinerzeit neben dem Portal der Skaros-Burg lesen konnte. Der Text wurde von Athanasius Kircher (1665) abgeschrieben. Das Original ist heute nicht mehr zugänglich. Hier heißt es (sehr unklar und daher kaum richtig zu übersetzen), daß am 7. Dezember 1457 bei der Kameni-Insel (Palaea Kameni) entweder eine Insel verschwand oder aber auftauchte. Dies ereignete sich, als Franziscus Crispus Herzog von Naxos war. In dem Text kann man auch den Namen „Kammene" zum ersten Mal lesen. Hier sei der lateinische Text nach Pègues (1842) zitiert:

»Magnanime Francisce, Heroum certissima proles,
Crispe, vides oculis (nobis) clades, quae mira dedere,
[Mille quadringentis Christi labentibus annis,]

Quinquies undenos istis jungendo duobus,
Septimo Kalendas Decembris, murmure vasto
Vastus Theresinus immanis saxa Camenae
Cum gemitu avulsit, scopulusque a fluctibus imis
Apparet, magnum gignit memorabile monstrum.«

»Hochgeachteter Franziscus Crispus, würdiger Heldennachfahre, Du siehst große Revolutionen, die sich vor deinen Augen abspielen. Am 7. Dezember im Jahre 1457, nach einem fürchterlichen unterirdischen Getöse, reißt das Meer von Thera aus dem Erdinnern die Felsen von der schrecklichen Kameni heraus. Ein neues Riff steigt aus dem Wasser empor, ein unglaubliches Wunder, das für die Zukunft der Erinnerung wert ist.«

Die Gestalt der heutigen Palaea Kameni zeigt an der Nordseite deutlich eine große Abbruchfläche. Vergleicht man die Insel mit Nea Kameni in bezug auf Umfang und Wölbung, so gewinnt man den Eindruck, daß Palaea Kameni nur noch eine halbe Insel ist. Vermutlich sank bei diesem Ereignis die zweite Hälfte ins Meer.

Eine weitere Möglichkeit wäre, daß Palaea Kameni damals (und nicht schon im Jahre 726 nach Christus) durch die ganz anders aussehende Blocklava vergrößert wurde, die heute den abgeflachten Teil der Insel aufbaut. An dieser Stelle befindet sich die sogenannte Eisenbucht mit den warmen Quellen und die Kirche Agios Nikolaos. Die bei Pichler und Kussmaul (1980b) in der geologischen Karte von Santorin ersichtliche Zuordnung dieser Blocklava zur Eruption

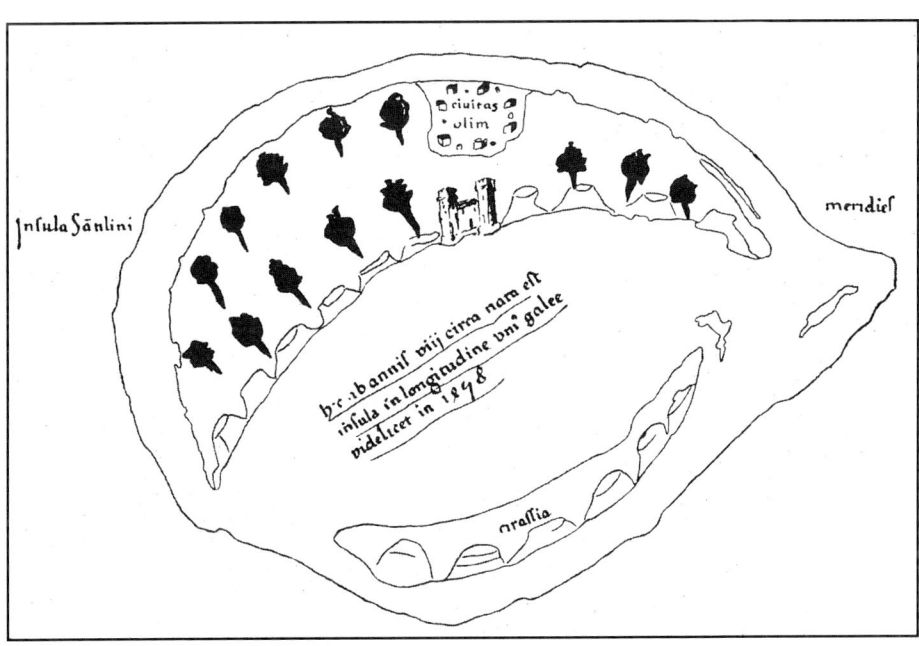

12.2 Buondelmontes Karte von Santorin aus dem Jahre 1465/66 enthält eine sehr schematische Darstellung der Inseln Thera und Therasia. Sie zeigt unter anderem auch die Skaros-Festung, die heute nicht mehr existiert. Der lateinische Text in der Mitte der Caldera besagt, daß dort im Jahre 1458 eine Insel entstand, die die Länge einer Galeere hatte.

von 1866 (Aphroessa Laven) kann nicht stimmen, da von keinem zeitgenössischen Beobachter darüber berichtet wird. Außerdem ist die betreffende Lavazunge bereits auf Karten, die vor der Eruption von 1866–1870 angefertigt wurden, eingezeichnet.

Mikra Kameni taucht auf (1570–1573)

Von 1570 an (und wahrscheinlich bis 1573) entstand unter Feuer und Dampf zirka vier Kilometer nordöstlich von Palaea Kameni eine neue Insel, die man Mikra Kameni – oder Mikra – nannte. Mikra Kameni besaß einen Krater, aus dem Steine und Asche ausgeworfen wurden. Das Geschehen ist bei Athanasius Kircher (1665) beschrieben, wobei er sich auf einen Bericht des Jesuitenpaters Ricardus beruft. Auch der Botaniker Tournefort, der im Jahre 1700 auf Santorin weilte und über das Entstehen von Mikra Kameni berichtet, bezieht seine Information von Pater Ricardus oder Richard, wie er auch genannt wurde.

Mikra Kameni und auch Palaea Kameni sind auf einer Zeichnung inmitten der Caldera zu sehen, die Tournefort (1707) von Santorin hergestellt hat (Abbildung 12.3). Angaben über einen Ausbruch im Jahre 1570 dagegen findet man in einer griechischen Handschrift, in der jedoch hauptsächlich der Ausbruch von 1650 beschrieben wird. Der Archäologe Ludwig Ross (1840) hat Auszüge dieser Handschrift veröffentlicht.

Die Aktivität verlagert sich

Der Kolumbo-Ausbruch (1650)

Etwa sieben Kilometer nordöstlich von Kap Kolumbo an der Ostküste von Thera beobachtete man am 27. September 1650 nach einem Jahr mit zahlreichen Erdbeben, daß Rauch und Dampf vom Meer aufstiegen, die von einem Bimssteinausbruch gefolgt wurden. Es bildete sich eine Insel, die allerdings nach vier Monaten wieder verschwand. Heute findet man an dieser Stelle die unterseeische Kolumbobank, die nur

12.3 Die erste genauere Kartenskizze von Santorin zeigt die Caldera mit den Inseln Mikra und Palaea Kameni. Auf der Hauptinsel erkennt man die Ruinen der antiken Stadt Thera sowie die Fluchtburgen an hochgelegenen Stellen der Insel. Die Zeichnung wurde von dem Botaniker Pitton de Tournefort angefertigt, der Santorin im Jahre 1700 bereiste.

18 Meter unter der Meeresoberfläche liegt, und außerdem kann man in der Nähe von Kap Kolumbo am Ufer bei ruhigem Wetter warme Quellen im Meer beobachten.

Der Ausbruch von 1650 verursachte mehr als 50 Todesfälle auf Santorin. Die Menschen erstickten an den giftigen vulkanischen Gasen (Schwefelsäure und vermutlich auch Kohlendioxid). Der Aschenregen wurde sogar noch in Kleinasien verspürt. Auch viele Tiere kamen auf der Insel um, zudem vernichtete der Ausbruch die gesamte Ernte. Eine riesige Flutwelle, ausgelöst durch die untermeerische Eruption, riß bei Perissa und Kamari auf der Insel Thera zwei Kirchen mit sich ins Meer und legte Fundamente einer alten Kirche sowie andere Ruinen und Marmorfiguren frei. Es handelte sich offenbar um Gebäude und Gräber aus der hellenistischen Periode und um frühchristliche Kirchen.

Auf der Insel Ios (damals Nios genannt), die etwa 20 Kilometer vom Ausbruchspunkt entfernt liegt, erreichte die Flutwelle noch eine Höhe von 20 Metern und hinterließ dort eine Bimsschicht.

Im flachen Osten der Insel Thera drang das Meer weit ins Landesinnere ein, während bei Mavro Rachidi und Akrotiri Bimssteine von ungewöhnlicher Größe an die Küste geworfen wurden. Vielleicht sind die Beobachtungen von Karl von Fritsch (1871) über Anzeichen für Meeresüberschwemmungen bei Kap Kolumbo auf dieses Ereignis zurückzuführen, als er in den Steinmauern dieser Gegend gerundete Brandungsgerölle mit noch anhaftenden Meerestieren fand. Eine ganz ähnliche Beobachtung machte ich im August 1990 im Tal von Potamos bei Kamaras, wo in einer Höhe von zirka 50 Metern ebenfalls solche Brandungsgerölle mit aufsitzenden Kalkröhren von marinen Würmern (Spirorben) zu finden waren. Vermutlich wurde die Flutwelle damals in der trichterförmigen Erosionsrinne hochgedrückt und hinterließ diese Gerölle.

Über die Flutkatastrophe von 1650 existieren Augenzeugenberichte, die Ross (1840) zum Teil nach Pater M. Pègues und den Archiven der katholischen Kirche in Fira zusammengestellt hat. Diese Sammlung von Quellentexten ist übrigens die umfassendste, die über die Entstehung der Kameni-Inseln existiert.

Außerdem gibt es noch zwei kretische Gedichte, den Bericht eines Mönchs von Patmos und den Briefwechsel zwischen katholischen Priestern von Santorin und der Insel Naxos. Aus diesen Berichten geht hervor, daß die Flammen der Eruption sogar in Heraklion auf Kreta sichtbar waren (120 Kilometer entfernt), und

daß Bimsstein bis zur Insel Leros in der östlichen Ägäis auf dem Meer trieb. Damals wurde Heraklion, die größte Stadt Kretas, von den Türken belagert. Es wird weiter berichtet, daß die Schiffe der türkischen Flotte, die auf der Kreta vorgelagerten, kleinen Insel Dia auf den Strand gezogen waren, von den Flutwellen der Eruption weggespült wurden. Einige zeitgenössische Handschriften, meist zu diesem Ausbruch, hat Doumas (1978) zusammengestellt.

Die Aktivität kehrt in die Caldera zurück

Nea Kameni entsteht (1707–1711)

Die darauffolgenden Ausbrüche von 1707–1711 ereigneten sich wiederum in der Caldera. Geologisch gesehen waren sie äußerst interessant. Der Jesuitenpater Goree (1712) hat über diese Geschehnisse einen detaillierten Bericht hinterlassen (siehe Exkurs).

Beobachtungen des Paters Goree (1712) über die Ausbrüche in der Caldera

Zur Zeit der Ausbrüche von 1707 und 1711 war der Skarosfelsen noch bewohnt. Von dort konnte man das Wachsen der neuen Insel gut beobachten. So erfahren wir von Pater Goree, daß dieser Vorgang sehr schwankend vor sich ging. Er schreibt: »Zu jener Zeit war die weiße Insel, die man von der ersten Etage der Häuser in der Skarosfestung sehen konnte und welche die Mikra Kameni zu überragen schien, so tief gesunken, daß man sie von der zweiten Etage nicht mehr sehen konnte.« Weiterhin berichtet er von enormen Flammen, die offenbar von Gasausbrüchen stammen und die auch bei späteren Eruptionen zu sehen waren: »In der folgenden Nacht hörte man ein hohles Grollen, das an fernen Kanonendonner erinnerte. Und zur gleichen Zeit konnte man in der Mitte des Schlotes Flammen sehen, die sich hoch in die Luft erhoben und sogleich wieder verschwanden.«

Nach einem Erdbeben am 18. Mai 1707 sah man am 23. Mai etwas westlich von Mikra Kameni plötzlich eine weiße Insel aus dem Meere aufsteigen, die immer größer wurde. Nach einigen Tagen wagte man sich auf die Insel und stellte fest, daß sie aus Bimsstein und schwarzen Lavabrocken bestand. Man fand sogar noch lebende Meerestiere.

Der Beginn der Eruption von 1707, zusammengestellt von Pater Pègues (1842) nach Augenzeugenberichten:

»Am 21. im gleichen Monat (Mai 1707) zwischen 12 und 13 Uhr erfolgte eine dritte Erschütterung, die jedoch weniger Eindruck hinterließ als die beiden vorhergegangenen. Bei Sonnenaufgang am Montag dem 23. beobachtete man etwa 200 Meter westlich von Mikra Kameni an einer Stelle, wo das Meer weniger als acht Faden tief war und wo die Fischer ihre Netze auszusetzen pflegten, an der Oberfläche des Wassers einen Gegenstand, der wie ein schwimmender Fels aussah. Da man zunächst nicht ausmachen konnte, um was es sich handelte, glaubte man, daß es ein Schiffswrack sei, das offenbar bei einer Kollision mit der Insel Mikra Kameni, dem es sich bereits sehr genähert hatte, untergehen würde. Daraufhin machten sich einige Seeleute mit ihren Barken auf den Weg. Denn sie hofften eine reiche Beute zu machen und wollten daher als erste am Schiffswrack sein. Als sie sich jedoch näherten, sahen sie zu ihrer großen Überraschung, daß es sich um ein neues Riff handelte, welches aus schwarzen Felsen und einer weißen Erdschicht bestand, das sich dort aus dem Wasser erhob. Erstaunt über dieses neue Gebilde und von Panik ergriffen, kehrten sie schleunigst und außer Atem nach Fira zurück, von wo sie hergekommen waren. Dort erzählten sie allen, was sie soeben gesehen hatten. Ihr Bericht war so unwahrscheinlich, daß man ihnen keinen Glauben schenkte. Gewöhnlich waren nämlich solche Ereignisse mit einem riesigen Lärm verbunden und wurden immer von so gewaltigen Erdbeben begleitet, als ob sie die ganze Insel zerschmettern wollten.

Daraufhin wurden alle von großer Angst ergriffen, besonders diejenigen, die sich noch an die Schrecken von 1650 erinnern konnten und wußten, daß solche neuen Inseln niemals ohne große Katastrophen oder Angst vor solchen entstanden sein könnten. Dennoch beschlossen einige Neugierige am 24., sowohl geistliche als auch weltliche, dorthin zu rudern, um dieses Gebilde aus nächster Nähe zu betrachten. Sie glaubten nämlich den Geschichten der Seeleute nicht und fühlten sich von einem so einmaligen Ereignis angezogen. Kaum waren sie dort angelangt und hatten sich mit eigenen Augen vom Geschehen überzeugt, als ihr Erstaunen noch viel größer wurde. Nach zwei oder drei Tagen ohne besondere Geschehnisse machten sich einige noch mutigere und entschlossenere Männer daran, das, was sie gehört hatten, selbst in Augenschein zu nehmen. Sie dachten nämlich, daß ihre

Vorgänger, entweder aus Angst oder aus Zeitnot, nicht genügend beobachtet hätten oder daß sich in der Zwischenzeit etwas Neues gebildet hätte. Sie nahmen sich viel Zeit, um das Riff von allen Seiten aufmerksam zu betrachten. So näherten sie sich der Insel, ohne sich der drohenden Gefahr bewußt zu sein, und gingen schließlich an Land. Die Neugier trieb sie von Fels zu Fels, wo sie an einer Stelle ein weißes Gestein fanden, das wie Brot geschnitten war und ihm auch in Form und Farbe so glich, daß man glauben könnte, es sei wirkliches Brot. In Wirklichkeit handelte es sich um Bimsstein von einer Feinheit, die man woanders nicht findet. Was ihnen doch am allermeisten gefiel, war die Menge und Größe der Austern, mit einem ausgesuchten Geschmack, was man sonst selten auf Santorin, weder in der Caldera noch im umgebenden Meer, findet. Sie sammelten so viele Austern wie möglich. Außerdem fanden sie dort große Mengen von Seeigeln, die wie die anderen Meerestiere noch an den riesigen Felsen saßen, die der Vulkan aus dem Wasser gehoben hatte.

Die Neugierigen waren inzwischen schon eine Stunde lang auf dem Riff herumspaziert und damit beschäftigt, Austern und Seeigel zu sammeln, als plötzlich und unerwartet das Riff anfing, sich zu bewegen. Das Riff schwankte in alle Richtungen, und Schwefeldämpfe stiegen plötzlich aus dem Meer empor, und denjenigen, die mit ihnen in Berührung kamen, wurde es übel. Dann wurde das Wasser plötzlich unklar, gelblich und stinkend, und große Mengen von toten Fischen wurden an das Ufer gespült. Diese Erschütterungen und die anderen dunklen Warnungen lösten Schreck und Angst bei den sonst so furchtlosen Beobachtern aus, und sie sprangen zurück in ihre Barke und suchten ihr Heil in der Flucht. Das was sie gerade an eigenem Leibe gespürt und erfahren hatten, zeigte ihnen deutlich, daß dies nichts anderes war als eine neue Anstrengung des Riffs, nach und nach aufzusteigen. Tatsächlich, innerhalb eines Augenblicks, erhob es sich sichtbar empor, bis in eine Höhe von 20 Fuß und eine Gesamtlänge von etwa 40 Fuß. Das Einzigartige bei diesem Auftauchen war, daß man seit dem 23. Mai bis zum 13. oder 14. Juni buchstäblich sehen konnte, wie das Riff von Tag zu Tag an Größe zunahm und fast wie ein riesiger Maulwurfshügel, sich langsam und ohne Ausbruch und ohne jeglichen Lärm und ohne weitere Schrecken auszulösen, bis ungefähr auf 70–80 Meter anwachsen konnte.«

Die Insel wuchs langsam auf eine Breite von 500 bis 600 Metern und eine Höhe von 70 bis 80 Metern heran. Danach wurde das Meer sehr unruhig, heiß und mißgefärbt. Am 5. Juni konnte man Feuer sehen, und im Norden der weißen Bimssteininsel entstand eine schwarze Lavainsel. Am 12. September war die schwarze Insel so groß, daß sie sich mit der weißen vereinigte. Es folgten zahlreiche Explosionen mit Aschenregen, bis der Ausbruch im September 1711 endete. Die Eruption verursachte eine Senkung der Küsten, sowohl auf der Insel Thera als auch auf Mikra Kameni. Nea Kameni bildete damals ein Dreieck mit einer Kantenlänge von im Süden 910 Metern, im Westen 1 650 Metern und im Osten 1 440 Metern. Ihre Höhe betrug 106 Meter.

Die Ausbrüche von 1707–1711 hinterließen Nea Kameni mit zwei neuen Buchten (Abbildung 12.4), die vorzügliche natürliche Häfen für die Bewohner von Santorin bildeten. Man nannte die südwestliche Bucht Georgios- und die andere Vulkano-Bucht. In der Vulkano-Bucht stiegen schwefelhaltige Dämpfe auf, die das Wasser grüngelb färbten. Außerdem bemerkte man durch Zufall, daß Kupferbeschläge an den Schiffen, die dort vor Anker lagen, durch das schwefelhaltige Wasser wieder blank und Schiffsböden von Seeorganismen befreit wurden. Dieses Phänomen wurde damals von zahlreichen Schiffen genutzt, die in den Buchten vor Anker gingen. Wenn es solche Stellen heutzutage gäbe, könnte die Schiffahrt Millionen einsparen, die man sonst für diesen Reinigungsprozeß aufwenden muß.

Später nutzte man die warmen, schwefelhaltigen Quellen als Kurbad. Es wurden etwa 50 Häuser auf der Insel gebaut, die allerdings nur als Sommerhäuser genutzt wurden. Außerdem legte man einen kleinen Hafen auf der Insel an, im Kanal zu Mikra Kameni hin.

Auf einem Rest der weißen Insel sammelte der Naturforscher Edward Forbes 1841 eine große Anzahl von fossilen marinen Organismen, die ursprünglich in

12.4 Ein Blick in die Caldera vom Skarosfelsen aus zeigt drei junge Vulkaninseln. Dies sind: Mikra Kameni, Nea Kameni (in der Mitte) und Palaea Kameni (hinten). Rechts erkennt man die Insel Therasia. Diese Gruppierung enthielt natürliche Häfen. Sie existierte bis zum Ausbruch von 1866 bis 1870. Aus Choiseul-Gouffier (1782, Tafel 14).

12.5 Die Ausbrüche von 1866–1870 schufen den Georgios-Vulkan und führten außerdem zur Vereinigung der kleinen Mikra Kameni mit der größeren Nea Kameni. Die beiden Zeichnungen zeigen die Inseln von Fira aus gesehen. Sie stammen aus dem Buch von Fouqué (1879).

einer Wassertiefe von 30–40 Metern gelebt hatten (Fundliste bei Fouqué 1879).

Die Aufbeulung eines Vulkangebietes – wie bei der weißen Insel – ist ein bekanntes Phänomen, das mit Magmabewegungen in der Magmakammer zusammenhängt. Eine solche Aufdomung gilt als sicheres Anzeichen für eine unmittelbar bevorstehende Eruption. Die hier beschriebene Aufdomung war besonders auffällig und erweckte Erstaunen bei den Santorinern, die eine neue Insel geradezu aus dem Meer aufsteigen sahen. Eine ähnliche Verwunderung kann man aus einer Textstelle von Plinius (23–79 nach Christus) ersehen, in der er über den Ausbruch des Jahres 46 nach Christus berichtet: Zur großen Verwunderung der Segler sah man plötzlich eine neue Insel sich aus dem Meer erheben.

Doch daß sich Aufdomungen nicht nur schnell ereignen, sondern über längere Zeiträume erstrecken können, darauf deutet folgende Bemerkung von Ross (1840) hin, der Santorin in den Jahren 1836–1839 bereiste. Damals hatte die Vulkantätigkeit auf den Kameni-Inseln seit mehr als 100 Jahren geruht:

»Wenn nur ein neues Naturereignis die Insel nicht wieder versenkt; erloschen ist der Vulkan gewiß nicht, und die Fischer wollen sogar bemerkt haben, daß unweit der Megali (Nea) Kammeni ein spitzes Felsriff sich zu erheben aus der Tiefe angefangen habe und mit jedem Jahre höher werde.«

Knapp drei Jahrzehnte nach dieser Beobachtung kam es wieder zu einer Eruption.

Mikra und Nea Kameni vereinigen sich (1866–1870)

Von den Ausbrüchen, die von 1866–1870 auf Nea Kameni stattfanden, gibt es zahlreiche Beobachtungen, darunter die der Naturforscher Reiss, Stübel, Schmidt und Fouqué. Fouqué bringt einige Fotos, Zeichnungen und sehr detaillierte Informationen über diese Ereignisse (Abbildung 12.5).

Am 26. Januar 1866 bemerkte der Wächter, der zusammen mit seiner Familie im Winter auf Nea Kameni wohnte, daß sich an dem kleinen Hafen zwischen Mikra und Nea Kameni Blöcke von der Bergseite lösten und hinunterrollten. Außerdem zeigten sich Risse in den Hausmauern. In den darauffolgenden Tagen verstärkten sich die Anzeichen nahender vulkanischer Aktivität: In der Vulkano-Bucht begann das Meer zu kochen, und schwefelhaltige Dämpfe quollen auf. Anfang Februar stieg Rauch auf, und dunkle Blöcke erhoben sich langsam an die Oberfläche der Vulkano-Bucht. Bereits abgekühlte Lavablöcke erschienen an dem Kegel und bewegten sich vom Zentrum weg. Die Ausbruchsstelle wurde „Georgios" genannt. Bereits am 6. Februar erreichten die Ausbruchsprodukte Nea Kameni und begruben die Sommerhäuser am kleinen Hafen (Abbildung 12.6).

Später entstand ein neues Ausbruchszentrum, welches den Namen „Aphroessa" erhielt. Es entwickelte sich an der Südspitze von Nea Kameni, und seine Ausbruchsprodukte vereinigten sich mit Nea Kameni in März 1866. Erst am 20. Februar begann der Georgios mit einer heftigen Explosion, danach folgte ein Aschenausbruch, der sich mit kurzen Intervallen auch in den kommenden Monaten fortsetzte.

Im Exkurs ist ein Augenzeugenbericht des Geologen Karl von Seebach wiedergegeben, der das großartige Schauspiel der Eruption mit der nächtlichen Feuerpracht 1866 aus nächster Nähe miterlebt hatte (Abbildung 12.7).

Am 10. Mai entstand eine dritte Ausbruchsstelle, an der einige kleine schwarze Lavainseln gebildet wurden, die man „Maionisi" (Mai-Inseln) nannte. Sie verschwanden jedoch wieder, und die Ausbrüche setzten sich bis zum 15. Oktober 1870 fort. Danach kam es nur noch zu kleineren Gasausbrüchen und Fumarolenaktivität auf Nea Kameni. Erst in diesem Jahrhundert gab es auf Nea Kameni wieder größere

12.6 Die Ausbrüche von 1866–1870 auf Nea Kameni zerstörten etwa 50 Sommerhäuser und den einzigen Hafen der Santoriner. Seit diesem Ereignis hat man keine Gebäude auf der aktiven Vulkaninsel mehr gebaut. Die Skizze vom 6. April 1866 zeigt den zerstörten kleinen Hafen Vulkanos, von Mikra Kameni aus gesehen.

Der Ausbruch auf Nea Kameni im Jahre 1866, geschildert von Karl von Seebach (1868):

»Doch das Boot ist fertig, die Instrumente werden eben noch voraus getragen. Wir steigen den steilen Dromo wieder hinab und fahren nach der Nea-Kaymene. Noch ehe man die Mikra-Kaymene erreicht, kommt man an einer Untiefe vorbei, auf welcher größere Schiffe vor Anker gehen. Die See ist hier nur sechs Faden tief. Man fährt dann an der Südspitze der Mikra-Kaymene vorüber, und nun liegt das Feld der jüngsten Verwüstung vor uns. Traurig erheben sich die verlassenen und zertrümmerten Häuser aus dem Haufwerk schwarzer Lavablöcke. Hinter ihnen ragt wohl 150 Fuß hoch der Georg auf, ein ödes Trümmerfeld, dessen einzelne Blöcke und scharfeckige Konturen abschneiden gegen die Dämpfe, die überall aus den Spalten hervordringen und auf seiner Höhe zu einer gemeinsamen Dampfsäule sich vereinen. Um das Boot herum beginnt das Wasser sich zu erwärmen und in heftiger Strömung von dem Wärmequell abzufließen. Kleinere Dampfwolken tanzen vom Winde getrieben über dem Meere und ahmen kleine Wasserhosen nach. Der Donner der pulsierenden Tätigkeit wird immer gewaltiger und erschütternder.

Nach einer halbstündigen Fahrt landen wir bei den zertrümmerten Häusern am Kai der kleinen Hafenanlage und gehen zwischen den Auswürflingen an den Georghügel hin, um einen Versuch seiner Besteigung zu machen.

Allein das ist nicht leicht! Die einzelnen Blöcke liegen lose übereinander, oft genügt eine Berührung, um ihnen das Übergewicht zu geben. Sie stürzen den steilen Abhang hinab und reißen andere nach sich. Ihre Kanten sind scharf und schneidend; bald bluten die Hände von vielen kleinen Wunden, und selbst starke Stiefel werden zerschnitten. Vor sich und unter sich hört man von Zeit zu Zeit ein lautes Knacken, wie ein schnell erkaltender Ofen, ein helles Klirren, ähnlich wie fallende Porzellanscherben, folgt ihm. Das ist die unter uns erstarrende Lava, die sich bei der Erkaltung zusammenzieht und in deren neu entstandenen Spalten kleine Stücke der halbglasigen erstarrten Masse nachfallen. Endlich gelingt es, die Anhöhe zu erreichen. Man steht vor einer sanft gewölbten Fläche, über der die glühende Luft stark flimmert und die Gegenstände, hinter ihr auf- und abtanzend, nur undeutlich erkennen läßt. Die einzelnen Blöcke sind hier noch größer als am Rande und oftmals längs einzelner größerer Spalten durch die aufsteigenden Gase gebleicht. Vorsichtig tastend, um halb glühende Blöcke, die bei Tage dem Auge nicht erkennbar sind, zu vermeiden, oftmals zu völligem Stillstand verurteilt, wenn die Dämpfe dicht ausbrechen und selbst auf wenige Schritte hin die Umschau verhindern, arbeitet man sich langsam vorwärts auf vielen Umwegen nach der Stelle, aus welcher die Dämpfe am dichtesten und mit erschütterndem Tosen aufsteigen. Die Mehrzahl von ihnen sind offenbar Wasserdämpfe, denn es läßt sich

ziemlich gut atmen, nur hier und da ist eine schwache Beimischung schwefeliger Säure erkennbar. Doch nimmt die Hitze immer zu, und endlich hemmt eine breite Spalte, aus der eine sengende Lohe hervorbricht, jeden weiteren Fortschritt. Die Glut steigt gerade herauf von der in der Tiefe der Spalte noch fließenden glühenden Lava. Das kann man deutlich beobachten in der Dunkelheit der Nacht. Man besteigt zu diesem Zwecke die Höhe der Nea-Kaymene, von der aus man das ganze Eruptionsphänomen herrlich übersehen kann. Am Südfuße des Kegels liegt der Georg, der nach Norden und Westen umgeben ist von zwei großen Solfataren, Feldern, auf denen der sublimierte Schwefel sich niedergeschlagen hat; auf seiner höchsten Wölbung, wo die Gase die Gesteine gebleicht haben und in größter Menge hervorbrechen, kreuzen sich nur mehrere größere Spalten, aber jeder eigentliche Krater fehlt. Das kann man deutlich in den Perioden verhältnismäßiger Ruhe sehen, welche die Pulsationen gesteigerter Intensität, während welcher dichte Dampfwolken ausbrechen, trennen.

Die entfernter liegende Aphroessa ist einem riesenhaften Maulwurfhügel nicht unähnlich, auch auf ihr fehlt jeder Krater, aber überall zwischen den Lavabrocken dringen die Dämpfe hervor, die hier nicht weiß, wie am Georg, sondern hell zimtbraun sind und zuweilen ihren Reichtum an Chlorverbindungen erkennen lassen. Pulsationen der Tätigkeit, während deren die Dämpfe mit beträchtlich größerer Gewalt und in bedeutenderer Menge hervorbrechen, wie am Georg, sind an der Aphroessa selten.

Mit eintretender Dämmerung beginnt nun der Anblick sich durchaus zu verändern; die gebleichten Ränder der Hauptspalten am Georg fangen an dunkel glühend zu erscheinen, und auch an der Aphroessa leuchtet überall die rote Glut hervor. Endlich bei völliger Dunkelheit haben diese glühenden Punkte nicht nur eine viel bedeutendere Lichtintensität, sondern sie haben sich auch vervielfacht. Die dunkle Rauchsäule über der Aphroessa erscheint jetzt als ein großer Feuerschein, und bei jeder Pulsation leuchten die dem Georg emporsteigenden Dampfwolken. Die großartigste und gleichzeitig seltenste und interessanteste Erscheinung sind aber die brennenden Flammen, die aus allen Spalten hervorschlagen. Dieses seltene, vielbestrittene Phänomen ist von allen Forschern, welche die Eruption des Jahres 1866 studiert haben, in voller Deutlichkeit wahrgenommen und erkannt worden. Bei jeder Pulsation steigerte sich die Flamme und fuhr mit großer Heftigkeit flackernd auf. Der Kern derselben war bläulich weiß, der Rand carminrot. An eine Verwechslung zu einem bloßen Reflex war hier nicht zu denken, da beide nebeneinander zu sehen und deutlich zu unterscheiden waren.«

12.7 Die Eruptionen auf Nea Kameni in den Jahren 1866–1870 boten ein großartiges Schauspiel, das von zahlreichen Schaulustigen beobachtet wurde. Besonders grandios war der Feuerschein während der Nacht (Skizze aus Illustreret Tidende 15.3 1866, Kjøbenhavn).

Ausbruchsphasen, von 1925 bis 1928, von 1939 bis 1941 und in geringerem Umfang 1950. Letztere kann man vielleicht in Zusammenhang mit einem späteren, heftigen Erdbeben im Jahre 1956 bringen, bei dem die Städte Fira und Oia völlig zerstört wurden und 53 Menschen umkamen. Es gibt kaum eine so detaillierte Beschreibung über irgendeinen anderen Vulkanausbruch wie über die Ausbruchsgeschichte von Nea Kameni in diesem Jahrhundert. Das liegt vielleicht daran, daß die Vulkanologen von ihrer sicheren Warte am Calderarand aus jede Veränderung auf der Insel beobachten konnten.

Die Ausbrüche von 1925–1928

Nach den Ausbrüchen von 1866–1870 dauerte es 55 Jahre, bis es wieder zu einem Ausbruch auf Nea Kameni kam; im August 1925 setzten neue Eruptionen auf der Insel ein. Die griechische Regierung sandte die beiden Geologen Georg Georgalas und Nikolaos Litsakias nach Santorin, um die Ausbrüche zu überwachen. Im September 1925 erhielten sie Verstärkung von einer Gruppe von Vulkanologen, die aus den Deutschen Hans Reck, Friedrich Dobe und dem Holländer Maur Neumann van Padang bestand. Ihre Beobachtungen der Ausbrüche sind in allen Einzelheiten beschrieben (Reck 1936). Auch die Arbeiten von Georgalas und Liatsias (1926, 1932), Ktenas (1926, 1927), Ktenas und Kokkoros (1928) sowie Washington (1926) beschreiben den Ausbruchsverlauf auf Nea Kameni. Diese Literaturangaben und weiteres Beobachtungsmaterial sind in Georgalas (1962) aufgeführt.

Die Eruptionstätigkeit wurde eingeleitet mit einem deutlichen Anstieg der Wassertemperatur in der Rotwasserbucht – Kokkina Nera –, begleitet von einer Absenkung der Ostküste von Nea Kameni. Bald darauf zeigte sich dort Dampf, und Wasserfontänen stiegen auf, gleichzeitig kam es zum ersten Ausfluß von Lava. Darauf verlagerte sich die Aktivität und bildete den

12.8 Vier Jahre, von 1925 bis 1928, dauerten die Ausbrüche auf Nea Kameni. Sie führten zur Bildung der beiden Dome „Daphne" und „Nautilus" (Foto Nellys).

„Daphne"-Vulkankegel (Abbildung 12.8). Hier kam es dann zu effusiver und explosiver Tätigkeit, die ihren Höhepunkt in einer pyroklastischen Eruptionssäule von 3,2 Kilometern Höhe fand. Bis Januar 1926 setzte sich die wechselnd effusive und explosive Aktivität fort, dann trat eine Pause von vier Monaten ein. Später änderte sich der Eruptionsverlauf erneut: Pyroklastische Ströme bildeten sich, die offenbar durch einen begrenzten Magma-Wasser-Kontakt ausgelöst wurden. Nach einer zweiten Ruhephase, die von Mai 1926 bis Januar 1928 dauerte, folgten vier phreatische Eruptionen. Abschließend kam es zu gemischt effusiv-explosiver Tätigkeit, wobei der „Nautilus"-Dom entstand.

Die Ausbrüche von 1939–1941

Auch die Ausbrüche von 1939–1941 waren durch die Aufdomung von verschiedenen Gebieten auf Nea Kameni charakterisiert, die von Lavaausflüssen und

Explosionsphasen gefolgt wurden. Die einzelnen Ausbruchspunkte, die Dome und Laven wurden nach Vulkanologen benannt, die früher auf Nea Kameni gearbeitet hatten. Den Lavaphasen folgte explosive Aktivität, wobei insgesamt sechs verschiedene Aufstiegskanäle benutzt wurden.

Die Ausbruchstätigkeit von 1950

Bei dem Ausbruch von 1950 kam es zu phreatischen Explosionen und Extrusionen. Laven flossen aus, die nach dem griechischen Geologen Liatsikas benannt wurden (Georgalas 1953). Eine Aufdomung, der Reck-Dom, verschwand allerdings und hinterließ nur eine große, trichterförmige Vertiefung; wahrscheinlich geschah dies, als eine Explosion auf Nea Kameni zu vernehmen war. Georgalas (1959) beschreibt diesen Ausbruch in allen Einzelheiten. Damit ist jedoch die Aktivität auf Nea Kameni mit großer Wahrschein-

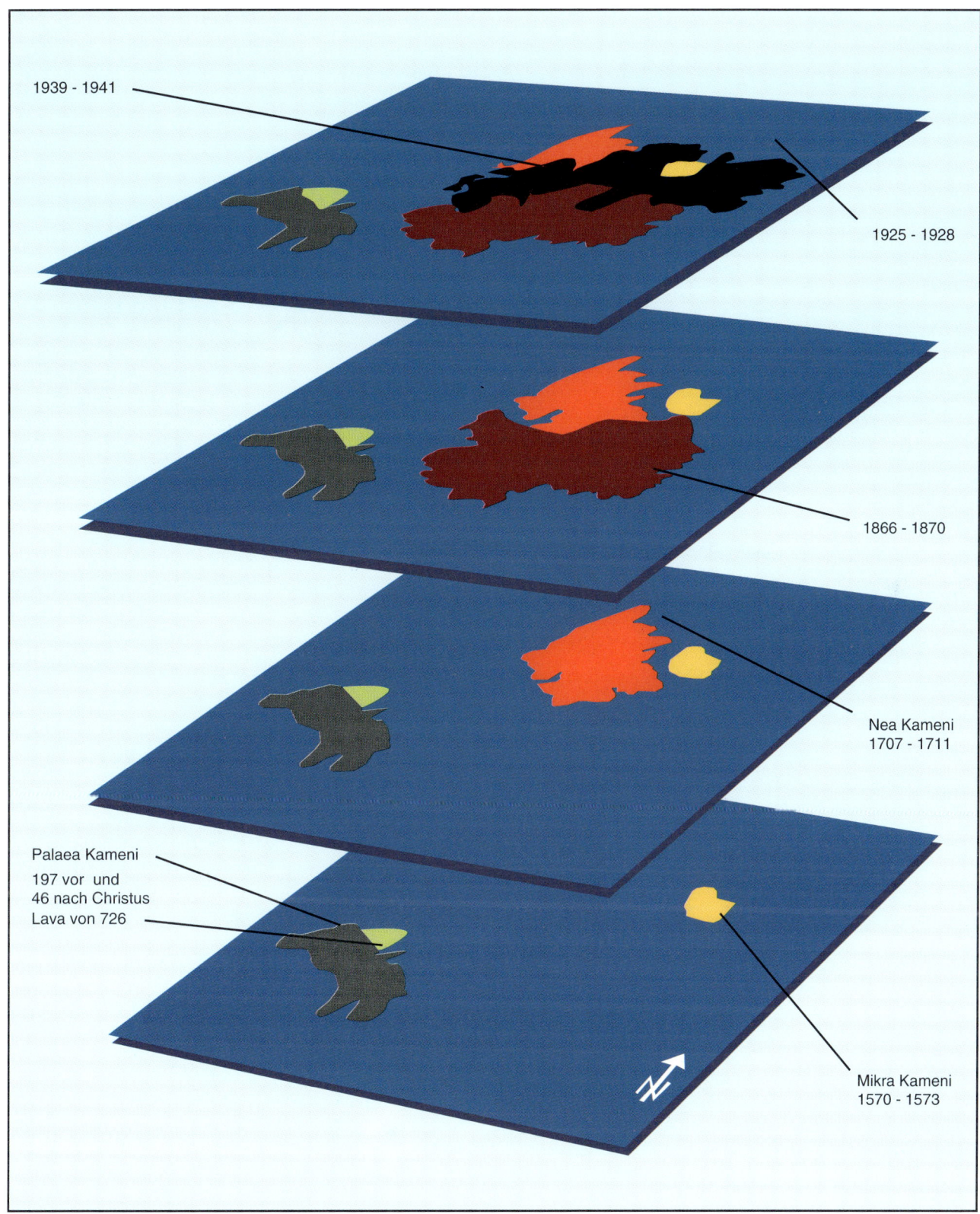

12.9 Die schematische Darstellung zeigt den Werdegang der Insel
Nea Kameni im Laufe der letzten vier Jahrhunderte.

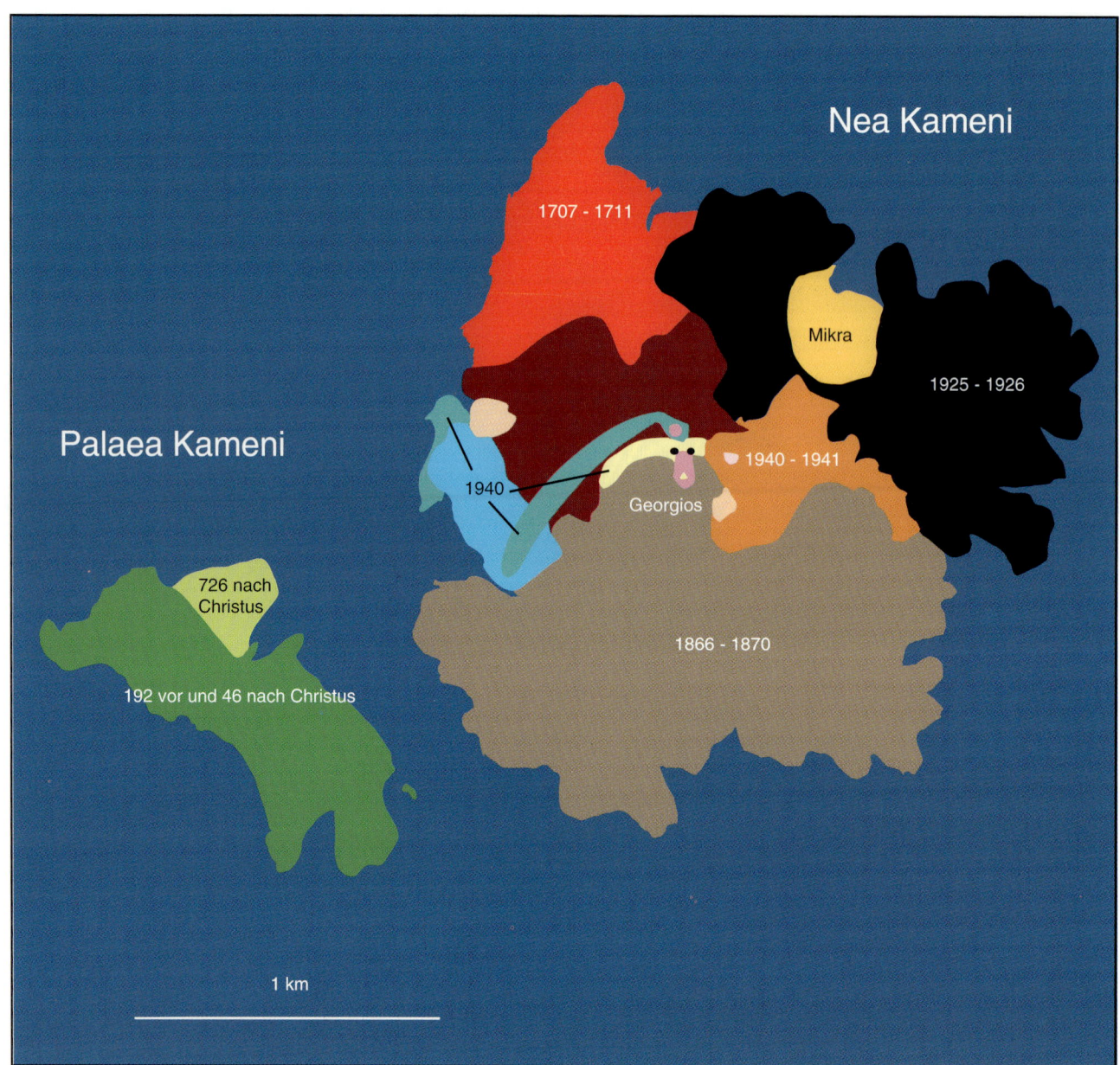

12.10 Die geologische Übersicht über die Kameni-Inseln zeigt deutlich, daß die Ausbruchspunkte auf Nea Kameni an die Richtung Südwest-Nordost gebunden sind. Es ist die gleiche Richtung, die sich von den vulkanischen Christiana-Inseln bis zum Kolumbovulkan bemerkbar macht.

lichkeit noch nicht abgeschlossen. Nea Kameni hat in den letzten vier Jahrhunderten eine beträchtliche Volumenvergrößerung erfahren (Abbildungen 12.9 und 12.10).

13.0 Auf Palaea Kameni fällt die rote Bucht an der Nikolauskapelle sofort ins Auge. Hier entstehen eisenhaltige Sedimente im seichten, warmen Meerwasser. Im oberen Teil des Bildes sieht man eine dunkle Landzunge. Sie wird von der Blocklava aus dem Jahre 726 gebildet.

13

Heutige Zeichen des Vulkanismus

Ein ruhender Vulkan kann jederzeit zu
erneuter Aktivität erwachen und verheerende
Schäden anrichten. Was tut man, um vulkanische Gefahren vorherzusagen, und wie
kann man drohendes Unheil abwenden?

Auf Santorin gibt es zahlreiche Anzeichen dafür, daß die vulkanische Aktivität noch nicht abgeschlossen ist und zu jeder Zeit wieder aufleben kann. Vor allem ist es die Wärme, die der Vulkan von sich gibt. Warme Quellen findet man heute noch an verschiedenen Stellen auf Thera, Fumarolen gibt es auf Nea Kameni. Aber auch Erdbeben rütteln die Bevölkerung von Zeit zu Zeit wach und machen darauf aufmerksam, daß der Untergrund, auf den sie ihre Häuser gebaut haben, noch in Bewegung ist (Abbildung 13.1).

Fumarolen, Solfataren und warme Quellen

Auf Nea Kameni gibt es am Rand des Georgios-Kraters einige gelblichweiß gefärbte Stellen, an denen heißer Dampf austritt. Der Boden ist hier merklich wärmer, und Schwefelkristalle bilden gelbe Krusten auf den zersetzten Gesteinen. Solche Fumarolen und Solfataren sind die sichtbaren Zeichen einer postvulkanischen Aktivität. Warme Quellen findet man im Meer um Nea und Palaea Kameni. Besonders bei ruhiger See treten sie deutlich durch ihre rostig-braune Farbe hervor, die von den Eisenablagerungen stammt; zudem ist das Meerwasser dort spürbar wärmer. Aber auch an anderen Stellen sind noch Reste der Vulkanaktivität bemerkbar. So gibt es warme Quellen an der Küste bei Kap Kolumbo sowie an der Stelle im Meer, an der sich 1650 der Kolumbo-Ausbruch ereignete. Weiterhin findet man sie an der Südfront des Platinamos-Rückens bei Vlihada und in der Caldera bei Kap Plaka (Abbildung 13.2) und Kap Thermia (Abbildung 13.3). Plaka und Thermia wurden bereits von Kircher (1665), Tournefort (1707) und Pègues (1842) als Heilquellen erwähnt. Letzterer bringt auch eine chemische Analyse des Quellwassers von Plaka, die der Chemiker Landerer durchgeführt hatte. Außerdem zählt er in einer ausführlichen Liste die Krankheiten auf, die dort geheilt wurden. Heute bezeugen Votivgaben in der Kirche Panagia bei Plaka, daß hier tatsächlich viele Menschen gesund wurden.

Erzbildungen an warmen Quellen

An der Nordseite von Palaea Kameni liegt eine Bucht, die schon von weitem durch die rostbraune Farbe des Wassers auffällt (Abbildung 13.0). Der Meeresboden in dieser seichten Bucht wird von einer 60 Zentimeter dicken Schlammschicht gebildet, die in ihrem oberen Teil rostbraun gefärbt ist. Diese Bucht wird daher „Eisenbucht" genannt. Überall sieht man im etwa 38 Grad Celsius warmen Wasser der Bucht Gasblasen aufsteigen.

Die Bucht ist ein beliebtes Ausflugsziel für Touristen, die sich besonders gern in den warmen Eisenschlamm setzen. Sie wird übrigens auch von Geologen häufig besucht, da es hier die vorzügliche Möglichkeit gibt, die Prozesse zu studieren, die zur Erzbildung besonders im marinen Bereich führen. So hat man in diesem natürlichen Laboratorium wichtige Erkenntnisse über die Entwicklung von Erzlagerstätten an Subduktionszonen gewonnen: Geochemische Untersuchungen auf Palaea und Nea Kameni (Boström et al. 1990) unterstützen die Hypothese, daß hydrothermale Systeme in jungen Vulkanbögen und Subduktionszonen die Tendenz besitzen, metallführend zu sein, was im Gegensatz zu Hydrothermalgebieten in großen Landbereichen und alten Inselbögen steht.

Wieso kommt es gerade hier zur Erzbildung? Untersuchungen von Puchelt et al. (1973) zeigten, daß die aufsteigenden warmen und aggressiven Gasarten bei ihrem Aufstiegsweg aus der Tiefe besonders Eisen aus den Nebengesteinen auslaugen und es bis zum Meeresboden transportieren. Dort reagiert es mit dem Sauerstoff des Meerwassers und wird als amorphes, also nichtkristallines Eisen-III-Hydroxid ausgefällt. An Stellen, wo die Gasausströmungen reich an Kohlendioxid sind, wie zum Beispiel in jener Eisenbucht, werden auch größere Mengen von Eisenkarbonat – Siderit – ausgefällt. Die Eisenausfällung geschieht im Zusammenspiel mit Eisenbakterien der Art *Gallionella ferruginosa*.

Bis vor wenigen Jahren wußte man nur, daß *Gallionella ferruginosa* die Eisenbildung in Süßwasser bewirkt und so zur Bildung von Raseneisenerz führt. Neue Analysen und Experimente in der Eisenbucht zeigten jedoch, daß *Gallionella* auch im marinen Bereich aktiv ist. Sie hat ihre optimalen Lebensbedingungen bei geringen Sauerstoffkonzentrationen und einem gemäßigten Säuregrad mit relativ großen Konzentrationen von Hydrogenkarbonat.

Der Schlamm in der Eisenbucht hat keine einheitliche Farbe. Gräbt man etwa 20 Zentimeter tief, so sieht man, daß die Schlammschicht von rotbraun zu grünschwarz umschlägt. Der Farbwechsel hängt damit zusammen, daß das amorphe Eisen-III-Hydroxid umgewandelt wird in Nadeleisenerz (Goethit), Eisenspat (Siderit) und Schwefelkies (Pyrit). Pyrit bildet hier mikroskopisch kleine, himbeerähnliche Aggre-

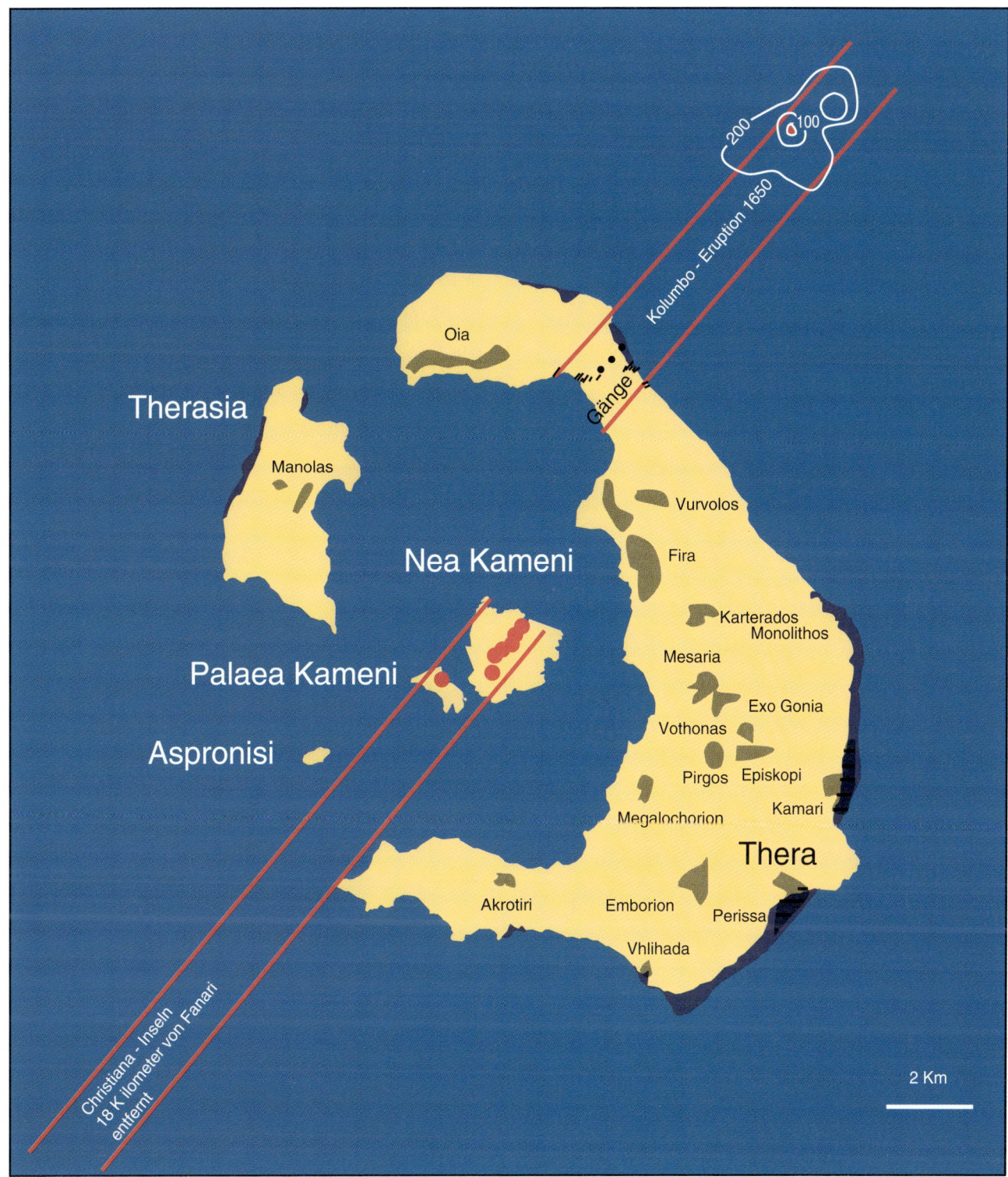

13.1 Auf Santorin gibt es zwei Zonen, die wegen ihrer erhöhten vulkanischen Aktivität auffallen und daher auch ein erhöhtes Risiko haben (rote Striche): Eine Nordwest-Südost verlaufende Zone, auf der die Kameni-Inseln mit den Eruptionspunkten der letzten Jahrhunderte liegen, und eine weitere etwas nach Norden versetzte, die sich zwischen den Vulkanen Megalo Vouno und dem untermeerischen Kolumbo-Riff im Nordosten von Thera erstreckt. Beide sind Teile einer größeren tektonischen Schwächezone, welche sich von den Christiana-Inseln im Südwesten bis zum Kolumbo-Vulkan hinzieht. Zukünftige Eruptionen werden sich sehr wahrscheinlich an diese vorgezeichnete tektonische Linie halten. Bedroht durch Flutwellen (Tsunamis) sind außerdem die flachliegenden Küstengebiete von Thera und Therasia (dunkelblau), wie sich beim Ausbruch des Kolumbo-Vulkans (1650) zeigte. Zusammengestellt nach Heiken und McCoy (1984) und Fytikas et al. (1990a).

13.2 Die warmen Quellen bei Plaka und bei Thermia sind seit Jahrhunderten als Heilquellen bekannt. Beide sind an die Diskordanzfläche zwischen dem metamorphen Grundgebirge und dem vulkanischen Gestein gebunden. Hier ist die Kirche Panagia von Plaka zu sehen.

gate, sogenannten framboidalen Pyrit. Nähere Untersuchungen zeigten, daß dieser Schlamm außer Kieselalgen (Diatomeen) auch Schwammnadeln und umgelagerte vulkanische Materialien wie Bims, Asche, vulkanisches Glas, Andesitfragmente und mehr enthält.

Doch die Eisenproduktion ist nicht auf diese Bucht beschränkt: Proben wurden von verschiedenen Stellen des Meeresbodens entnommen. Sie zeigten, daß die Eisenerzproduktion im gesamten Calderaraum stattfindet. Allerdings wird außerhalb der Caldera kein Eisen abgelagert. Die eisenhaltigen Schichten sind an einzel-

13.3 Auch bei Thermia an der Christos-Kirche gibt es eine warme Quelle. Sie liegt an der schrägen Diskordanzfläche, die in der unteren Bildhälfte zu sehen ist. Ein steiler Pfad führt von der Ortschaft Megalochorion hinunter ans Meer.

nen Stellen drei Meter dick, und Berechnungen haben gezeigt, daß in den letzten 550 Jahren etwa 350 000 Tonnen Eisen und 19 000 Tonnen Mangan abgelagert wurden (Petersen und Müller 1978). Vereinzelt treten auch Blei, Zink, Phosphor, Vanadium, Chrom, Nickel, Kobalt und Kupfer in sehr geringen Konzentrationen auf.

Natürliche Risiken

Die postvulkanische Aktivität auf Santorin äußert sich nicht nur in gleichmäßigen Austritten von Gasen oder warmem Wasser, sondern auch in Erdbeben.

Eine Bevölkerung, die schon seit Jahrtausenden auf einem Vulkan gelebt hat und ihm auf Gedeih und Verderb ausgeliefert ist, kennt die Vorteile und Gefahren sehr genau, die mit der Wahl des Wohnsitzes verbunden sind. So haben die Bewohner Santorins in den letzten Jahrtausenden fast alle Varianten von Naturkatastrophen und Plagen am eigenen Leibe erfahren müssen und darüber der Nachwelt berichtet. Die Geschehnisse sind in Sagen und Mythen, in Gedichten und Bußpredigten oder in Ausgrabungsberichten überliefert. Im letzteren Fall sind es zerstörte Siedlungen und Skelettfunde, die eine deutliche Sprache sprechen. Doch die Bevölkerung scheint die drohenden Gefahren nicht ernst zu nehmen.

Schlechte Erfahrungen, die frühere Generationen am eigenen Leibe machen mußten, sind in der Regel schon nach ein bis zwei Generationen wieder vergessen. Dies gilt allerdings nicht nur für Santorin, nein, so ist es in fast allen Vulkangebieten. Plötzlich und unerwartet erwacht der als erloschen geltende Vulkan zu neuem Leben und richtet enormen Schaden an Menschen und Gütern an. Fast immer kommt die Warnung zu spät oder wird nicht richtig verstanden.

Heute versucht man in besonders gefährdeten Vulkangebieten, durch ständige Überwachung drohendes Unheil zu vermeiden. Doch auch hier ist man oft völlig unvorbereitet, wenn ein erloschen geglaubter Vulkan sich wieder rührt. Vulkane sind unberechenbar, und ihre zukünftigen Ausbrüche sind selbst mit modernsten Instrumenten nicht präzise voraussagbar. Erst wenige Stunden vor einem Ausbruch kann man die Bevölkerung warnen.

Ein Beispiel von der Vulkaninsel Island mag dies näher beleuchten. Auf Island hat man im kaum besiedelten Krafla-Gebiet, das im Nordteil der Insel gelegen ist, verschiedene Meßinstrumente aufgestellt, um die Bevölkerung bei drohender Gefahr warnen zu

können. Erfahrungswerte zeigen, daß man hier nur mit einer Zeitspanne von etwa vier Stunden von den ersten Anzeichen des sich bewegenden Magmas bis zur Eruption rechnen kann. Übertragen auf die Verhältnisse von Santorin, wäre diese Zeitspanne viel zu kurz, um eine Bevölkerung von mehreren tausend Personen zu informieren und eventuell zu evakuieren.

Die Santorin-Vulkangruppe gehört wohl zu den aktivsten Vulkanen des Mittelmeerraumes. Allein in den letzten 2 000 Jahren haben sich dort 13 Eruptionen ereignet. Einige von ihnen trafen die Bevölkerung recht hart. Heute wird Santorin – besonders im Sommer – von zahlreichen Touristen besucht; es soll zur Zeit 80 000 Übernachtungsmöglichkeiten geben. Eine Eruption im Sommer wäre somit verhängnisvoll. Es ist daher notwendig, den Vulkankomplex mit allen technischen und wissenschaftlichen Mitteln zu überwachen. Zu diesem Zweck hat man ein Programm aufgestellt, das geophysikalische, seismologische und geochemische Untersuchungen beinhaltet.

Erdbeben

Zu den Naturereignissen, die nachweislich großen Schaden auf Santorin angerichtet haben, gehören die Erdbeben. Aufgrund von seismischen Messungen weiß man, daß hier sowohl Tief- als auch Flachbeben vorkommen. Der Zusammenstoß der Eurasischen Platte mit der Europäischen Platte löst von Zeit zu Zeit Beben aus, die aus Tiefen von 150 bis 170 Kilometern stammen und den gesamten Kykladen-Bogen prägen. Solche Beben können sehr stark sein und größere Gebiete treffen. Mehr lokaler Art sind die vulkanotektonischen Beben, die aus geringerer Tiefe stammen. Sie werden in der Regel durch Veränderungen in der Magmakammer ausgelöst. Mehrere antike Gebäude weisen Schäden auf, die auf solche Erdbeben zurückzuführen sind. So sind die Gebäude des antiken Thera auf dem Mesa Vouno wahrscheinlich durch Beben zerstört worden. Auch der hellenistische Tempel, der Agios Nikolaos Marmaritis bei Emborion, heute als orthodoxe Kirche benutzt, ist durch Erdbeben gezeichnet (Abbildung 13.4).

Um 1707 trafen starke Erschütterungen den Skaros-Felsen, der wie ein Sporn in die Caldera hineinragt (Abbildung 13.5). Er war im Mittelalter besiedelt und zum Schutz gegen Seeräuber als Festungsanlage ausgebaut. Aus alten Berichten wissen wir, daß dieser Felsen besonders bei den Eruptionen von 1650, 1707–1711 und 1866–1870 stark von Erdbeben betroffen

13.4 Viele antike Gebäude auf Thera zeigen Spuren von Erdbeben, so auch der ehemalige hellenistische Tempel, der heute als christliche   Kirche (Agios Nikolaos Marmaritis) genutzt wird.

wurde. Ursprünglich war er von verschiedenen venezianischen Adelsfamilien bewohnt. Die Erdbeben während der Ausbrüche von 1707–1711 waren jedoch so stark, daß man beschloß, den Felsen zu verlassen. Nach den Skizzen und Berichten des Grafen Choiseul-Gouffier, der um 1770 Santorin besuchte, gab es damals noch Häuser auf dem Felsen. Auch in der Zeichnung von Thomas Hope (Abbildung 13.6) sind sie noch zu sehen, doch als der Archäologe Ludwig Ross sich 1836 auf Santorin befand, lag der Skaros-Felsen bereits seit 20 Jahren verlassen da. Die begüterten Katholiken, die dort einst gewohnt hatten, waren nach Fira gezogen.

Der Skaros-Felsen ist inzwischen so stark zerklüftet und zerrüttet, daß man den Eindruck hat, er könne jeden Augenblick in die Caldera stürzen. Kein Wunder, daß dieser Felsen heute, bis auf eine kleine Kapelle an der Nordseite, unbebaut ist. Von der damaligen dichten Bebauung sind nur noch wenige Ruinen zu finden (Abbildung 13.7).

Das letzte verheerende Beben traf Santorin am 9. Juli 1956. Es war eines der stärksten Beben in Europa in diesem Jahrhundert (Schwarzbach 1958). Im Abstand von 12,5 Minuten erschütterten zwei Erdstöße

die Insel. Für den ersten (Epizentrum: Insel Amorgos) ermittelte man in den Erdbebenstationen von Uppsala und Kiruna eine Stärke von 7,7 und für den zweiten Stoß (Epizentrum: Insel Ios) eine Stärke von 7,2. Der erste Stoß erreichte auf Amorgos die Stärke IX der Mercalli-Sieberg-Skala, auf Santorin und Paros VIII, auf Therasia, Anaphe, Astypalea, Naxos, Kalymnos, Leros und Patmos VII, in Athen noch IV. Das Gebiet, in dem das Beben zu spüren war, hatte eine Fläche von 270 000 Quadratkilometern.

Der zweite Stoß war etwas schwächer. Für ihn berechnete das Seismologische Institut zu Athen den maximalen Wert von V auf der Mercalli-Sieberg-Skala und ein betroffenes Gebiet von 180 000 Quadratkilometern.

Er traf besonders die Ortschaften Oia und Fira auf Thera, die fast völlig zerstört wurden. Insgesamt wurden 529 Gebäude zerstört (auf Santorin allein 326), 1 482 schwer und 1 750 schwach beschädigt, und auf Santorin und den Nachbarinseln kamen 53 Menschen ums Leben. Auch in den anderen Ortschaften wurden zahlreiche Gebäude dem Erdboden gleichgemacht. Besonders hart wurde die Bevölkerung von der Zerstörung der Zisternen getroffen. Wassermangel

13.5 Dieser Ausschnitt aus einer Zeichnung von Choiseul-Gouffier (1782) zeigt die Calderawand zwischen Skaros (links) und Merovigli. Damals war der Skaros-Felsen noch dicht besiedelt. Man sieht sogar die Silhouette der bischöflichen Kirche, die heute nicht mehr existiert.

führte dazu, daß zum Beispiel die Ortschaft Agrilia auf Therasia aufgegeben werden mußte. Damals wurden die Überlebenden von Fira ins Fischerdorf Kamari übergesiedelt. Eine wichtige Erfahrung hat man aus diesem Erdbeben gezogen. Heute werden fast alle Gebäude erdbebensicher aus armiertem Beton aufgeführt, da es auch in der nächsten Zukunft starke Beben auf Santorin geben wird.

Tsunamis

Welche Angst ein Tsunami bei der Bevölkerung auslösen kann, zeigt ein Bericht aus Kreta, der im ersten Jahrhundert nach Christus von Philostratos überliefert wurde: Erdbeben und ein starkes Zurückweichen des Meeres wurden dort beobachtet, die im Zusammenhang mit der Bildung einer Insel ausgelöst wurden (siehe Exkurs).

Auch der Ausbruch von 1650, der sich etwa sieben Kilometer außerhalb der Caldera ereignete, löste eine große Flutwelle aus, die besonders den östlichen Teil von Thera überschwemmte. Nach den Berichten der Augenzeugen soll die Flut dort weit ins Land eingedrungen sein und große Verwüstungen angerichtet

haben. Bei Kamari und Perissa wurde viel Erde abgespült, und vorchristliche Ruinen am Fuße des Mesa Vouno kamen zum Vorschein. Diese Flutkatastrophe bewegte die Bevölkerung dazu, alle Siedlungen in flachen Gegenden aufzugeben. Man konzentrierte sich auf die höhergelegenen Ortschaften wie Fira, Oia, Merovigli, Pirgos und Akrotiri.

Im Zusammenhang mit dem Beben von 1956 beobachtete man ebenfalls Tsunamis, die wahrscheinlich durch Rutschungen an einem untermeerischen Graben bei der Insel Amorgos ausgelöst wurden. Sie erreichten auf Amorgos eine Höhe von 25 Metern, auf Astypalea 20, auf Pholegandros fünf und auf Lipsos vier Meter; auf Rhodos und Chios betrug ihre Höhe nur noch 0,15 Meter (Galanopoulos 1957). Es wurden drei große Wogen in fünf bis 15 Minuten Abstand beobachtet, die sich mit einer mittleren Geschwindigkeit von 60 bis 90 Metern pro Sekunde ausbreiteten. Sie verursachten zahlreiche Schäden.

Heute sind ausgerechnet die Strandgebiete auf Thera bei Kamari und Perissa am dichtesten besiedelt. Hier liegen die meisten Hotels und Pensionen, die allerdings im Winter kaum genutzt werden.

Lavaströme und Aschenfall

Die beiden Kameni-Inseln in der Caldera sind heute unbewohnt und werden es voraussichtlich auch bleiben. Die Zerstörung der Sommerhäuser und Kirchen sowie der Hafenanlagen auf Nea Kameni im vergangenen Jahrhundert durch Laven und Aschen des Georgios-Vulkans (1866–1870) war eine bittere Lehre (siehe Kapitel 12). Verschiedene geologische Indikationen, wie die Lage der Magmakammer und die tektonischen Verhältnisse, weisen darauf hin, daß mit großer Wahrscheinlichkeit gerade hier wieder eine Eruption stattfinden wird. Während man bei einer kommenden Eruption die Gefahr von Lavaströmen wahrscheinlich auf den Calderaraum beschränkt sieht, könnte ein größeres Gebiet vom Aschenregen betroffen werden. Solche Aschen könnten sich mit ihrer schweren Last auf die Dächer der Häuser legen und sie zum Einsturz bringen. Seit jeher nutzt man die flachen Dächer der Häuser, um Regenwasser in Zisternen aufzufangen. In jüngerer Zeit sieht man jedoch mehr und mehr, daß bei Neubauten Dächer aus armiertem Beton angefertigt und zuweilen auch mit Tonnengewölben versehen werden. Sie könnten also durchaus leichtere Aschenregen überdauern, ohne einzustürzen.

Schwimmende Bimsmassen

Der Ausbruch von 1650 produzierte offenbar riesige Bimssteinmengen, die nicht nur die Schiffahrt für die kleineren Boote behinderten, sondern auch die Bevölkerung der Nachbarinseln beeinträchtigten. Auf der Insel Ios wurden Bimsmassen in einer Höhe von 20 Metern über dem Meer abgelagert, und in einem Umkreis von mehr als 120 Kilometern beobachtete man treibenden Bimsstein, wie aus einer Handschrift hervorgeht, die Ross (1840) auf Thera fand: »Diese Massen von Bimsstein, die bis nach Kreta hinüberschwammen, erweckten dort den Glauben, daß ganz Thera versunken sey, so daß der commandirende venetianische General ein Fahrzeug aussandte, um Kundschaft einzuziehen.«

Erdrutsche und Steinschlag

In einem Gebiet mit so großen Höhenunterschieden in den gefalteten Teilen des Kykladenmassivs und den steilen Wänden der Caldera ist es nicht verwunderlich, daß es von Zeit zu Zeit zu Erdrutschen kommt.

Besonders gefährdet sind in dieser Hinsicht die Innenwände der Caldera, die aus pyroklastischen Materialien unterschiedlicher Festigkeit bestehen. Ältere Gebäude am Hafen, unterhalb von Fira und bei Corfu auf Therasia weisen deutliche Schäden durch Steinschlag auf (Abbildung 13.8). Gefahr droht besonders, wenn sich Felsen und Blöcke durch Erdbeben lösen. Bei Kap Thermia an der Innenseite der Caldera sind beispielsweise die Wohnhöhlen und Bootsschuppen am Strand durch abgestürzte Blöcke völlig unbenutzbar geworden. Gefährdet sind auch alle Straßen und Pfade, die in die Caldera hinabführen. Daß Menschen an solchen Stellen umgekommen sind, erfahren wir aus einem Bericht von Karl von Seebach (1867) und Ludwig Ross (1840):

»... und dennoch rollen, besonders in der Nacht, mitunter einzelne Lavablöcke, die sich aus den Aschenschichten losreißen, hinunter, tödten Menschen und zerschmettern die gewölbten Dächer der am Hafen liegenden Häuser. Vor nicht vielen Monaten hat ein solcher Stein eine Frau, welche eben den Weg hinanstieg, in zwei Stücke zerrissen, und in den wenigen

Philostratos berichtet in der Biographie über Apollonios von Tyana, den pythagoreischen Wundertäter und Philosophen des ersten nachchristlichen Jahrhunderts, von einem Erdbeben auf Kreta, das durch eine Inselbildung zwischen Thera und Kreta ausgelöst wurde. Vermutlich ist es der Ausbruch von 46 nach Christus, wie Dobe (1936) bereits bemerkte:

»Als sich Apollonios hier einst während des Mittags, wie er es oft pflegte, mit vielen Tempeldienern unterhielt, suchte plötzlich ein Erdbeben ganz Kreta heim. Der Donner kam aber nicht aus den Wolken, sondern grollte in der Erde. Die See trat etwa sieben Stadien zurück. Die meisten waren in Sorge, das zurückweichende Meer reiße den Tempel mit und werde ihn verschlingen. Apollonios aber sprach: »Fürchtet euch nicht! Das Meer hat ein Land geboren.« Da glaubten einige, er rede von der Eintracht der Elemente und wolle andeuten, daß das Meer keine Umwälzungen auf der Erde hervorbringen könne. Nach einigen Tagen aber kamen Leute aus Kydoniatis und meldeten, daß an jenem Tage zur Mittagszeit, als das Gotteszeichen sich ereignet hätte, sich aus dem Meere eine neue Insel gebildet habe, und zwar in der Meerenge zwischen Thera und Kreta.«

Philostratos, *„Das Leben des Apollonius von Tyana"* (Viertes Buch, Seite 429 der deutschen Übersetzung von Vroni Mumprecht, 1983, Artemis Verlag).

13.6 Der Skaros-Felsen war während des Mittelalters als Festungsanlage aus-gebaut und dicht besiedelt. Besonders der katholische Teil der Bevölkerung wohnte hier. Eine Zeichnung von Thomas Hope (1769–1831) zeigt die dicht ge-drängt stehenden Häuser dieser Anlage.
Tagebuchnotiz von E.M. Leycester, 1850, Seite 22–23:
»1. November: „Ich sitze gerade vor der herzöglichen Burg Skaros, unter einer riesigen Steilwand aus roter Lava und Schlacke, die ein Teil von Merovouli [Merovigli] trägt. Der Skarosfels ist von meinem Standpunkt aus durch einen hohen Rücken mit der Hauptinsel verbunden. Seine Formation ist in Bezug auf Form und Farbe auffällig. Er besteht aus dunkel-grauer und roter Lava, vermischt mit Aschen, Bims und Pozzulana [San-torinerde]. Ein riesiger, rot-schwarzer Fels bildet den höchsten Punkt mit einer abgeflachten Spitze, der sich 1 000 Fuß vom Meeresniveau erhebt, die von Zeit zu Zeit stark vermindert wurde, da Erd-beben große Stücke ins Meer gestürzt haben. Rund um diesen Fels befinden sich die Häuser der jetzt als Ruinen da liegenden Stadt Skaros, eine höchst außergewöhnliche Gruppe von übereinander gestapelten Häusern, ermöglicht durch einen Absatz am Rande des Ab-grunds, und in höchst furchterregender Lage befinden sich die Außenwände, fluchtend mit den senkrechten Felsen. Als ich eine Gruppe von Feldhühnern zwischen den Ruinen aufschreckte, wäre ich beinahe in eine Gruft gefallen, die voll von Totenschädeln und anderen menschlichen Gebeinen war: Keine lebende Seele wohnt hier mehr.«

Nächten unsers Hierseyns sind zweimal Steine auf die Dächer gefallen.«

In unserer Zeit zeugen Kruzifixe am Weg von Unfällen.

Vulkanische Gase

Bei einer Eruption kommt es zur Entmischung und Druckentlastung des Magmas, wobei große Mengen der eingeschlossenen Gase freigesetzt werden und in die Atmosphäre entweichen. Ihre schädliche Wirkung ist ganz von ihrer Konzentration abhängig. Geschieht

13.7 Das Foto wurde 1993 etwa vom gleichen Standpunkt wie die Zeichnung (Abbildung 13.4) aufgenommen und zeigt den von Erd-beben zerrütteten Skaros-Felsen. Von der ursprünglich so dichten Besiedlung sind heute kaum noch Spuren erkennbar.

ein Gasaustritt jedoch explosionsartig, so kann die Explosion alles in der Nähe befindliche Leben ver-nichten. Im allgemeinen sind die schwefel- und kohlensäurehaltigen Dämpfe, die aus einem noch aktiven Vulkangebiet entweichen, nur als unangeneh-me Gerüche bemerkbar (siehe auch den Bericht über den Besuch auf Nea Kameni im Jahre 1707). Treten sie jedoch in stärkerer Konzentration auf, so können sie verheerende Folgen haben. Schwefelhaltige Dämpfe greifen zum Beispiel Metalle an. Für Menschen sind sie sehr gefährlich. Allerdings sind sie durch ihren charakteristischen Geruch nach faulen Eiern und ihre gelbliche Farbe kenntlich, und man kann ihnen in der Regel ausweichen.

Anders verhält es sich mit dem Kohlendioxid. Dieses Gas ist farb- und geruchlos und daher beson-ders gefährlich. Solche CO_2-Austritte nennt man auch Mofetten oder Säuerlinge. Das Gas kann direkt aus dem Krater und auch aus anderen vulkanischen Produkten, ja selbst aus bereits ausgeflossenen Laven entweichen. Da es schwerer als Luft ist, fließt es unmittelbar am Boden entlang und kann aufgrund seiner Schwere Vertiefungen ausfüllen und Hänge hinabfließen. Auch in der Eifel kennt man einige

13.8 Die steilen Calderawände, die die Minoische Eruption vor rund 3 600 Jahren schuf, sind selbst heute noch nicht zu Ruhe gekommen. Immer wieder lösen sich größere Felspartien von der Steilwand und rasen mit ohrenbetäubendem Lärm hinunter. Im Frühjahr 1993 stürzte so eine etwa 100 mal 100 Meter große Gesteinseinheit an der Calderawand zwischen Kap Plaka und Kap Thermia mit solchem Getöse ab, daß man im Ort Megalochorion davon aus dem Schlaf gerissen wurde. Auch der im Foto gezeigte Felsblock von Therasia löste sich im März 1993 aus einer Höhe von etwa 160 Metern und rollte den Hang hinunter, wo er zwei Häuser am Hafen von Corfu zertrümmerte.

Stellen, an denen natürliches Kohlendioxid austritt. Dort ist es besonders gefährlich, Keller und tiefergelegene Räume zu betreten. Auch der Totengräber muß sich dort in acht nehmen, damit er nicht sein eigenes Grab schaufelt.

Erst vor wenigen Jahren wurde die Weltöffentlichkeit von einer fürchterlichen Kohlendioxid-Katastrophe erschüttert. Am Nios-See in Kamerun waren unsichtbare Kohlendioxiddämpfe aus dem See entwichen und hatten in einer Ortschaft 1 700 Menschen getötet.

Auch auf Santorin sind vermutlich Menschen durch ausströmende Schwefelgase oder Kohlendioxid ums Leben gekommen: Bei der Eruption, die sich im Jahre 1650 außerhalb der Caldera, nur sieben Kilometer von Kap Kolumbo entfernt, ereignete, entwichen große Mengen von Schwefeldioxid, wie zeitgenössischen Berichten zu entnehmen ist. Der Schwefelgestank war so stark und aggressiv, daß sich auf Santorin Silberwaren schwarz färbten. Von einer Kohlendioxidgefahr erfahren wir nur indirekt aus den überlieferten Berichten, die Ludwig Ross (1840) in einer griechischen Handschrift auf Thera fand.

Überwachung und Vorhersage von Naturkatastrophen

Gravimetrische Messungen

Eine wichtige Untersuchungsmethode in diesem Zusammenhang ist die Messung des lokalen Schwerefeldes. Ein entsprechendes Projekt wird zur Zeit vom IGME (Institute of Mining Geology) aus Athen in Zusammenarbeit mit den geologischen und geophysikalischen Instituten der Universität Athen durchgeführt. Man hat zu diesem Zweck eine Reihe von Meßstationen auf Santorin errichtet, die in festen Zeitintervallen vermessen werden, um Veränderungen zu registrieren. Die Methode beruht darauf, daß aufsteigendes Magma Veränderungen im lokalen Schwerefeld erzeugt, da es dabei im Untergrund zu einer Umlagerung von Massen verschiedener Dichte kommt. Man hat diese Methode bereits mit Erfolg am Vesuv und am Ätna anwenden können. Bisherige Untersuchungen, die auf Santorin seit 1984 durchgeführt wurden, zeigen, daß einige Meßpunkte auf Thera leicht gehoben wurden, während man bei anderen ein leichtes Absinken feststellen konnte (Lagios et al. 1990b). Dies deutet darauf hin, daß das Schwerefeld unter Santorin sich verändert.

Geomagnetische Messungen

Eine andere geophysikalische Methode, die man zur Vorhersage von Eruptionen benutzen kann, ist die Messung des geomagnetischen Feldes. Man hat diese Methode erfolgreich am Kilauea auf Hawaii anwenden können, wo ja recht häufig Ausbrüche stattfinden und inzwischen umfangreiches Beobachtungsmaterial zur

Giftgas beim Ausbruch von 1650

Beim Ausbruch des Kolumbo-Vulkans im Jahre 1650, außerhalb der Caldera, wurde Santorin von den giftigen vulkanischen Gasen des Vulkans heimgesucht. Eine Handschrift, die über dieses Ereignis berichtet, wurde von Ross (1840) übersetzt. Es ist darin die Rede von Schwefeldämpfen, aber wahrscheinlich enthielten die giftigen Gase außer Schwefeldioxid auch Kohlendioxid:

»Eine schwere, mit tödlichen Gasarten geschwängerte Luft lagerte sich, wie es scheint, auf dem Meere und auf den niedrigen Küsten; denn, wie der Verf. [der Handschrift] berichtet, starben mehrere Menschen, die sich zu nahe ans Ufer wagten, um die ausgeworfenen Fische aufzulesen, und man fand viele Schafe und anderes Vieh, selbst Rebhühner und anderes wildes Geflügel, todt im Felde. Am 2. October kamen zwei theräische Barken von Amorgos, und die eine erreichte glücklich Apano-Meria [heute Oia], obgleich die Schiffer in Gefahr gewesen waren zu ersticken, und sich nur durch in die Nase geflößten Wein wieder ermuntert hatten. Die andere Barke aber blieb in den dichten Massen schwimmenden Bimssteins unbeweglich hängen; und als die Bewohner von Ios sie nach einigen Tagen auf ihre Insel hinüberholten, fand man die Schiffer erstickt, und ihre Leichen dick aufgeschwollen.«

Verfügung steht. Um solche Untersuchungen auch auf Santorin durchführen zu können, hat man eine Reihe von Meßstationen errichtet, die kontinuierliche Daten liefern (Lagios et al. 1990a). Mit dieser Methode ist es auch möglich, die ungefähre Lage der Magmakammern zu bestimmen. So zeigt es sich, daß die Erdbeben in der Gegend von Santorin recht flache Herde haben (weniger als fünf Kilometer Tiefe) und das Gebiet der Epizentren eng begrenzt ist. Auf Santorin sind besonders zwei Gebiete aktiv, nämlich die Kameni-Inseln und das Gebiet um den Kolumbo-Vulkan, also ausgerechnet dort, wo sich in historischer Zeit Ausbrüche ereignet haben (Delibasis et al. 1990).

Tektonische Beobachtungen

Die gründliche Kenntnis der tektonischen Verhältnisse ist eine wesentliche Voraussetzung dafür, Eruptionen voraussagen zu können. Ausbrüche ereignen sich bevorzugt an bereits vorgezeichneten tektonischen Schwächezonen. Solche tektonischen Informationen lassen sich aus Luftbildern und Geländestudien erhalten; aber auch vulkanologische Beobachtungen und Interpretationen der Abläufe früherer Eruptionen geben wichtige Auskünfte über eventuelle Schwächezonen in der Erdkruste. Solche Bereiche sind bevorzugte Aufstiegswege des Magmas. So konnte man bei den Ausbrüchen von 1707–1711, 1866–1870 und 1925–1928 Verlagerungen der Ausbruchsaktivität beobachten, die alle in einer Richtung verliefen, nämlich Nordost-Südwest. Zu dieser Erkenntnis waren übrigens schon die Bewohner des Skaros-Felsens gelangt.

Als 1707 die Ausbrüche wieder in der Caldera begannen, bemerkten sie, daß ihr Wohngebiet genau auf der „Feuerlinie" lag, auf welcher sich die beiden letzten Ausbrüche ereignet hatten. Auf dieser Zone liegen auch die Eruptionsstellen der heutigen Kameni-Inseln. Ein zweites Schwächegebiet zeichnet sich auf der Linie von den Ausbruchspunkten Megalo Vouno zum Kolumbus-Vulkan ab. Zukünftige Eruptionen werden voraussichtlich auch in diesen beiden Schwächezonen erfolgen.

14.0 Bei bestimmten Wetterlagen – wie zum Beispiel bei dem Orkan in den ersten Tagen des Januars 1980 – können auch ungewöhnliche Sichtverhältnisse auftreten. Der Meteorologe Wilski, der zur Jahrhundertwende zusammen mit Hiller von Gärtringen an der Ausgrabung von Alt-Thera beteiligt war, berichtete, daß man sehr selten von Santorin aus sogar bis nach Kreta schauen kann, das 120 Kilometer entfernt liegt. Auch soll man dann bis zu 17 Inseln in der Umgebung von Santorin sehen können. Auf dem Foto sieht man links in der Ferne die Insel Ios. In der Caldera hat die starke Brandung von der Küste Bimsstein abgespült, der eine girlandenartige, helle Kette auf dem Wasser bildet.

14

Heutige und zukünftige Veränderungen der Insel

Naturkräfte und Menschen verändern die
Gestalt der Vulkaninsel. Was in relativ kurzer
Zeit durch den Vulkan abgelagert wurde,
wird im Laufe der Zeit von Meer, Wind und
Regen wieder abgetragen. Santorins Gesteine
reagieren dabei ganz unterschiedlich auf die
Erosion.

Das Phänomen der Erosion und die damit verbundene Veränderung einer Landschaft gehören zu den ältesten Erfahrungen der Menschheit. Auch die Griechen der Antike kannten diese Naturkraft, wie uns Platon in seinem Werk „Timaios" anschaulich vor Augen führt. Er benutzt darin das Bild einer sich verändernden Landschaft, um einen langen Zeitraum zu symbolisieren. Auch Santorin ist solchen Kräften ausgesetzt, die im Laufe der Zeit das Bild der Insel neu gestalteten. Heute sieht die Landschaft auf den Resten der alten Ringinseln bereits ganz anders aus als damals nach der Minoischen Eruption. So haben Wind und Wetter deutliche Veränderungen in der Landschaft verursacht, und an vielen Stellen stößt man auf die Narben, die durch die Erosion entstanden sind. Dabei reagieren die relativ harten Gesteine des metamorphen Grundgebirges ganz anders auf die Erosion als die lockeren, porösen vulkanischen Aschen. Auch der Zeitraum, in dem die Erosion wirken konnte, spielt bei der Veränderung der Ausgangssituation eine Rolle. So waren die Reste des Kykladenmassivs nach der Auffaltung im Tertiär der Erosion lange Zeit ausgesetzt, und da sie – geologisch gesehen – nur kurzzeitig von vulkanischen Lockermassen umhüllt waren und heute weitgehend wieder befreit liegen, kann die Erosion ihre nagende Tätigkeit fortsetzen. Ein Teil der Schuttmassen, die aus Santorins nichtvulkanischer Periode stammen, ist noch heute am Fuß des Profitis-Elias-Bergmassivs zu finden. So sind zum Beispiel die alten Phyllite an der Calderawand bei Plaka von einem Schuttmantel umgeben, der die Zeit überdauern konnte, weil er durch die überlagernden vulkanischen Produkte vor der Erosion geschützt war.

Das alte Grundgebirge ist wegen seiner Höhe (Profitis Elias: 565 Meter) und seinen schroffen Bergseiten besonders der Erosion preisgegeben. Hinzu kommt noch die Tektonik des Gebietes, die hier die Wege der Erosion vorgezeichnet hat. Ein anschauliches Beispiel hierfür ist der Graben bei Sellada: Während der kräftigen Winterregen wird dieser riesige Graben vom Wasser wie eine Abflußrinne benutzt. Große Wassermassen können in kurzer Zeit das Bergmassiv hinunterströmen und dabei Sediment abspülen. Ein Schuttkegel unterhalb von Sellada, auf dem in der Antike die Griechen und später die Römer ihren Flottenstützpunkt hatten, ist das Resultat. Früher befand sich dort die Hafenstadt Oia, wie bereits Hiller von Gärtringen um die Jahrhundertwende herausfand. Sie war in der Zeit von 800 vor Christus bis etwa 800 nach Christus besiedelt. Heute liegt dort der südliche Ausläufer der Ortschaft Kamari.

Die Erosionsrinnen bei Profitis Elias erinnern mich an eine Geschichte, die sich etwa 1984 abspielte: In Zusammenhang mit dem für Santorin so kostbaren Wasser wurde ich einmal von Lefteris Sigalas, dem Hotelbesitzer und Bruder des Archäologen Charalambos Sigalas aus Kamari, gefragt, wo ich in der Gegend von Kamari nach Wasser bohren würde. Da ich mich fachlich noch nie mit solchen Fragen beschäftigt hatte, aber die Problemstellung ganz interessant fand, untersuchte ich das Gebiet am Fuß des Profitis-Elias-Massivs. Mir fiel dabei auf, daß die alten, vom Bergmassiv herunterlaufenden Erosionsrinnen – die Wasserwege bei Regen – in der Ebene bei Kamari völlig von den jungen Bimssteinmassen des Minoischen Ausbruchs bedeckt sind. Wie man jedoch aus den geologischen Verhältnissen in der näheren Umgebung schließen kann, findet das alte Grundgebirge im Untergrund von Kamari seine Fortsetzung. Das konnte bedeuten, daß auch das vom Berg hinunterfließende Wasser seine alten Wege unter dem Bims noch benutzt. Ich ging darauf mit Lefteris ins Gelände, besprach mit ihm die geologischen Verhältnisse und machte ihn besonders auf die Bedeutung der alten

14.1 Die Topographie von Santorin wird von tiefen Erosionsrinnen geprägt, die sich in den weichen Bimsstein der Oberfläche eingeschnitten haben. Während der Zeit der Winterregen läuft hier das Regenwasser ab und kann dabei wahre Sturzbäche bilden. Die Griechen nennen solche Bachläufe Potamos. Viele Ortschaften liegen heute in diesen Rinnen versteckt und geschützt vor den starken Winterstürmen.

14.2 Auch an den steilen Wänden der Caldera hat die Erosion durch Wind und Wasser ihre Spuren hinterlassen. Höhlen und Grotten entstanden hier im weichen vulkanischen Gestein. Seit altersher haben die Bewohner Santorins solche Stellen für ihre Häuser und Kirchen benutzt. Hier ist die Christos-Kirche bei Thermia an der Innenseite der Caldera zu sehen.

Erosionsrinnen aufmerksam. »Dort wo sich die von verschiedenen Seiten vom Berg herunterkommenden Erosionsrinnen unter dem Bimsstein in der Ebene treffen, sollte man nach Wasser bohren.« Er folgte meinem Rat und fand Wasser. Nach seiner Aussage soll es sogar eine der ergiebigsten Bohrungen auf Santorin sein. „Beginner's luck" würden die Engländer diesen Treffer wohl nennen, ich aber dachte an das sprichwörtliche „blinde Huhn", das ja manchmal auch ein Korn findet. Die Geschichte brachte mir auf Santorin dem Ruf ein, Wasser finden zu können, aber weitere Anfragen dieser Art habe ich später immer abgelehnt, weil ich meinen griechischen Kollegen nicht ins Handwerk pfuschen wollte.

Der relativ junge vulkanische Teil Santorins ist besonders den erodierenden Kräften preisgegeben

14.3 Die Erosion durch Wind und Wasser kann ganz eigenartige Gebilde im weichen Bimsstein der Minoischen Eruption hervorbringen. Dieses bizarre Streifenmuster war 1990 an der Ostküste von Thera zu sehen. Offenbar hatte die Erosion die Materialunterschiede und chaotischen Fließstrukturen in den Aschenströmen herauspräpariert und weithin sichtbar gemacht. Die Wand ist ungefähr 10 Meter hoch.

(Abbildung 14.1). Die lockeren pyroklastischen Gesteine können sehr leicht – wie allgemein bei Vulkanen – von Meer, Regen und Wind erodiert werden. An den Steilküsten kann die Erosion die erstaunlichsten Streifenmuster und Wabenformen in den relativ weichen Bimstuffen hervorbringen (Abbildung 14.2 und 14.3). Nur wo Lava eine harte Kappe über den weichen Schichten bildet, werden auch sie verschont. Das gilt besonders für Teile der Kameni-Inseln.

Den eigentlichen Vorgang der Erosion bemerkt man bei normalen Wetterlagen kaum. Herrschen jedoch extreme Wetterverhältnisse (Abbildung 14.0) wie zum Beispiel bei einem Orkan, dann ist die Luft manchmal so voll von Bimssand, daß man glauben könnte, sich in einer Eruptionswolke zu befinden (Abbildung 14.4). Wie bei einem kräftigen Sandsturm in der Wüste muß man sich verhüllen, um nicht vom Sandstrahlgebläse des Sturmes angegriffen zu werden. Nicht ohne Grund findet man unter den Opferaltären im antiken Thera

viele, die dem Windgott gewidmet sind. Starke Stürme und kräftige Regenfälle sind auf Santorin in der Winterzeit recht häufig (Abbildung 14.5).

Erosion durch Überflutungen

Lockere Pyroklastika können durchaus noch auf andere Art und Weise umgelagert worden sein. Beim Einbruch des Daches der Magmakammer infolge der Minoischen Eruption sind vermutlich riesige Wassermassen plötzlich in die Tiefe gestürzt und haben Tsunamis ausgelöst. Hierbei könnten die zurückflutenden Wassermassen über den Calderarand geschwappt sein und an den porösen Tuffhängen besonders die leichten Bimstuffe ausgespült haben, wobei das schwerere Gesteinsmaterial zurückblieb. Wie man sich diese Vorgänge vorstellen kann, zeigte der Ausbruch von 1650. Große Bereiche an der Ostflanke von Thera wurden abgespült und alte Gebäude bei Kamari und Perissa freigelegt (siehe Kapitel 12).

In der Tat sieht man auf Luftfotos von Thera radial von der Caldera weggerichtete Erosionsrinnen im flachen Gebiet nördlich der Ortschaft Akrotiri. Sie sind vermutlich bei der letzten Phase der Minoischen Eruption entstanden, als Wassermassen über den Kraterrand flossen, vielleicht aber auch durch spätere Tsunamis.

Veränderungen der Inselgruppe durch den Menschen

Santorin ist ein beliebtes Touristenziel, das ganzjährig von Tausenden von Menschen besucht wird. Das war nicht immer so. In früheren Jahren war das Schiff die einzige Verbindung zur Umwelt, und Touristen sah man fast nur in der Saison. Aber seit Mitte der siebziger Jahre gibt es auch einen Flugplatz auf Thera, der besonders in den Sommermonaten von verschiedenen europäischen Flughäfen direkt angeflogen wird. Dies führte zu einem gewaltigen Anstieg des Touristenstroms. Zur Zeit hat Thera eine Übernachtungskapazität von rund 80 000 Betten. Die Inselgruppe hat zahlreiche Attraktionen, wie den aktiven Vulkan mit seinen noch heute tätigen Fumarolen und Solfataren, die Sonne, den Badestrand und vieles mehr. Das alles

lockt die Touristen an. Aber auch die archäologischen Funde sind eine Attraktion ersten Ranges. Santorin ist in, wie es heißt.

Doch die Medaille hat auch eine Kehrseite, die leider nicht sehr attraktiv ist. Viele Santorinkenner und Freunde der Inselgruppe stellen fest, daß vor allem die sonst so gastfreundlichen und liebenswerten Inselbewohner sich mehr und mehr auf den Profit ausrichten. Diese Tendenz macht sich leider überall bemerkbar. Streit um alte Wegerechte, Grenzen und Gemarkungen ist an der Tagesordnung. Rechtsanwälte und Gerichte haben viel zu tun. Doch nicht nur den Bewohnern der Insel bekommt der riesige Touristenstrom nicht, sondern auch die Landschaft leidet unter den Massen. Abfallbeseitigung und Mülldeponien funktionieren nicht immer optimal. Die Kameni-Inseln, eine Hauptattraktion von Santorin, die in der Saison von Tausenden von Touristen besucht werden, sind leider sehr von diesen Problemen geplagt: Leere Wasserflaschen und Dosen liegen herum. Sie sind eine leichte Beute für den Wind, der sie über das ganze Gebiete verteilt. Diese aktiven Vulkaninseln mit ihrer Einmaligkeit sollte man unter Naturschutz stellen. Das gleiche gilt auch für einige Stellen an den Calderawänden, wo es archäologische Denkmäler gibt und wo man einmalige geologische Phänomene studieren kann. Hier bestünde die Möglichkeit, neue Attraktionen für Santorin zu schaffen: Naturreservate mit geologischen und archäologischen Lehrpfaden könnte man dort anlegen und

14.4 Wabenartige Muster sind häufig an den weichen Gesteinen der Küstenregion zu beobachten. Dieser weiche Lavablock zeigt die charakteristischen Merkmale der sogenannten Tafoni-Verwitterung.

14.5 Die steilen Calderawände sind auch heute noch nicht stabil: Abrutschungen der hellen Bimsschichten kommen häufig vor. Frisch abgestürzter Bimsstein ist zuweilen so stark mit Luft gefüllt, daß man ihn kaum betreten kann. An einigen Stellen versinkt man bis in Hüfthöhe im lockeren Material. Auch der Wind kann das feine, mehlartige Material leicht verfrachten.

ihnen eine höhere Priorität einräumen als Hotelbauten und Müllkippen. So sind heute viele Naturschönheiten der Insel vom expandierenden Tourismus bedroht. Es fehlt das Geld für Landschaftsschutz und Denkmalpflege, sagen die Bewohner. Es ist noch nicht zu spät einzugreifen. Kallist hat ein besseres Schicksal verdient.

Rätselhafte Strukturen am Meeresgrund

Als James W. Mavor und Angelos Galanopoulos 1967 auf Thera nach Spuren von Atlantis suchten, durchforschten sie auch die seichten Gewässer innerhalb und außerhalb der Caldera. So tauchten Mavor und seine Mitarbeiter bei Kamari, Perissa und bei Kap Exomytis und führten auch Tiefenlotungen durch. Offenbar hatte eine Beobachtung in Leycesters Beschreibungen sie dorthin gelockt. Der britische Marineleutnant hatte nämlich 1848 eine Seekarte von Santorin veröffentlicht und in seinen Beschreibungen von Ruinen berichtet, die in einer Wassertiefe von zehn bis 30 Metern an jenen Stellen vorkommen sollten. Die Fischer hatten Leychester erzählt, daß man zum Beispiel im seichten Wasser bei Exomytis sogar Ruinen mit Schornsteinen und Hafenmolen erkennen könnte. Die Hafenmolen fand er tatsächlich, und sie sind auch in seiner Karte eingezeichnet. Aber auch Ludwig Ross (1840) hatte bereits von ähnlichen Phänomenen bei Exomytis berichtet. Nach seiner Vorstellung mußte es sich bei den Unterwasserruinen um Reste der Stadt Eleusis handeln, jenem Ort, den es nach Ptolemaeus (zweites Jahrhundert nach Christus) auf Thera gegeben haben soll. Nach Ross kann man nämlich bei ruhiger See vom nahen Vorgebirge die Mauern von Eleusis im Meer noch sehen.

Mavor und Galanopoulos wußten bereits bei ihren gemeinsamen Untersuchungen auf Santorin, daß es sich bei den sogenannten Hafenmolen bei Exomytis um natürliche Bildungen handelt. In der Natur gibt es nämlich eine Gesteinsbildung im Meer, die Mauerwerk oder Beton sehr ähnlich sieht. Man nennt dieses Gestein Strandgestein (*beach rock*), da es unmittelbar am Strand entsteht. Dieses Strandgestein hat zum Beispiel an einigen Stellen bei Kamari und Perissa terrassenartige „Betonrampen" im seichten Wasser geschaffen, die beim Baden oft sehr unangenehm sind, da sie von glitschigen Algenmatten überzogen sind. Die Funde bei Kap Exomytis hatten also eine natürliche Erklärung gefunden, und damit war das Eleusis-Rätsel gelöst.

Mavor und Galanopoulos fanden auch heraus, daß die von der Natur angelegten Hafenmolen bei Exomytis recht unzweckmäßig in bezug auf Wind- und Strömungsrichtung und daher wohl kaum als Hafen geeignet waren, was wiederum ein Argument für ihre natürliche Entstehung war. Interessanterweise berichtet Mavor auch von einer ringförmigen Struktur im seichten Wasser mit einem Durchmesser von einem Meter, die nach seiner Meinung kein Naturprodukt, sondern von Menschenhand geschaffen sei. Für Mavor war dieser Fund ein weiterer Hinweis auf Atlantis.

Doch auch dieser Fund kann meiner Meinung nach ein Naturprodukt sein. So kennt man von mehreren Stellen am Meeresgrund schornsteinartige Gebilde, die durch Gasaustritte in Vulkangebieten und über entga-

Lag die Stadt Eleusis bei Kap Exomytis?

(Beobachtungen des Archäologen Ludwig Ross)

»Wir ritten von hier, das Dorf Emporion zur Rechten lassend, geraden Weges durch die Ebene nach dem Vorgebirge Exomytis (, Εξωμυτηζ, d. i. η εξω μυτη), oder die äußere Nase), welches von dem Hauptberge in südwestlicher Richtung ausläuft. Der zweite von Ptolemäos genannte Hauptort der Insel, Eleusis, hat vermutlich auf der Südseite der äußersten Spitze dieses Vorgebirges gelegen, seine Ruinen mögen erst in den dunkeln Jahrhunderten des Mittelalters durch eines der hier so häufigen Erdbeben ins Meer versenkt worden seyn, wo man unter dem Wasser noch bedeutende Mauerreste sieht, und von der Höhe des Vorgebirges herabblickend bei ruhigem Wetter die Gestalt des Hafendammes noch deutlich erkennen kann.«

(L. Ross, 1840: *Inselreisen*, Seite 58).

senden Sedimenten am Meeresboden gebildet werden. Es könnte sich also bei Mavors Fund um sogenannte „Schwarze Raucher" handeln, wie man sie zum Beispiel bei einer Tauchfahrt mit der „Cyana" am Ostpazifischen Rücken beobachtet hat (Hékinian 1988).

14.6 Bäume wachsen hauptsächlich in Erosionsrinnen, wo sie vor Wind geschützt sind. An Hanglagen passen sie sich im Wuchs der vorherrschenden Windrichtung an.

14.7 Die schematische Darstellung zeigt die Veränderungen von Santorin seit der Bronzezeit. Sie sind das Resultat der unaufhaltbaren Bewegung der Lithosphärenplatten, die hier den Vulkanismus verursacht. Sie wird auch in Zukunft zu Umgestaltungen auf der Inselgruppe führen. Das untere Teilbild zeigt die fast geschlossene Ringinsel mit der Vor-Kameni-Insel in der Mitte und dem Monolithos- Felsen am Rande. Im mittleren Teilbild sieht man Santorins Umriß nach der Minoischen Eruption mit den drei Inseln Thera, Therasia und Aspronisi. Die heutige Gestalt von Santorin ist im oberen Teilbild zu sehen, wo sich im zentralen Teil der Caldera die beiden Inseln Nea und Palaea Kameni im Laufe der letzten 2 000 Jahre gebildet haben.

Vulkane sind unberechenbar

Unaufhaltsam bewegen sich die Platten der Lithosphäre und schaffen tektonische Spannungsfelder. Sie sind auch im Hellenischen Bogen die Ursache des Vulkanismus und seiner Folgeerscheinungen. Das heißt auch, daß Erdbeben, Vulkanausbrüche und Tsunamis dieses Gebiet weiterhin prägen werden (Fritzalas 1988). Nichts kann diese dynamische Kraft stoppen. Die Veränderungen, die Santorin im Laufe der Zeit erfahren hat, sind der beste Beweis hierfür (Abbildung 14.6). Man darf erwarten, daß auch in der Zukunft Eruptionen wieder an den existierenden Schwächezonen erfolgen werden. Allerdings können auch neue Schwächezonen entstehen. Solange die sich von Zeit zu Zeit aufstauende tektonische Spannung in mehreren kleineren Schüben gelöst wird, werden auch die Reaktionen in der Erdkruste entsprechend gering sein: Schwache Erdbeben und kleinere, aber häufige Eruptionen werden die Folge sein. Es werden Vulkanausbrüche sein, die etwa denen entsprechen, die sich in diesem Jahrhundert auf Nea Kameni ereigneten und relativ harmlos waren. Staut sich jedoch die tektonische Spannung über einen längeren Zeitraum auf, so ist die Gefahr von starken Erdbeben und verheerenden Eruptionen groß. Denn das durch Aufschmelzen und Aufnahme von Krustengestein stark veränderte Kalk-Alkali-Magma im Hellenischen Bogen besitzt das Potential zu solchen Explosionen. Wann es allerdings wieder zu einem Ausbruch in der Stärke der Minoi-

schen Eruption kommt, wissen wir nicht. »Vulkane
sind unberechenbar«, sagte der Vulkanologe Maurice
Krafft einmal. Diese Weisheit mußte er am eigenen
Leib erfahren, als er zusammen mit seiner Frau Katja
Krafft im Juni 1991 bei der Eruption des Pinatubo ums
Leben kam. Auf Santorin wird es aller Wahrscheinlichkeit nach weitere Ausbrüche geben. Ob sie sich jedoch
an die erkennbaren Schwächezonen innerhalb und
außerhalb der Caldera halten oder neue Ausbruchswe-
ge finden werden, ist ungewiß. Das Feuer im Meer ist
noch nicht erloschen, und es ist nur eine Frage der
Zeit, wann es wieder hoch auflodert.

Literatur

Ammianus Marcellinus. *Rerum gestarum libri qui supersunt*. Leipzig (Gardthausen) 1874.

Apollonius Rhodius. *Argonautica*. Leipzig (Merkel) 1905.

Arvanitides, N.; Boström, K.; Kalogeropoulos, S.; Paritsis, S.; Galanopoulos, V.; Papavassiliou, C. *Geochemistry of Lavas, Pumice and Veins in Drill Core GPK-1, Palaea Kameni, Santorini*. In: Hardy, D. A. (Hrsg.) *Thera and the Aegean World III*. Bd. 2. London (The Thera Foundation) 1990. S. 266–279.

Aston, M.A.; Hardy, P.G. *The Pre-Minoan Landscape of Thera: a Preliminary Statement*. In: Hardy, D. A. (Hrsg.) *Thera and the Aegean World III*. Bd. 2. London (The Thera Foundation) 1990. S. 348–361.

Baillie, M.; Munro, M.A.R. *Irish Tree Rings, Santorini And Volcanic Dust Veils*. In: *Nature* Bd./Nr. 332/6162 (1988) S. 344–346.

Baillie, M.G.L. *Irish Tree Rings and an Event in 1628 BC*. In: Hardy, D. A. (Hrsg.) *Thera and the Aegean World III*. Bd. 3. London (The Thera Foundation) 1990. S. 160–166.

Bard, E.; Hamelin, B.; Fairbanks, R.; Zindler, A. *Calibration of The ^{14}C Timescale Over The Past 30,000 Years Using Mass Spectrometric U-Th Ages from Barbados Corals*. In: *Nature* Bd./Nr. 345 (1990) S. 405–419.

Baumann, H. *Die griechische Pflanzenwelt in Mythos, Kunst und Literatur*. München (Hirmer) 1982.

Becker, B.; Kromert, B.; Trimborn, P. *A Stable-Isotop Tree-Ring Timescala of the Late Glacial/Holocene Boundary*. In: *Nature* Bd./Nr. 353 (1991) S. 647–649.

Betancourt, P.P. *Dating the Aegean Late Bronce Age with Radiocarbon*. In: *Archaeometry* Bd./Nr. 29 (1987) S. 45–59.

Bietak, M. *Minoan Wall-Paintings Unearthed at Ancient Avaris*. In: *Egyptian Archaeology* Bd./Nr. 2 (1992) S. 26–28.

Bond, A.; Sparks, R. S. J. *The Minoan Eruption of Santorini, Greece*. In: *Journal of the Geological Society of London* Bd./Nr. 132 (1976) S. 1–16.

Buondelmonti. *Liber Insularum*. Leipzig und Berlin (Sinner) 1824.

Boström,, K.; Ingri, J.; Boström, B.; Andersson, P.; Löfvendahl, R. *Metallogenesis at SanTorini – a Subduction-Zone Related Process. II: Geochemistry and Origin of Hydrothermal Solutions on Nea Kameni, Santorini, Greece*. In: Hardy, D. A. (Hrsg.) *Thera and the Aegean World III*. Bd. 2. London (The Thera Foundation) 1990. S. 291–299.

Cassiodorus, M.A. *Chronicon*.

Cedrenus, G. *Annales*. Basel 1566.

Choiseul-Gouffier, C. *Voyage pittoresque de la Grèce*. 1782.

Dansgaard, W.; Hammer, C.U. *Vulkanisme på den nordlige halvkugle registreret i Indlandsisen*. In: *Naturens Verden* Bd./Nr. 1981/11 (1981) S. 1–14.

Davies, N, de G. *The Tombs of Ken-Amun at Thebes. Publication of the Metropolitan Museum of Art. Egyptian Expedition*. V 1–2. 1930.

Davis, E.N. *A Storm in Egypt During the Reign of Ahmoe*. In: Hardy, D. A. (Hrsg.) *Thera and the Aegean World III*. Bd. 3. London (The Thera Foundation) 1990. S. 232–235.

Davis, E.N. *The Vapheio Cups and Aegean Gold and Silver Ware*. New York & London (Garland Publishing, Inc.) 1977).

Davis, E.N.; Bastas, C. *Petrology and Geochemistry of the Metamorphic System of Santorini*. In: Doumas, C. (Hrsg.) *Thera and the Aegean World I*. London (The Thera Foundation) 1978. S. 61–79.

Delibasis, N.; Chailas, S.; Lagios, E.; Drakopoulos, J. *Surveillance of Thera Volcano, Greece: Microseismicity Monitoring*. In: Hardy, D. A. (Hrsg.) *Thera and the Aegean World III*. Bd. 2. London (The Thera Foundation) 1990. S. 199–206.

Diapoulis, C. *Prehistoric Plants of the Islands of the Aegaean Sea, Sea Daffodils (Pancratium Maritimum)*. In: Doumas, C. (Hrsg.) *Thera and the Aegean World II*. Bd. 2. London (The Thera Foundation) 1980. S. 129–140.

Dobe, F. *Literaturverzeichnis*. In: Reck, H. (Hrsg.) *Santorin – der Werdegang eines Inselvulkans und sein Ausbruch 1925–1928*. Berlin (D. Reimer) 1936. S. XIV–XXVIII.

Doumas, C. & Papazoglou, D. *Santorini Tephra from Rhodes*. In: *Nature* Bd./Nr. 287 (1977), S.819–822.

Doumas, C. *The Minoan Eruption of the Santorini Volcano*. In: *Antiquity* Bd./Nr. XLVIII (1974) S.110–115.

Doumas, C. *Santorin*. Athen (Delta) 1977.

Doumas, C. *Eruptions of the Santorini Volcano from Contemporary Sources*. In: Doumas, C. (Hrsg.) *Thera and the Aegean World I*. London (The Thera Foundation) 1978. S. 819–823.

Doumas, C.G. *Thera, Pompeii of the Ancient Aegean*. London (Thames and Hudson) 1983.

Doumas, C.G. *Thera/Santorin. Das Pompeji der alten Ägäis*. Berlin (Koehler & Amelang) 1991.

Doumas, C.G. *The Wall-Paintings of Thera*. Athens (The Thera Foundation) 1992.

Druitt, T.H. *Vent Evolution and Lag Breccia Formation During the Cape Riva Eruption of Santorini, Greece*. In:

Journal of Geology Bd./Nr. 93 (1985)
S. 439–454.

Druitt, T.H.; Mellors, R.A.; Pyle, D.M.; Sparks, R.S.J.
Explosive Volcanism on Santorini, Greece. In: *Geological Magazine* Bd./Nr. 126/2 (1989) S. 95–126.

Druitt, T.H.; Francaviglia, V. *An Ancient Caldera Cliff Line at Phira, and Its Significance for the Topography and Geology of Pre-Minoan Santorini.* In: Hardy, D.A. (Hrsg.) *Thera and the Aegean World III.* Bd 2. London (The Thera Foundation) 1990. S. 362–369.

Druitt, T.H.; Francaviglia, V. *Caldera Formation on Santorini and The Physiogeography of the Islands in the Late Bronze Age.* In: *Bull. Volcanol.* Bd./Nr. 54 (1992) S. 484–493.

Durazzo-Morosini, Z. *Santorin. Die fantastische Insel.* Berlin Gebr. Mann) 1936.

Einfalt, H.-C. *Chemical and Mineralogical Investigations of Sherds from the Akrotiri Excavations.* In: Doumas, C. (Hrsg.) *Thera and the Aegean World I.* London (The Thera Foundation) 1978a. S. 459–469.

Einfalt, H.-C. *Stone Materials in Ancient Akrotiri – a Short Compilation.* In: Doumas, C. (Hrsg.) *Thera and the Aegean World I.* London (The Thera Foundation) 1978b. S. 523–527.

Eriksen, U. *Kalkxenolitter fra det minoiske pimpstenslag Santorin, Grækenland.* Aarhus (Geologisk Institut) 1990.

Eriksen, U.; Friedrich, W.L.; Buchardt, B.; Tauber, H.; Thomsen, M.S. *The Stronghyle Caldera: Geological, Palaeontological and Stable Isotope Evidence from Radiocarbon Dated Stromatolites from Santorini.* In: Hardy, D. A. (Hrsg.) *Thera and the Aegean World III.* Bd. 2. London (The Thera Foundation) 1990. S. 139–150.

Eusebius von Cesarea. *Chronicorum Canonum quae supersunt.* Berlin (Schoene) 1866.

Ferrara, G.; Fytikas, M.; Giuliani, O.; Marinelli, G. *Age of the Formation of the Aegean Active Volcanic Arc.* In: Doumas, C. (Hrsg.) *Thera and the Aegean World II.* London (The Thera Foundation) 1980. S. 37–41.

Figuier, L. *La Terre et les Mers.* Paris 1972.

Flemming, N.C.; Webb, C.O. *Tectonic and Eustatic Coastal Changes During the Last 10000 Years Derived from Archaeological Data.* In: *Z. Geomorph.* Bd./Nr. NF 62 (1986), S. 1–29.

Fouqué, F. *Une Pompéi Antéhistorique.* In: *Revue des deux mondes* Bd./Nr. 83 (1869) S. 923–942.

Fouqué, F. *Santorin et ses Éruptions.* Paris (Masson & Cie) 1879.

Francaviglia, V. *Sea-borne Pumice Deposits of Archaeological Interest on Aegean and Eastern Mediterranean Beaches.* In: Hardy, D. A. (Hrsg.) *Thera and the Aegean World III.* Bd. 3. London (The Thera Foundation) 1990b. S. 127–134.

Francis, P.; Self, S. *Der Ausbruch des Krakatau.* In: *Vulkanismus.* Heidelberg (Spektrum der Wissenschaft) 1988. S. 56–68.

Friedmann, G.M. *Geology Illuminates Biblical Events.* In: *Geotimes* Bd./Nr. 3 (1992) S. 18–20.

Friedrich, W.L. *Zur Geologie von Brjánslækur (Nordwest-Island) unter besonderer Berücksichtigung der fossilen Flora.* Köln (Stolfuss Verlag Bonn) 1966.

Friedrich, W.L. *Tertiäre Pflanzen im Basalt von Island.* In: *Meddelelser fra Dansk Geologisk Forening* Bd./Nr. 18/3–4 (1968) S. 265–276.

Friedrich, W. L. *Kulturplanter fra Santorins bronzealder.* In: *Naturens Verden* Bd./Nr. 6–7 (1983) S. 234–245.

Friedrich, W.L.; Pichler, H. *Radiocarbon Dates of Santorini Volcanics.* In: *Nature* Bd./Nr. 262/5567 (1976) S. 373–374.

Friedrich, W.L.; Pichler, H.; Schiering, W. *Der Ausbruch des Thera-Vulkans.* In: *Spektrum der Wissenschaft* Bd./Nr. 9 (1980a) S. 17–24.

Friedrich, W.L.; Friborg, R.; Tauber, H. *Two Radiocarbon Dates of the Minoan Eruption on Santorini (Greece).* In: Doumas, C. G. (Hrsg.) *Thera and the Aegean World II.* Bd. 2. London (The Thera Foundation) 1980b. S. 241–243.

Friedrich, W.L.; Doumas, C.G. *Was There Local Access to Certain Ores/Minerals for the Theran People Before the Minoan Eruption? An Addendum.* In: Hardy, D. A. (Hrsg.) *Thera and the Aegean World III.* Bd. 1. London (The Thera Foundation) 1990. S. 502–503.

Friedrich, W.L.; Pichler, H.; Kussmaul, S. *Quaternary Pyroclastics from Santorini/Greece and Their Significance for the Mediterranean Palaeoclimate.* In: *Bulletin of the Geological Society of Denmark* Bd./Nr. A26 (1977) S. 27–39.

Friedrich, W.L. *Fossil Plants from Weichselian Interstadials, Santorini (Greece) II.* In: Doumas, C. (Hrsg.) *Thera and the Aegean World II.* Bd. 2. London (The Thera Foundation) 1980. S. 109–128.

Friedrich, W.L. *Stratigrafi i et vulkansk område – Santorin som eksempel.* In: *Dansk geologisk Forening. Årsskrift for 1986* (1987) S. 1–6.

Friedrich, W.L.; Símonarson, L.A. *Die fossile Flora Islands: Zeugin der Thule-Landbrücke.* In: *Spektrum der Wissenschaft* Bd./Nr. 10 (1981) S. 23–31.

Friedrich, W.L.; Velitzelos, E. *Bemerkungen zur spätquartären Flora von Santorin (Griechenland).* In: *Courier Forschungsinstitut Senckenberg* Bd./Nr. 86 (1986) S. 387–395.

Friedrich, W.L.: Eriksen, U.; Tauber, H.; Heinemeier, J.; Rud, N.; Thomsen, M. S.; Buchardt, B. *Existence of a Water-Filled Caldera Prior to The Minoan Eruption of Santorini, Greece.* In: *Naturwissenschaften* Bd./Nr. 75 (1988) S. 567–569.

Friedrich, W.L.; Wagner, P.; Tauber, H. *Radiocarbon Dated Plant Remains from The Akrotiri Excavation on Santorini, Greece.* In: Hardy, D.A. (Hrsg.) *Thera and the Aegean World III.* Bd. 3. London (The Thera Foundation) 1990. S. 188–196.

Friedrich, W.L.; Eriksen, U.; Larsen, G.: *The Stronghyle Caldera, Santorini, Greece, was Flooded Before the 1645 BC Minoan Eruption.* In: *International Volcanological Congress*, Mainz, Abstracts (IAVCEI) 1990. S. 114.

Von Fritsch, K. *Geologische Beschreibung des Ringgebirges von Santorin.* In: *Zeitschrift der Deutschen geologischen Gesellschaft* Bd./Nr. 23 (1871) S. 125–209.

Fritzalas, C.I.; Papadopoulos, G.A. *Volcanic Risks and Urban Planning in the Region of Santorini Volcano, South Aegean, Greece.* In: Marinos & Koukis (Hrsg.) *Engineering Geology of Ancient Works, Monuments and Historical Sites.* Rotterdam 1988. S. 1321–1327.

Fytikas, M.; Kolios, N.; Vougioukalakis, G. *Post-Minoan Volcanic Activity of the Santorini Volcano. Volcanic Hazard and Risk, Forecasting Possibilities.* In: Hardy, D. A. (Hrsg.) *Thera and the Aegean World III.* Bd. 2. London (The Thera Foundation) 1990a. S. 183–198.

Fytikas, M.; Karydakis, G.; Kavouridis, Th.; Kolios, N.; Vougioukalakis, G. *Geothermal Research on Santorini.* In: Hardy, D. A. (Hrsg.) *Thera and the Aegean World III.* Bd. 2. London (The Thera Foundation) 1990b. S. 241–249.

Fytikas, M.; Vougioukalakis, G. *Volcanic Structure and Evolution of Cimolos-Polyegos.* In: *Bulletin of the Geological Society of Greece* (im Druck).

Galanopoulos, A.G. *The Seismic Sea Wave of July 9, 1956* (In Greek). In: *Praktika* Bd./Nr. 32 (1957) S. 90–101.

Galanopoulos, A.G. *Zur Bestimmung des Alters der Santorin-Kaldera.* In: *Annales Géologiques des pays Helléniques* Bd./Nr. 9 (1958) S. 184–185.

Galanopoulos, A.G. *Tsunamis Observed on The Coasts of Greece from Antiquity to Present Time.* In: *Annali di Geofisica* Bd./Nr. 13/3–4 (1960a) S. 369–386.

Galanopoulos, A.G. *New Light on the Legend of Atlantis and the Mycenaean Decadence.* Athen 1981.

Galanopoulos, A.G.; Bacon, E. *Atlantis. The Truth Behind the Legend.* London (Nelson) 1969.

Galanopoulos, A.G.; Bacon, E. *Die Wahrheit über Atlantis.* München (Wilhelm Heyne Verlag) 1977.

Georgalas, G.C. *L'éruption du volcan de Santorin en 1950.* In: *Bull. Volc.* Sér. II, Vol. XIII (1953) S. 39–55.

Georgalas, G.C. *L'éruption du volcan de Santorin en 1939–1941.* In: *Bulletin volcanologique*, Sér. II, Tome XXI (1959) S. 3–64.

Georgalas, G.C. *Catalogue of the Active Volcanoes of the World Including Solfatara Fields.* In: *International Association of Volcanology*, Teil 12. Rom (1962) S. 1–28.

Georgalas, G.C.; Liatsikas, N. *The Eruption of 1925 of Thera's Volcano* (griechisch). In: *Erga A-17* Bd./Nr. 15. Februar 1926.

Goree, Father. *A Relation of a New Island, Which Was Raised up from the Bottom of the Sea, on the 23d of May 1707, in the Bay of Santorini, in the Archepelago.* In: *Philosophical Transactions* Bd./Nr. XXVII (1712) S. 354–375.

Gorceix et Mamet. *Constructions de l'époque antéhistorique, découvertes à Santorin.* In: *Compte Rendu* Bd./Nr. 73 (1871) S. 476–478 Paris.

Greuter, W. *Beiträge zur Flora der Südägäis 8.* In: *Bauhinia* Bd./Nr. 3 (1967) S. 243–250.

Günther, D. *Vulkanologisch-petrographische Untersuchungen pyroklastischer Folgen auf Santorin (Ägäis/Griechenland).* Dissertation. Tübingen 1972. 111 S.

Günther, D.; Pichler, H. *Die Obere und Untere Bimssstein-Folge auf Santorin.* In: *Neues Jahrbuch für Geologie und Paläontologie* Bd./Nr. 7 (1973) S. 394–415.

Hallager, E. *Aspects of Aegean Long-Distance Trade in the Second Millennium B.C.* In: Momenti precoloniale nel Mediterraneo antico. Atti del Convegno Internationale (Roma 14–16 marzo 1985). *Collezione di Studii Fenici* Bd./Nr. 28 (1988) S. 91–101.

Hallager, E. *Upper Floors in LM I Houses.* In: *Bulletin de Correspondance Hellénique*, Suppl. XIX (1990) S. 281–291.

Hammer, C.; Clausen, H.; Friedrich, W. L.; Tauber, H. *The Minoan Eruption of Santorini in Greece Dated to 1645 BC?* In: *Nature* Bd./Nr. 328/6130 (1987) S. 517–519.

Hammer, C.U.; Clausen, H.B. *The Precision of Ice-Core Dating.* In: *Hardy, D. A. (Hrsg.) Thera and the Aegean World III.* Bd. 3. London (The Thera Foundation) 1990. S. 174–178.

Hansen, A. *Flora der Inselgruppe Santorin* In: *Candoella* Bd./Nr. 26/1 (1971) S. 109–163.

Heiken, G.; McCoy, F. Jr. *Caldera Development During the Minoan Eruption, Thira, Cyclades, Greece.* In: *Journal of Geophysical Research* Bd./Nr. 89/B10 (1984) S. 8441–8462.

Heiken, G.; McCoy, F. *Precursory Activity to the Minoan Eruption, Thera, Greece.* In: Hardy, D. A. (Hrsg.) *Thera and the Aegean World III.* Bd. 2. London (The Thera Foundation) 1990. S. 79–88.

Heiken, G.; McCoy, F.; Sheridan, M. *Palaeotopographic and Palaeogeologic Reconstruction of Minoan Thera.* In: Hardy, D. A. (Hrsg.) *Thera and the Aegean World III.* Bd. 2. London (The Thera Foundation) 1990. S. 370–376.

Hékinian, R. *Vulkane am Meeresgrund.* In: *Vulkanismus* (Spektrum der Wissenschaft) 1988. S. 92–102.

Helck, W.: *Die Beziehungen Ägyptens und Vorderasiens zur Ägäis bis ins 7. Jahrhundert v. Chr.* In: *Beiträge der Forschung* Bd. 120 (Wissenschaftliche Buchgesellschaft Darmastadt) (1979) S. 1–355.

Heldreich, Th. von. *Die Flora der Insel Thera.* In: Hiller von Gaertringen. *Die Insel Thera.* Bd. 1 (1899) S. 122–140; Bd. 4 (1902) S. 119–130.

Herodot. *Geschichten und Geschichte* Band I, Buch 1–4, 147, S. 376. (Übersetzt von Walter Marg). Zürich und München (Artemis Verlag) 1973.

Hiller von Gaertringen, F. (Hrsg.) *Thera. Untersuchungen, Vermessungen und Ausgrabungen in den Jahren 1895–1902.* Berlin (Verlag G. Reimer) 1899–1904.

Hiller von Gaertringen, F. *Besuch der alten Stadt Thera*. In: Durazzo-Morosini, Z. *Santorin. Die fantastische Insel*. Berlin (Gebr. Mann) 1936. S. 23–32.

Von Hoff, K.E.A. *Geschichte der durch Überlieferung nachgewiesenen natürlichen Veränderungen der Erdoberfläche*. II. Theil. Gotha (Justus Perthes) 1824.

Hubberten, H.-W.; Bruns, M.; Calamiotou, M.; Apostolakis, C.; Filippakis, S.; Grimanis, A. *Radiocarbon Dates from the Akrotiri Excavations*. In: Hardy, D. A. (Hrsg.) *Thera and the Aegean World III*. Bd. 3. London (The Thera Foundation) 1990. S. 179–187.

Huijsmans, J.P.P. *Calc-Alkaline Lavas from the Volcanic Complex of Santorini, Aegean Sea, Greece. A Petrological, Geochemical and Stratigraphic Study* (Ph.D. thesis). In: *Geologica ultraiectina* Bd./Nr. 41 (1985) 5. 316 S.

Huijsmans, J.P.P.; Barton, M. *New Stratigraphic and Geochemical Data for the Megalo Vouno Complex: a Dominating Volcanic Landform in Minoan Times*. In: Hardy, D. A. (Hrsg.) *Thera and the Aegean World III*. Bd. 2. London (The Thera Foundation) 1990. S. 433–441.

Humboldt, A. von. *Kosmos. Entwurf einer physischen Weltbeschreibung*. Band 1. Stuttgart und Tübingen (J.G. Cotta'scher Verlag) 1845. S. 252.

Johnsen, S.J.; Clausen, H.B.; Dansgaard, W.; Fuhrer, K.; Gundestrup, N.; Hammer, C.U.; Iversen, P.; Jouzel, J.; Stauffer, B.; Steffensen, J.P. *Irregular Glacial Interstadials Recorded in a New Greenland Ice Core*. In: *Nature* Bd./Nr. 359 (1992) S. 311–313.

Justinus, M.J. *Trogi Pompei Historiarum Philippicarum epitoma*. Stuttgart (Teubner) 1972.

Karo, G. *Archäologische Funde* In: *Archäologischer Anzeiger* Nr. I/II (1930) S.135–138.

Karali-Yannacopoulou, L. *Sea Shells, Land Snails and Other Marine Remains from Akrotiri*. In: Hardy, D. A. (Hrsg.) *Thera and the Aegean World III*. Bd. 2. London (The Thera Foundation) 1990. S. 410–415.

Keller, J. *Prehistoric Pumice Tephra on Aegean Islands*. In: In: Doumas, C. G. (Hrsg.) *Thera and the Aegean World II*. London (The Thera Foundation) 1980. S. 49–56.

Keller, J. *Quaternary Tephrochronology in the Mediterranean Region*. In: Self, S.; Sparks, R.S.J. (Hrsg.) *Tephra Studies* (NATO Advanced Study Institutes Ser. C, vol. 75) (1981) S. 227–244.

Keller, J. *Mediterranean island arcs*. In: Thorpe, R.S. (Hrsg.) *Andesites*. New York (John Wiley & Sons) 1982. S. 307–325.

Keller, J.; Rehren, Th.; Stadlbauer, E. *Explosive Volcanism in the Hellenic Arc: a Summary and Review*. In: In: Hardy, D. A. (Hrsg.) *Thera and the Aegean World III*. Bd. 2. London (The Thera Foundation) 1990. S. 13–26.

Kircher, A. *Mundus subterraneus*. Buch IV, Kapitel 5. Amsterdam 1665.

Klitgaard, K. *Bugten ved Christos*. In: Friedrich, W.L.; Andersen, S.B.; Klitgaard, K. (Hrsg.) *Santorin. Ekskursion og Feltarbejde 1985*. Århus (1986) S. 56–60.

Knidlberger, L. *Santorin. Insel zwischen Traum und Tag*. München (Hornung Verlag Viktor Lang) 1975.

Krafft, M.:, Krafft, K. *Volcanoes – Earth Awakening*. (Hammond) 1980.

Ktenas, K. *L'éruption du volcan des Kamenis (Santorin) en 1925, I*. In: *Bull. Volcanol*. Bd./Nr. 3 (1926) S. 3–64.

Ktenas, K. *L'éruption deu volcan des Kamenis (Santorin) en 1925*. In: *Bull. Volcanol*. Bd./Nr. 4 (1927) S. 7–46.

Ktenas, K.; Kokkoros, P. *The Parasitic Eruption of the Volcano of Kammenis on 23 January 1928* (griechisch). In: *Praktika Academy of Athens* Bd./Nr. 3 (1928) S. 316–322.

Labbeus Bituricus, P. *Chronologiae historicae*. Paris 1670.

Lacroix, M.A. *Sur la découverte d'un gisement d'empreintes végétales dans les cendres volcaniques anciennes de l'île de Phira (Santorin)*. In: *Comptes R. Acad. Sci*. Bd./Nr. 123/00 (1896) 656–661.

Lagios, E.; Tzanis, A.; Chailas, S.; Wyss, M. *Surveillance of Thera Volcano, Greece: Monitoring of the Geomagnetic Field*. In: Hardy, D.A. (Hrsg.) *Thera and the Aegean World III*. Bd 2. London (The Thera Foundation) 1990a. S. 207–215.

Lagios, E.; Tzanis, A.; Hipkin, R.; Delibasis, N.; Drakopoulos, J. *Surveillance of Thera Volcano, Greece: Monitoring of the Local Gravity Field*. In: Hardy, D. A. (Hrsg.) *Thera and the Aegean World III*. Bd. 2. London (The Thera Foundation) 1990b. S. 216–223.

LaMarche, V.C.; Hirschboeck, K.K. *Frost Rings in Trees as Records of Major Volcanic Eruptions*. In: *Nature* Bd./Nr. 307/1 (1984) S. 121–126.

Lenz, H.O. *Botanik der alten Griechen und Römer*. 1859. Neudruck Wiesbaden (Sändig) 1966.

Leycester, E.M. *Some Account of the Volcanic Group of Santorin or Thera, once called Calliste, or the Most Beautiful*. In: *Journal of the Royal Geographical Society* Bd./Nr. 20 (1850) S. 1–38.

Livius, Titus Patavinus. *Römische Geschichte*. München (Heimeran) 1977–91.

Luce, J.V. *The End of Atlantis. New Light on an Old Legend*. London (Book Club Associates) 1973. Englische Originalausgabe 1969.

Luce, J.V. Atlantis. *Legende und Wirklichkeit*. Bergisch Gladbach (Gustav Lübbe Verlag) 1975, 4. Auflage.

Mamet, H. *De insula Thera*. Insulis (E. Thorin) 1874.

Marinatos, S. *The Volcanic Destruction of Minoan Crete*. In: *Antiquity* (1939) S. 425–439.

Marinatos, S. *Some Words About the Legend of Atlantis*. Athen (Papachrysanthou) 1972.

Marinatos, S. *Thera VI Colour Plates and Plans*. Athen 1974.

Marinatos, S. *Excavations at Thera VII*. Athen 1976.

Marthari, M. *Ausgrabungen am Ftellos bei Phira*. In: *Athens Annals of Archaeology* Bd./Nr. XV/1 (1983) S. 86–101. (Griechisch mit englischer Zusammenfassung).

Marthari, M.: *Excavations at Phtellos, Thera: Period 1980.* (griechisch) In: *Athens Annals of Archaeology* Bd./Nr. XV/1 (1983) S. 86–101.

Marthari, M.: *Thera, Phtellos* (griechisch). In: *Archaeologikon Deltion* 35 (1980), *Chronica* (1988) S. 472–473.

Marthari, M.: *Thera, Phtellos* (griechisch). In: *Archaeologikon Deltion* 36 (1981), *Chronica* (1989) S. 373–375.

Mavor, J.W. *Reise nach Atlantis. Wissenschaftler lösen das Rätsel einer Weltkatastrophe.* München (Heyne Verlag) 1980. Eine amerikanische Ausgabe erschien 1969.

McCoy, F.W. *The Upper Thera (Minoan) Ash in Deep-Sea Sediments: Distribution and Comparison With Other Ash Layers.* In: In: Doumas, C. G. (Hrsg.) *Thera and the Aegean World II.* London (The Thera Foundation) 1980. S. 57–78.

McKenzie, D. *Active Tectonics of the Alpine-Himalayan Belt: the Aegean Sea and Surrounding Regions.* In: *The Geophysical Journal of the Royal Astronomical Society* Bd./Nr. 55/1 (1978) S. 217–254.

McKenzie, D.; Parker, R.L. *The North Pacific: an Example of Tectonics on a Sphere.* In: *Nature* Bd./Nr. 216 (1967) S. 1276–1280.

Moore, J.G. *The 1965 Eruption of Taal Volcano.* In: *Science* Bd./Nr. 151 (1966) S. 955–960.

Morgan, L. *The miniature wall paintings of Thera. A study in Aegean culture and iconography.* Cambridge (Cambridge University Press) 1988.

Morgan, W.J. *Rises, trenches, great faults, and crustal blocks.* In: *Jour. Geophys. Res.* Bd./Nr. 73 (1968) S. 1959–1982.

Murad, E.; Hubberten, H.-W. *Sulfide Mineralization in Phyllites From The Island of Thera, Santorini Archipelago, Greece.* In: *N. Jb. Miner. Mh.* Bd./Nr. 7 (1975) S. 300–308.

Muratori, L.A. *Geschichte von Italien.* Leipzig 1746.

Murawski, H.: *Geologisches Wörterbuch.* 9. Auflage. Stuttgart (Enke Verlag) 1992.

Neumann van Padang, M. *Die Geschichte des Vulkanismus Santorins von ihren Anfängen bis zum zerstörenden Bimssteinausbruch um die Mitte des 2. Jahrtausend vor Christus.* In: Reck, H. (Hrsg.) *Santorin – der Werdegang eines Inselvulkans und sein Ausbruch 1925–1928.* Bd. I. Berlin (D. Reimer) 1936. S. 1–72.

Nicephoros, P.C. *Breviarium rerum post Mauricium gestarum in Corpus Scriptorum histor. Byzantin.* Bonn (Georgios Syncellus) 1829 und 1837.

Niemeier, W.-D. *New Archaeological Evidence for a 17th Century Date of the 'Minoan Eruption' from Israel (Tel Kabri, Western Galilee).* In: Hardy, D. A. (Hrsg.) *Thera and the Aegean World III.* Bd. 3. London (The Thera Foundation) 1990. S. 120–126.

Ninkovich, D.; Hays, J.D. *Mediterranean Island Arcs and Origin of High Potash Volcanoes.* In: *Earth and Planetary Science Letters* Bd./Nr. 16 (1972) S. 331–345.

Ninkovich, D.; Heezen, B.C. *Physical and Chemical Properties of Volcanic Glass Shards from Pozzuolana Ash, Thera Island, and from Upper and Lower Ash Layers in Eastern Mediterranean Deep Sea Sediments.* In: *Nature* February 11, (1967) S. 582–584.

Oppolzer, T. Ritter von. *Canon der Finsternisse.* Wien (Hof- und Staatsdruckerei) 1887.

Orosius, P. *Historiarum adversus paganos.* Wien (Zangemeister) 1882. Papastamatiou, J. *Sur l'âge des calcaires cristallins de l'île de Théra (Santorin).* In: *Bulletin of Geological Society of Greece* Bd./Nr. 3 (1958) S. 104–113 (griechisch mit französischer Zusammenfassung).

Papazachos, B.C.; Panagiotopoulos, D.G. *Normal Faults Associated With Volcanic Activity and Deep Rupture Zones in the Southern Aegean Volcanic Arc.* In: *Bulletin of the Geological Society of Greece* (im Druck).

Pausanias. *Reisen in Griechenland.* Gesamtausgabe in drei Bänden. Zürich (Artemis) 1986–89.

Pearson, G.W.; Stuiver, M. *High Precision Calibration of the Radiocarbon Time Scale, 500–2500 BC.* In: *Radiocarbon* Bd./Nr. 28 (1986) S. 839–862.

Pègues, M. l'Abbé. *Histoire et Phémènes du Volcan et des iles Volcaniques de Santorin.* Paris (Imprimerie Royale) 1842.

Perissoratis, C. *Marine Geological Research on Santorini: Preliminary Results.* In: Hardy, D. A. (Hrsg.) *Thera and the Aegean World III.* Bd. 2. London (The Thera Foundation) 1990. S. 305–311.

Perissoratis, C.; Michailidis, S.; Zacharaki, P.; Angelopoulos, I. *Geologic Characteristics of the Santorini Caldera and the Surrounding Area* (griechisch mit englischer Zusammenfassung). In: *Bulletin of the Geological Society of Greece* (im Druck).

Petersen, M.D.; Müller, G. *Recent Tuffitic Sediments Around Santorini, Part IV: Geochemistry of the Ironrich Sediments from the Santorini Caldera.* In: Doumas, C. G. (Hrsg.) *Thera and the Aegean World I.* London (The Thera Foundation) 1978. S. 311–322.

Philippson, A. *Die Inselgruppe von Thera.* In: Hiller von Gaertringen (Hrsg.). *Thera. Untersuchungen, Vermessungen und Ausgrabungen in den Jahren 1895–1902.* Bd. 1. Berlin 1896.

Philostratos. *Das Leben des Apollonios von Tyana.* Griechisch-Deutsch, Herausgegeben, übersetzt und erläutert von Vroni Mumprecht. München (Artemis Verlag) 1983.

Pichler, H. *„Base surge"-Ablagerungen auf Santorin.* In: *Naturwissenschaften* Bd./Nr. 60/4 (1973) S. 198.

Pichler, H.; Kussmaul, S. *The Calc-Alkaline Volcanic Rocks of The Santorini Group (Aegean Sea, Greece).* In: *N. Jb. Miner. Abh.* Bd./Nr. 116/3 (1972) S. 268–307.

Pichler, H.; Schiering, W. *The Thera Eruption and Late Minoan-IB Destructions on Crete.* In: *Nature* Bd./Nr. 267/5614 (1977) S. 819–822.

Pichler, H.; Friedrich, W. L. *Mechanism of the Minoan Eruption of Santorini.* In: Doumas, C. (Hrsg.) *Thera and the Aegean World II.* London (The Thera Foundation) 1980. S. 15–30.

Pichler, H.; Kussmaul, S. *Comments on the Geological Map of the Santorini Islands.* In: Doumas, C. G. (Hrsg.) *Thera and the Aegean World II.* London (The Thera Foundation) 1980. S. 413–427.

Pichler, H.; Kussmaul, S. *Geological Map of the Santorini Islands,* (1:20000). (Beilage zu: *Thera and the Aegean World II.* London (The Thera Foundation) 1980.

Pichler, H.; Günther, D.; Kussmaul, S. *Inselbildung und Magmen-Genese im Santorin-Archipel.* In: *Die Naturwissenschaften* Bd./Nr. 59 (1972) S. 188–197.

Pichler, H. *Ignimbrite auf Santorin (Ägäische Inseln).* In: *Annales Géologiques des Pays Helléniques* Bd./Nr. 14 (1963) S. 408–435.

Pindar. *Die Dichtungen und Fragmente.* Verdeutscht und erläutert von L. Wolde. Wiesbaden (Limes Verlag) 1958.

Platon, N. *Zakros, The Discovery of a Lost Palace of Ancient Crete.* New York (Charles Scribner's Sons) 1971.

Plinius Secundus d.Ä., C. *(Naturalis Historiae). Naturkunde. Kosmologie.* München (Artemis Verlag, Heimeran Verlag). Lateinisch-Deutsch, Buch II, S. 173–175. Herausgegeben und übersetzt von R. König und G. Winkler.

Plinius Secundus d.Ä., C. *(Naturalis Historiae). Naturkunde. Geographie: Europa.* München (Artemis Verlag). Lateinisch-Deutsch, Buch III/IV, S. 35, 71. Buch IV, S. 159–161, S. 177. Herausgegeben und übersetzt von R. König und G. Winkler.

Plutarch. *De Pythiae oraculis.* Loeb 1936.

Proclus. *Commentaire sur le Timée, IIe partie: L'Atlantide.* Paris (J. Vrin) 1966. Tome premier – livre 1, S. 111–115. Traduction et notes par A.J. Festugière.

Puchelt, H.; Schock, H.H.; Schroll, E.; Hanert, H. *Rezente marine Eisenerze auf Santorini, Griechenland.* In: *Geologischer Rundschau* Bd./Nr. 62/3 (1973) S. 786–812.

Pyle, D.M. *New Estimates for the Volume of the Minoan Eruption.* In: Hardy, D. A. (Hrsg.) *Thera and the Aegean World III.* Bd. 2. London (The Thera Foundation) 1990. S. 113–121.

Pyle, D.M.; Ivanovich, M.; Sparks, R.S.J. *Magma-Cumulate Mixing Identified by U-Th Disequilibrium Dating.* In: *Nature* Bd./Nr. 331 (1988) S. 157–159.

Quenstedt, W. *Tertiäre und quartäre Mollusken von Santorin.* In: Reck, H. (Hrsg.) *Santorin – der Werdegang eines Inselvulkans und sein Ausbruch 1925–1928.* Berlin (D. Reimer) 1936. S. 73–76.

Raus, T. *Die Flora (Farne und Blütenpflanzen) des Santorin-Archipels.* In: Schmalfuss, H. *Santorin: Leben auf Schutt und Asche; ein naturkundlicher Reiseführer.* Weikersheim (Margraf) 1991. S. 109–124.

Reck, H. (Hrsg.) *Santorin – Der Werdegang eines Inselvulkans und sein Ausbruch 1925–1928.* Berlin (D. Reimer) 1936. 3 Bände.

Reiss, W.; Stübel, A. *Geschichte und Beschreibung der vulkanischen Ausbrüche bei Santorin von der ältesten Zeit bis auf die Gegenwart.* Heidelberg (Bassermann) 1868.

Renaudin, L. *Vases préhelléniques de Théra.* In: *Bulletin de Correspondance Hellénique* Bd./Nr. 46 (1922) S. 113–159.

Renfrew, C. *The Archaeology of Cult. The Sanctuary at Phylakopi.* London (Thames and Hudson) 1985.

Ross, L. *Reisen auf den griechischen Inseln des ägäischen Meeres.* Stuttgart und Tübingen (J.G. Cotta) 1840. Neudruck Halle (Max Niemeyer) 1912.

Sarpaki, A. *'Small Fields or Big Fields?' That is the Question.* In: Hardy, D. A. (Hrsg.) *Thera and the Aegean World III.* Bd. 2. London (The Thera Foundation) 1990. S. 422–432.

Sauvage, J.; Jarrige, J.-J. *Sur l'âge des stades initiaux de l'activité volcanique dans l'île de Thira (Grèce): Études palynologiques.* In: *C. R. Acad. Sc. Paris,* Sér. D Bd./Nr. 286 (1978) S. 929–931.

Schmalfuss, H. Santorin: *Leben auf Schutt und Asche; ein naturkundlicher Reiseführer.* Weikersheim (Margraf) 1991.

Schuster, J. *Pflanzenführende Tuffe auf Santorin.* In: Reck, H. (Hrsg.) *Santorin – der Werdegang eines Inselvulkans und sein Ausbruch 1925–1928.* Berlin (D. Reimer) 1936. S. 77–80.

Seidenkrantz, M.S. *Foraminiferfauna fra Akrotirihalv–en.* In: *Georapporter* 11 (1989) S. 22–25.

Seidenkrantz, M.S.; Friedrich, W.L. *Santorini, Part of The Hellenic Arc: Age Relationship of Its Earliest Volcanism.* In: Seidenkrantz, M.S. *Foraminiferal Analyses of Shelf Areas. Stratigraphy, Ecology and Taxonomy.* Ph.D. Dissertation, University of Aarhus (1992) S. 41–65.

Schröder, B. *Das postorogene Känozoikum in Griechenland/Ägäis.* In: Jacobshagen, V. (Hrsg.) *Geologie von Griechenland.* Berlin/Stuttgart (Gebrüder Borntraeger) 1986. S. 208–240.

Schultze-Westrum, T. *Die Wildziegen der ägäischen Inseln.* In: *Säugetierkundliche Mitteilungen* Bd./Nr. 11 (1963) S. 145–182.

Schwarzbach, M. *Einige griechische Beispiele zum Kapitel: Bauweise und Erdbebenschäden.* In: *Neues Jb. Geol. u. Paläontol. Abh.* Bd./Nr. 106/1 (1958) S. 45–51.

Schwarzbach, M. *Zur Verbreitung der Strukturböden und Wüsten in Island.* In: *Eiszeitaler und Gegenwart* Bd./Nr. 14 (1963) S. 85–95.

Self, S.; Rampino, M.R. *The 1883 Eruption of Krakatau.* In: *Nature* Bd./Nr. 294/5843 (1981) S. 699–704.

Seneca, Lucius Annaeus. *(Naturales Quaestiones).* Naturwissenschaftliche Untersuchungen in 8 Büchern, Eingeleitet, übersetzt und erläutert von Otto und Eva Schönberger Würzburg, Königshausen und Neumann, 1990.

Seward, D.; Wagner, G.A.; Pichler, H. *Fission Track Ages of Santorini Volcanics (Greece).* In: Doumas, C. G.

(Hrsg.) *Thera and the Aegean World II*. London (The Thera Foundation) 1980. S. 101–108.

Sigurdsson, H.; Carey, S.; Devine, J.D. *Assessment of Mass, Dynamics and Environmental Effects of the Minoan Eruption of Santorini Volcano*. In: Hardy, D. A. (Hrsg.) *Thera and the Aegean World III*. Bd. 2. London (The Thera Foundation) 1990. S. 100–112.

Simkin, T.; Siebert, L.; McClelland, L.; Bridge, D.; Newhall, C.; Latter, J.M. *Volcanoes of the World*. Stroudsburg (Hutchinson Ross) 1981.

Skarpelis, N.; Liati, A. *The Prevolcanic Basement of Thera at Athinios: Metamorphism, Plutonism and Mineralization*. In: Hardy, D. A. (Hrsg.) *Thera and the Aegean World III*. Bd. 2. London (The Thera Foundation) 1990. S. 172–182.

Skarpelis, N.; Kyriakopoulos, K.; Villa, I. *Occurrence and $^{40}AR/^{39}Ar$ dating of a granite in Thera (Santorini, Greece)*. In: *Geologische Rundschau* Bd./Nr. 81/3 (1992) S. 729–735.

Sparks, R.S.J.; Wilson, C.J.N. *The Minoan Deposits: a Review of their Characteristics and Interpretation*. In: Hardy, D. A. (Hrsg.) *Thera and the Aegean World III*. Bd. 2. London (The Thera Foundation) 1990. S. 89–99.

Stanley, D.J.; Sheng, H. *Volcanic Shards from Santorini (Upper Minoan Ash) in the Nile Delta, Egypt*. In: *Nature* Bd./Nr. 320 (1986) S. 733–735.

Stommel, H.; Stommel, E. *1816: Das Jahr ohne Sommer*. In: *Vulkanismus*. Heidelberg (Spektrum der Wissenschaft) 1985. S. 128–135.

Strabo. *Geography*. London (W. Heinemann Ltd.) 1949. Volume VIII, S. 203. With an English Translation of Horace Leonard Jones, Ph.D., L.L.D.

Strabo. *Geography*. London (W. Heinemann Ltd.) 1954. Volume V, S. 161. With an English Translation of Horace Leonard Jones, Ph.D., L.L.D.

Strabo. *Geography*. London (W. Heinemann Ltd.) 1961. Volume IV, S. 63. With an English Translation of Horace Leonard Jones, Ph.D., L.L.D.

Strange, J. *Caphtor/Keftiu. A New Investigation*. Leiden (E.J. Brill) 1980.

Streckeisen, A.: *Classification and Nomenclature of Volcanic Rocks, Lamprophyres, Carbonatites and Melilithic Rocks*. In: *Geologische Rundschau* Bd./Nr. 69/1 (1980) S.194–207.

Sullivan, D.G. *The Discovery of Santorini Minoan Tephra in Western Turkey*. In: *Nature* Bd./Nr. 333 (1988) S. 552–554.

Tarling, D.H.; Downey, W.S. *Archaeomagnetic Results from Late Minoan Destruction Levels on Crete and the 'Minoan' Tephra on Thera*. In: Hardy, D. A. (Hrsg.) *Thera and the Aegean World III*. Bd. 3. London (The Thera Foundation) 1990. S. 146–159.

Tataris, A.A. *The Eocene in the Semi-Metamorphosed Basement of Thera Tsland*. In: *Bulletin of the Geological Society of Greece* Bd./Nr. 6 (1963) S. 232–238 (griechisch mit englischer Zusammenfassung).

Tauber, H. *40 år med Kulstof-14 dateringsmetoden*. In: *Nationalmuseets arbejdsmark* (1992). S. 144–148.

Televandou, C. *The Mavromatis Quarry*. In: *Archaeologikon Deltion (Chronica)* 37 (1982), Athens 1989. S. 358–359.

Theophanes. *Chronographia*. Paris 1655.

Thorarinsson, S. *Tefrokronologiska Studier på Island*. København (Munksgaard) 1944.

Tournefort, Pitton de. *Relation d'un voyage en Levant*. Amsterdam 1707 und spätere Auflagen.

Van Bemmelen, R.W. *Contribution to the Geonomic Discussions on Thera* (Part II). In: *Acta of the 1st International Scientific Congress on the Volcano of Thera*. Athens (1971). S. 142–151.

Vanschoonwinkel, J. *Animal Representations in Theran and Other Aegean Arts*. In: Doumas, C. (Hrsg.) *Thera and the Aegean World III*. Band I. London (The Thera Foundation) 1990. S. 327–347.

Vaughan, S.J. *Petrographic Analysis of the Early Cycladic Wares from Akrotiri, Thera*. In: In: Hardy, D. A. (Hrsg.) *Thera and the Aegean World III*. Bd. I. London (The Thera Foundation) 1990. S. 470–487.

Verbeek, R.D.M. *Krakatau*. Batavia (Imprimerie de l'Etat) 1886.

Victor, Sextus Aurelius. *Historiae Abbreviatae*. Paris (Budé) 1975.

Vierhapper, F. *Beiträge zur Kenntnis der Flora Griechenlands*. In: *Verhandlungen der Zoologisch-Botanischen Gesellschaft Wien* Bd./Nr. 64 (1914) S. 239–270; Bd./Nr. 69 (1919) S. 102–312.

Vinci, A. *Distribution And Chemical Composition of Tephra Layers from Eastern Mediterranean Abyssal Sediments*. In: *Marine Geology* Bd./Nr. 64 (1985) S. 143–155.

Von Seebach, K. *Der Vulkan von Santorin*. In: *Sammlung gemeinverständlicher wissenschaftlicher Vorträge*, 2. Serie, Heft 38, Berlin 1867.

Von Seebach, K. *Ueber den Vulkan von Santorin und die Eruption von 1866*. In: *Abhandlungen der Physicalischen Classe der Königlichen Gesellschaft der Wissenschaften zu Göttingen* Bd./Nr. 13 (Die Dietrichsche Buchhandlung) 1868.

Walker, G.P.L. *Explosive Volcanic Eruptions – a New Classification Scheme*. In: *Geologische Rundschau* Bd./Nr. 62/2 (1973) S. 431–446.

Walter, H.; Lieth, H. *Klimadiagramm – Weltatlas*. Jena (Gustav Fischer) 1967.

Warren, P.M. *The Unfinished Red Marble Jar at Akrotiri, Thera*. In: Doumas, C. (Hrsg.) *Thera and the Aegean World I*. London (The Thera Foundation) 1978. S. 555–568.

Warren, P.M. *Summary of Evidence for the Absolute Chronology of the Early Part of the Aegean Late Bronze Age Derived from Historical Egyptian Sources*. In:

Hardy, D. A. (Hrsg.) *Thera and the Aegean World III*. Bd. 3. London (The Thera Foundation) 1990. S. 24–26.

Warren, P.M.; Puchelt, H. *Stratified Pumice from Bronze Age Knossos*. In: Hardy, D.A. (Hrsg.) *Thera and the Aegean World III*. Bd. 3. London (The Thera Foundation) 1990. S. 71–81.

Washington, H.S. *The Santorini Eruption of 1925*. In: *Bulletin of the Geolog. Soc. of America* Bd./Nr. 37 (1926) S. 349–384.

Wegener, A. *Die Entstehung der Kontinente und Ozeane*. Braunschweig (Friedr. Vieweg & Sohn) 1915.

Willerding, U. *Bronzezeitliche Pflanzenreste aus Iria und Sinoro*. In: Tiryns. *Forschungen und Berichte*. Band VI (1973) S. 221–241.

Wiedenbein, F.W. *Quärtärgeologie und Biogeographie der Kykladeninsel Milos*. Dissertation Univ. Erlangen-Nürnberg. Erlangen (1988). S. 1–191.

Wiedenbein, F.W. *Biogeographic Effects from Tsunamis*. In: *Terra abstracts* Bd./Nr. 3/1 (1991) S. 180.

Wijmstra, T.A. *Palynology of the First 30 Metres of a 120 m Deep Section in Northern Greece*. In: *Acta Bot. Neerl.* Bd./Nr. 18 (1969) S. 511–527.

Williams, H.; McBirney, A.R. *Geologic and Geophysical Features of Calderas*. Center for Volcanology, University of Oregon, 1968.

Wilski, P. *Klimatologische Beobachtungen*. In: Hiller von Gaertringen. *Die Insel Thera*. Bd. 4 (1902) S. 1–103.

Wilski, P. *Thera*. In: Kroll, W. und Mittelhaus, K. (Hrsg.) *Paulys Real-Encyclopädie der Classischen Altertumswissenschaft*. Zweite Reihe (R–Z), zehnter Halbband. Stuttgart (J.B. Metzlersche Verlagsbuchhandlung) 1934. S. 2260–2277.

Wilson, J.T. *A New Class of Faults And Their Bearing on Continental Drift*. In: *Nature* Bd./Nr. 207 (1965) S. 343–347

Wilson, L. *Energetics of the Minoan Eruption: Some Revisions*. In: Doumas, C. G. (Hrsg.) *Thera and the Aegean World II*. London (The Thera Foundation) 1980. S. 31–35.

Åberg, N. *Bronzezeitliche und Früheisenzeitliche Chronologie. Teil IV. Griechenland*. Stockholm (Verlag der Akademie) 1933.

Bildnachweise

WLF steht als Kürzel für Walter L. Friedrich.

1.0	WLF, 24.05. 1980.
1.1	Telespazio ESA-Earthnet, September 1977.
1.2	WLF, Mai 1980.
1.3	Nach „Klimadiagramm – Weltatlas" (H. Walter und H. Lieth 1967).
1.4	WLF, September 1993.
1.5	WLF, Mai 1988.
1.6	(oben) Figur 79 aus Hiller von Gärtringen, (unten) WLF, Mai 1988.
1.7	WLF, Mai 1988.
2.0	WLF, Mai 1978.
2.1	Nach „Vulkanismus" (Spektrum Akademischer Verlag 1985) Bild 8.
2.2	Nach Mckenzie 1978 und anderen.
2.3	Nach Schou Jensen und Håkansson, Varv 1990), Fig. 2.
2.4	WLF.
Tabelle 2.1	WLF
3.0	WLF, Mai 1991.
3.1	Teilweise nach Pichler und Kussmaul 1980.
3.2	WLF, August 1993.
3.3	WLF, September 1984.
3.4	Nach Günther und Pichler 1973.
3.5	Nach Ninkovich und Heezen 1967.
3.6	WLF, Mai 1993.
3.7	Nach Pichler et al. 1972 und Pichler und Kussmaul 1980.
3.8	Nach Pichler und Kussmaul 1980, Geologische Karte 1:50 000.
3.9	WLF, Mai 1991.
E.3.1	Nach Günther und Pichler 1973.
4.0	WLF, Mai 1976.
4.1	WLF (und Seidenkrantz und Friedrich 1992).
4.2	WLF, Juli 1991.
4.3	WLF, Juli 1991.
4.4	WLF, Mai 1977.
4.5	Pyle 1990, Figur 1.
5.0	WLF, Mai 1980.
5.1	WLF, 1968.
5.2	WLF.
5.3	WLF, Mai 1976.
5.4	WLF, Juli 1991.
5.5	WLF.
5.6	WLF.
5.7	WLF.
5.8	WLF.
5.9	Aquarell Barbara Gentikow, August 1991.
5.10	Nach Friedrich et al. 1977.
5.11	WLF, September 1989.
6.0	WLF, Mai 1980.
6.1	WLF.
6.2	Nach Doumas 1974, Figur I.
6.3	WLF und Andreas Friedrich.
6.4	Erik Schou Jensen.
6.5	WLF.
6.6	WLF, Mai 1980.
6.7	WLF, 1978.
6.8	WLF, September 1993.
6.9	Nach Francaviglia 1990 und Stanley 1980.
E.6.1	Nach Dansgaard und Hammer 1981.
E.6.2	Nach C.J. Symons, ed., The Eruption of Krakatoa, Royal Society Report of the Krakatoa Committee, 1888).
7.0	WLF, Mai 1980.
7.1	Aus Sir Arthur Evans, The Palace of Minos I Fig. 304, 1928.
7.2	Nach Bietak 1992, S. 27.
7.3	WLF.
7.4	Hammer et al. 1987.
7.5	Friedrich et al. 1990.
7.6	Friedrich et al. 1990.
E.7.1	Tauber 1992.
E.7.2	Erika Löhr (Naturens Verden 12, s. 415–424) 1976.
E.7.3	Nach Johnsen et al. 1992.
E.7.4	Nach Dansgaard und Hammer 1981.
E.7.5	Dansgaard, Juli 1993.
8.0	WLF, August 1992.
8.1	Mamet 1874.
8.2	WLF, Fouqué 1879.
8.3	Nationalmuseet, Antiksamlingen Inv. Nr. 3167.
8.4	Fouqué 1879.
Tabelle 8.1	Zum Teil nach Doumas 1983.
9.0	Nationalmuseum Athen.
9.1	WLF, September 1984.

9.2	WLF, 1978.
9.3	WLF, September 1980.
9.4	WLF, 1980.
9.5	WLF, Mai 1980.
9.6	WLF, September 1979.
9.7	WLF, 22. Mai 1980.
9.8	Nationalmuseum Athen.
9.9	Nationalmuseum Athen.
9.10	WLF,1985.
9.11	Nationalmuseum Athen.
10.0	WLF, Juli 1993.
10.1	WLF.
10.2	WLF, Mai 1991.
10.3	WLF, Mai 1992.
10.4	Nach Eriksen et al. 1990.
10.5	U. Eriksen 1990.
10.6	WLF, 1992.
10.7	WLF, 22. Mai 1980.
10.8	WLF, Mai 1993.
10.9	WLF, Mai 1990.
10.10	WLF, 1992.
10.11	WLF, zum Teil nach Einfalt 1978.
10.12	WLF, 1979.
10.13	WLF, September 1993.
10.14	WLF und Andreas Friedrich.
10.15	WLF, 1978.
10.16	Nationalmuseum Athen, Thera Ausgrabung.
10.17	(oben) Nationalmuseum Athen, Thera Ausgrabung, (unten) WLF, Mai 1990.
10.18	WLF, September 1993.
10.19	WLF, August 1990.
10.20	WLF, September 1993.
10.21	Badisches Landesmuseum, Karlsruhe.
10.22	WLF, 4. Juni 1981.
10.23	WLF, 1982.
10.24	WLF, August 1991.
10.25	WLF.
10.26	WLF, September 1993.
10.27	WLF, Mai 1993.
10.28	Nationalmuseum Athen, Thera Ausgrabung.
10.29	Nach Druitt und Francaviglia 1992, Figur 2.
11.0	Nationalmuseum Athen, Thera Ausgrabung.
11.1	Davies, 1926, Seite 43, Figur 2 (oben), Davis 1977, Figur 211 (unten).
11.2	Nach Perissoratis et al. (im Druck).
11.3	Nach Perissoratis et al. (im Druck).
11.4	WLF.
11.5	WLF und Andreas Friedrich.
11.6	Foto Maurice Krafft.
E.11.1	Nach Galanopoulos und Bacon 1969.

12.0	WLF, Mai 1992.
12.1	Nach Papazachos und Panagiotopoulos (im Druck).
12.2	Aus Hiller von Gaertringen 1902.
12.3	Aus Tournefort 1714.
12.4	Aus Choiseul-Gouffier 1782.
12.5	Aus Fouqué 1879.
12.6	Aus von Seebach 1868.
12.7	Aus Illustreret Tidende, Kjøbenhavn, 15.3.1866.
12.8	Foto Nellys, freundliche Vermittlung durch Professor A. Kontaratos.
12.9	WLF.
12.10	Nach Georgalas 1962.
13.0	WLF, 30. Mai 1980.
13.1	Nach Heiken und McCoy 1984 und Fytikas et al. 1990a.
13.2	WLF, 1978.
13.3	WLF, September 1993.
13.4	WLF.
13.5	Aus Choiseul-Gouffier 1782.
13.6	Benaki Museum No. 27255, Thomas Hope.
13.7	WLF, August 1993.
13.8	WLF, August 1993.
14.0	WLF, Januar 1980.
14.1	WLF.
14.2	WLF, September 1993.
14.3	WLF.
14.4	WLF, August 1992.
14.5	WLF, Juli 1991.
14.6	WLF, Juli 1991.
14.7	WLF.

Anhang 1:
Platons Dialoge

Auszüge aus „Platons Dialoge – Timaios und Kritias" (übersetzt und erläutert von Otto Appelt. Leipzig (Verlag von Felix Meiner) 1919).

Auszug aus Timaios:

Kritias. So vernimm denn, Sokrates, eine gar seltsame Geschichte, die gleichwohl auf volle Wahrheit Anspruch hat, wie Solon, der größte unter den sieben Weisen, seinerzeit versicherte. Er war nämlich verwandt und eng befreundet mit meinem Urgroßvater Dropides, wie er auch selbst an vielen Stellen seiner Gedichte es bezeugt. Zu meinem Großvater Kritias ließ er sich, wie mir dieser als Greis wiedererzählte, einmal dahin aus, es gebe so manche großartige und bewundernswerte Leistung unseres Staates in früher Vergangenheit, die durch die Länge der Zeit und das Dahinschwinden der Menschengeschlechter in Vergessenheit geraten sei; die größte aber von allen ist eine, die es jetzt für uns an der Zeit sein mag dir vorzutragen, um nicht nur dir dadurch unseren Dank abzutragen, sondern zugleich auch die Göttin an diesem ihrem Feste in würdiger und ungeheuchelter Weise wie durch einen Lobgesang zu feiern.

Sokrates. Wohl gesprochen. Aber was war es denn für eine Leistung, die Kritias auf das Zeugnis des Solon hin als ein in alter Zeit von unserem Staate tatsächlich vollbrachtes, wenn auch geschichtlich sonst nicht erwähntes Werk schilderte?

1. So will ich denn eine alte Geschichte erzählen, die ich von einem hochbetagten Manne vernommen. Es war nämlich damals Kritias, wie er sagte, schon beinahe neunzig Jahr, ich aber höchstens zehn Jahr alt. Und was den Tag anlangt, so war es der „Knabentag" des Apaturienfestes. Für die Knaben also verlief der Festtag wie immer in der üblichen Weise. Die Väter nämlich setzten Preise fest für den Vortrag von Gedichten. Da ward denn eine Fülle von Gedichten gar mancher Dichter vorgetragen. Des Solon Gedichte aber waren zu jener Zeit noch neu, und so kam es denn, daß viele von uns Knaben gerade dessen Lieder vorsangen. Da tat einer der Gaugenossen zu Kritias, sei es nun, weil er es wirklich so meinte, oder um ihm eine Artigkeit zu erweisen, die Äußerung, seiner Meinung nach sei Solon nicht nur im übrigen der Weiseste, sondern auch in bezug auf die Dichtkunst unter allen Dichtern der hochsinnigste. Der Greis nun – die Erinnerung daran ist mir ganz lebendig geblieben – war darüber hocherfreut und sagte lächelnd: Ja, Amynandros, hätte er die Poesie nicht rein als

Nebensache getrieben, sondern wie andere allen Ernst und Fleiß darauf verwendet, und hätte er die Darstellung der Sache, die er aus Ägypten mit hierher brachte, zu Ende führen können statt sich durch Aufruhr und sonstige unheilvolle Wirren, die er bei seiner Rückkehr hier vorfand, gezwungen zu sehen sie aufzugeben, so hätte es meiner Meinung nach weder Hesiod noch Homer noch sonst irgendein Dichter an Ruhm so weit gebracht wie er.

Aber was für eine Geschichte war es denn? fragte jener.

Eine Schilderung, erwiderte er, der gewaltigen Leistung, die es verdiente an Ruhm alles hinter sich zu lassen, einer Leistung, die unser Staat vollbracht, deren Gedächtnis aber infolge der Länge der Zeit und des Untergangs derer, die sie vollbracht, sich nicht bis auf unsere Tage fortgepflanzt hat.

Erzähle denn von Anfang an, versetzte er, was Solon erzählte und wie und von wem er es als wahre Geschichte gehört hat.

Es gibt, begann Kritias, in Ägypten in dem Delta, an dessen Spitze der Nilstrom sich spaltet, einen Landbezirk, genannt der saïtische, dessen größte Stadt Sais ist, die Geburtsstadt des Königs Amasis. Als Gründerin der Stadt gilt den Einwohnern eine Gottheit, deren ägyptischer Name Neith ist, auf griechisch aber, wie sie versichern, Athene. Den Athenern sind sie, wie sie behaupten, sehr zugetan, ja sogar gewissermaßen stammverwandt mit ihnen. Dahin begab sich Solon, wie er erzählte, und ward mit allen Ehren aufgenommen. Als er nun die sachkundigsten unter den Priestern nach der Urgeschichte des Landes ausforschte, da stellte sich ziemlich klar heraus, daß er selbst ebenso wie die andern Hellenen über diese Dinge so gut wie gar nichts wußte. Um sie denn zu Mitteilungen über die Urzeit zu veranlassen, brachte er einmal die Rede auf die ältesten Zeiten Griechenlands, auf die Geschichten von Phoroneus, dem angeblich ältesten Menschen, und der Niobe, und wie nach der großen Flut Deukalion und Pyrrha übrig blieben, zählte dann ihre Nachkommen auf und versuchte zahlenmäßig die Jahre für alles was er erwähnte mit genauer Unterscheidung der Zeiten zu bestimmen. Da brach einer der Priester, ein hochbejahrter Mann, in die Worte aus: O Solon, Solon, ihr Hellenen bleibt doch immer Kinder, und einen greisenhaften Hellenen gibt es nicht!

Als Solon dies vernommen, fragte er: Was soll das und wie meinst du es?

Ihr seid, was eure Seele anlangt, allesamt jung; denn ihr tragt euch nicht mit irgendwelcher auf ehrfurchterweckender Kunde beruhenden uralten Meinung und mit keinem altersgrauen Wissen. Der Grund dafür ist folgender. Zahlreich und mannigfaltiger Art sind die vernichtenden Verheerungen, die über das Menschengeschlecht hereingebrochen sind und hereinbrechen werden, die gewaltigsten durch Feuer und Wasser, andere minder große durch tausenderlei andere Ursachen. Denn, was auch bei euch erzählt wird, nämlich daß einst Phaethon, des Helios Sohn, die Lenkung von seines Vaters Gespann an sich nahm, aber unfähig des Vaters Bahn einzuhalten, weite Landstrecken durch Brand verheerte und selbst durch einen Blitzschlag umkam, das hört sich zwar wie ein Märchen an, in Wahrheit aber handelt es sich um eine Abweichung der die Erde umkreisenden Himmelskörper und um eine in langen Zeiträumen sich wiederholende Verheerung der Erdoberfläche durch massenhaftes Feuer. Die Folge ist dann, daß alle Berg- und Höhenbewohner und alle Bewohner trockener Landstriche mehr von der Vernichtung betroffen werden als die Fluß- und Meeresanwohner. Uns aber erweist sich der Nil, der überhaupt unser Retter ist, auch in diesem Fall als Beschützer vor solcher Not; denn er hält sie fern von uns. Wenn aber anderseits die Götter die Erde zur Reinigung mit Wasser überschwemmen, bleiben die bergbewohnenden Schaf- und Rinderhirten verschont, wogegen die Städtebewohner bei euch von den Flüssen ins Meer geschwemmt werden; in unserem Lande dagegen strömt weder in diesem Fall noch sonst irgendein Wasser vom Himmel herab auf die Fluren, sondern im Gegenteil dringt von Natur alles von unten herauf. Daher und aus diesen Gründen behält hier alles seinen Bestand und steht darum im Rufe des größten Altertums. In Wahrheit aber steht die Sache so: in allen Gegenden, wo nicht übermäßige Kälte oder Hitze es unmöglich macht, gibt es stets einen Bestand von Menschen, bald zahlreicher bald geringer. Was nun immer, sei es bei euch sei es hierzulande oder auch anderswo jemals Herrliches oder Großes oder sonst irgend besonders Hervortretendes sich ereignet hat, das findet sich hier bei uns alles von alters her in schriftlichen Urkunden in den Tempeln niedergelegt und vor dem Untergang bewahrt. Anders bei euch und den übrigen Völkern: kaum nämlich, daß es da bis zur Entstehung des Schriftwesens und alles dessen, was sonst die städtische Kultur erfordert, gekommen ist, da ergießt sich schon wieder in periodischer Wiederkehr wie eine Krankheit die Regenflut des Himmels über euch und läßt nur Leute mit dem Leben davonkommen, die vom Schriftwesen nichts verstehen und aller Bildung ledig sind. So kommt es, daß ihr immer wieder gleichsam von neuem jung werdet, ohne jede Kunde von dem was sich in alten Zeiten sei es hier bei uns sei es bei euch ereignet hat. Die Abfolge der Geschlechter z.B., wie sie sich nach deiner Darstellung, Solon, bei euch vollzogen hat, unterscheidet sich kaum von einer Kindergeschichte. Denn erstens erinnert ihr euch nur einer einzigen Überschwemmung der Erde,

während es doch schon so viele vorher gegeben hat; ferner wißt ihr nicht, daß die trefflichste und edelste Menschenrasse ihren Sitz in euerem Lande gehabt hat. Aus einem einstigen kleinen Überrest dieser Rasse stammst du und stammt euer ganzer jetziger Staat ab. Aber das entzieht sich euerer Kenntnis, weil die Übriggebliebenen ihre Nachkommen viele Generationen hindurch dahinstarben ohne irgendwelche schriftliche Kunde von sich zu geben. Denn es gab eine Zeit, mein Solon, vor der größten verheerenden Flut, wo das jetzt unter dem Namen Athen bekannte Gemeinwesen an Trefflichkeit die erste Stelle einnahm sowohl in Beziehung auf den Krieg wie auf die ganze gesetzliche Ordnung, die ihresgleichen nicht hatte. Diesem euerem Staate werden die herrlichsten Taten und trefflichsten politischen Maßnahmen nachgerühmt, von denen wir überhaupt auf Erden Kunde erhalten haben.

Als Solon dies vernommen, gab er sein Erstaunen zu erkennen und bat die Priester auf das Angelegentlichste ihm von Anfang bis zu Ende alles zu berichten, was sich auf diese einstigen Bürger Athens bezöge.

Der Priester aber erwiderte: Es soll dir nichts vorenthalten bleiben, Solon; sondern ich werde dir alles mitteilen, dir und deiner Vaterstadt zuliebe, vor allem aber aus Hochachtung gegen die Göttin, die eueren Staat ebenso wie den unseren zum Anteil erhielt und beide zur Entwicklung und zur Höhe der Bildung brachte, zuerst den eueren, um tausend Jahre früher aus dem Samen, den sie dazu von der Mutter Erde und dem Hephaistos empfangen hatte, und dann später den unsrigen. Die Gründung unserer Staatsordnung hier ist nach der Aufzeichnung der Tempelurkunden vor achttausend Jahren vollzogen worden. Es sind also Bürger, die vor neuntausend Jahren gelebt haben, über deren gesetzliche Einrichtungen und hervorragendste Taten ich dir in der Kürze berichten werde. Das Nähere über alles Einzelne wollen wir später in Muße seinem ganzen Verlaufe nach an der Hand der Urkunden selbst durchgehen.

Betrachte nun also die gesetzlichen Einrichtungen unter Vergleichung mit den hiesigen. Du wirst nämlich hier bei uns jetzt noch vieles finden, was gleichartig ist mit eueren damaligen Einrichtungen: zunächst die Kaste der Priester, streng gesondert von allen anderen, sodann die der Handwerker, auch sie fest in sich geschlossen und ausschließlich ihrer Berufsarbeit obliegend; sodann die Klasse der Hirten, Jäger und Ackerbauer; und auch die Kaste der Krieger ist hier, wie du gewiß schon bemerkt hast, von allen andern Kasten gesondert, indem sie der gesetzlichen Ordnung zufolge sich mit nichts anderem zu befassen hat als mit der Sorge für den Krieg. Dazu kommt dann die Bewaffnung mit Speer und Schild, mit denen wir zuerst unter den Völkern Asiens uns ausrüsteten, wozu uns die Göttin die erste Anweisung gab wie auch euch in jenen Gegenden. Was aber die Geistesbildung anlangt, so siehst du, wie eingehend das

Gesetz gleich von Haus aus dafür gesorgt hat: alle aus der Betrachtung des Weltalls und seiner göttlichen Ordnung abzuleitenden Regeln und Kenntnisse bis herab auf die Wahrsagekunst und Heilkunst zum Besten der Gesundheit wußte das Gesetz aufzufinden und für die Menschen nutzbar zu machen und uns in den Besitz aller anderen Kenntnisse zu bringen, die mit diesen zusammenhängen. Diese gesamte Regelung nun und Ordnung der Dinge führte die Göttin zuerst bei euch ein, nachdem sie mit aller Umsicht den Ursprungsort für euch ausgewählt hatte unter Berücksichtigung der klimatischen Verhältnisse und ihres für die Entwicklung der menschlichen Geisteskräfte besonders günstigen Einflusses. Als Freundin des Krieges sowohl wie der Weisheit wählte also die Göttin eine Örtlichkeit aus, die eine ihr möglichst ähnliche Gattung von Menschen hervorbringen sollte. Dort legte sie den Grund zu euerem Staate. So richtet ihr euch denn ein unter der Obhut so guter Gesetze, die dann noch weiter vervollkommnet wurden, und so erhobt ihr euch in jeder Art von Tüchtigkeit weit über alle anderen Menschen, wie dies auch von Abkömmlingen und Zöglingen der Göttin nicht anders zu erwarten war. Nun gibt es der Leistungen dieses Staates, wie sie hier, viel bewundert, urkundlich verzeichnet stehen, zwar gar viele und große, aber eine ragt doch an Größe und edler Kraft vor allen hervor. Denn wie die Urkunde berichtet, hat euer Staat dereinst einer gewaltigen Heeresmacht Halt geboten, die in hellem Übermut gegen Europa und Asien zugleich zu Felde zog und ihren Ausgangspunkt im atlantischen Meere hatte. Damals nämlich war das Meer dort schiffbar; denn vor der Meerenge, die in euerer Sprache „die Säulen des Herakles" heißt, lag eine Insel; diese Insel war größer als Lybien (Afrika) und Asien zusammengenommen, und von ihr war damals der Übergang möglich nach den anderen Inseln, von diesen Inseln aber wieder der Übergang nach dem ganzen gegenüberliegenden Festland, welches jenes Meer umschließt, das eigentlich allein den Namen Meer verdient. Denn dieses unser Meer, das innerhalb der bezeichneten Meerenge liegt, erweist sich nur als eine Bucht mit schmalem Eingang; dagegen kann jenes Meer in Wahrheit so, und das es umschließende Festland mit vollem Recht Festland genannt werden. Auf dieser Insel Atlantis nun bildete sich eine große und staunenswerte Königsmacht aus, der nicht nur die ganze Insel, sondern auch noch viele andere Inseln sowie Teile des Festlandes untertan waren. Außerdem beherrschten diese Könige noch von den Ländern am Binnenmeer Lybien bis nach Ägypten, und Europa bis nach Tyrrhenien. Diese ganze zur Einheit zusammengeballte Macht schickte sich nun einst an alles euch und uns gehörende Land sowie überhaupt alles Land innerhalb der Meerenge durch einen einzigen Kriegszug in ihre Gewalt zu bringen. Das war denn, mein Solon, die Zeit, wo euere Staatsmacht der ganzen Welt die glänzende Probe ihrer Tüchtigkeit und Kraft gab; denn allen überlegen an Beherztheit und Kriegskunst stand sie zuerst an der Spitze der Hellenen, dann aber sah sie sich durch den Abfall der anderen auf sich allein beschränkt. So geriet sie in die äußerste Bedrängnis; gleichwohl errang sie den Sieg über die Angreifer und errichtete ihre Siegeszeichen. So verhinderte sie die Unterjochung der noch nicht unterworfenen Völker. Was aber uns andere Völker anlangt, die wir innerhalb der Säulen des Herakles wohnen, so schenkte sie allen großmütig die Freiheit. Weiterhin aber brach dann eine Zeit gewaltiger Erdbeben und Überschwemmungen herein, und es kam ein Tag und eine Nacht voll entsetzlicher Schrecken, wo die ganze Masse euerer Krieger von der Erde verschlungen ward; ebenso tauchte die Insel Atlantis in die Tiefe des Meeres hinab und verschwand. Daher ist das dortige Meer auch heute noch unfahrbar und unerforschbar, infolge der ungeheueren Schlammassen, welche die sinkende Insel anhäuft.

2. So hast du denn in aller Kürze, mein Sokrates, die Erzählung des greisen Kritias nach des Solon Bericht vernommen. Als du nun gestern deine Ausführungen über den Staat und die Männer, wie du sie dir dachtest, gabst, da stieg in mir die Erinnerung auf an das soeben von mir Mitgeteilte, und mit Erstaunen bemerkte ich, wie wunderbar durch eine Art Spiel des Zufalls das Meiste so merkwürdig genau mit dem zusammentraf, was ich von Solon gehört hatte. Doch wollte ich nicht sogleich damit herausrücken; denn nach so langer Zeit war meine Erinnerung verblaßt. So sagte ich mir denn, ich dürfe nicht eher reden, als bis ich mir selbst alles gehörig wieder ins Gedächtnis zurückgerufen hätte. Darum zögerte ich nicht mit meiner Zustimmung zu der uns von dir gestellten Aufgabe; denn was in solcher Lage das Schwierigste ist, nämlich einen unseren Wünschen entsprechenden Stoff als Grundlage für die Ausführungen zur Hand zu haben, darüber, glaubte ich, brauchten wir uns keine Sorge zu machen. So begann ich denn, wie Hermokrates schon bemerkte, gleich gestern beim Aufbruch von hier mit der Auffrischung der Sache im Gespräche mit meinen Freunden hier, und nachdem ich mich von ihnen getrennt, sann ich in der Nacht weiter darüber nach und habe mir nahezu alles wieder zum Bewußtsein gebracht. Ja, wie wahr ist doch der Spruch: Was man als Knabe lernt das bleibt fest im Gedächtnis sitzen. Denn von dem, was ich gestern hörte, weiß ich nicht, ob ich imstande wäre es mir alles wieder ins Gedächtnis zurückzurufen; aber bei dieser Erzählung, die ich vor so langer Zeit gehört habe, müßte es doch wunderlich. zugehen, wenn mir auch nur das Geringste entschwunden wäre. Die Sache wurde eben damals von mir mit lebhafter und wirklich kindlicher Freude aufgenommen, und auch der Greis gab mir auf meine weiteren häufigen Fragen gern Auskunft; so haftet sie denn in meinem Gedächtnis unauslöschlich fest wie die Farben an einem eingebrannten Wandgemälde. Und auch diesen meinen Freunden teilte ich gleich in der Frühe alles dies mit, damit sich mein Redefluß auch auf sie übertrüge.

Jetzt nun, mein Sokrates, um zum Ausgangspunkt zurückzukehren, bin ich bereit, die Geschichte nicht nur den

Hauptpunkten nach vorzutragen, sondern genau im Einzelnen so wie ich sie gehört habe. Die Bürger aber und den Staat, die du uns gestern wie in einer Dichtung vorführtest, wollen wir nunmehr in die Wirklichkeit versetzen und annehmen, dieser dein Staat sei eben jener uralte, und die Bürger, wie du sie dir dachtest, seien eben jene unsere wirklichen Vorfahren, von denen der Priester redete. Dabei wird alles gut stimmen und einen Mißklang wird es nicht geben, wenn wir behaupten, sie eben seien es, die in jenen Zeiten gelebt hätten. Wir wollen aber im Einvernehmen mit einander den Stoff verteilen und so versuchen die Aufgabe, die du uns stellst, alle zusammen in würdiger Weise nach besten Kräften zu lösen. Es bleibt also zu erwägen, Sokrates, ob dieser Stoff unseren Wünschen entspricht, oder ob wir noch nach einem anderen an seiner Stelle ausschauen müssen.

Sokrates. Welchen anderen Stoff, mein Kritias, sollten wir etwa statt seiner einsetzen? Ist er doch so recht wie gemacht für dies Opferfest der Göttin wegen der nahen Beziehung auf sie; zudem fällt es doch nicht wenig ins Gewicht, daß es keine erdichtete Sage sondern eine wahre Geschichte ist. Denn wie und wo wollen wir anderen Stoff finden, wenn wir auf diesen verzichten? Unmöglich! Nein, dem guten Sterne vertrauend müßt ihr jetzt reden, ich aber will zum Entgelt für meine gestrigen Reden jetzt in Ruhe euch zuhören.

Auszug aus Kritias:

Kritias. Mein lieber Hermokrates, im hinteren Gliede aufgestellt und einen Vordermann vor dir, kannst du freilich noch guten Mutes sein. Wie es damit bestellt ist, das wird der Gang der Dinge selbst dir bald genug zeigen. Jedenfalls aber muß dein Zuspruch und deine Aufmunterung Beifall finden und so müssen wir denn neben den von dir genannten Göttern auch noch die anderen anrufen und vor allen die Mnemosyne (Göttin der Erinnerung). Denn bleibt mir nur mein Gedächtnis treu bei meinem Bericht über die von den Priestern gemachten und von Solon hierher gebrachten Mitteilungen, dann darf ich wohl mit einigem Vertrauen sagen, daß ich auf die Zuhörerschaft hier den Eindruck machen werde mich meiner Aufgabe in angemessener Weise entledigt zu haben. Nun also ohne weitere Zögerung an die Sache!

3. Vor allem wollen wir also zuerst uns daran erinnern, daß es im ganzen neuntausend Jahre waren, seitdem, wie angegeben worden, der Krieg ausbrach zwischen denen, die jenseits der Säulen des Herakles wohnen und den innerhalb derselben Wohnenden; ihn müssen wir jetzt in seinem ganzen Zusammenhange darstellen. Es wurde nun schon angeführt, daß an der Spitze der letzteren unser Staat stand und den ganzen Krieg zu Ende führte, während über die ersteren die Könige der Insel Atlantis herrschten. Diese Insel war, wie wir bemerkten, einst größer als Lybien

(Afrika) und Asien, jetzt aber ist sie infolge von Erdbeben ins Meer versunken und setzt dem, der von hier aus nach dem jenseitigen Meere fahren wollte, eine jedes Vorwärtskommen hemmende Schlammasse als unüberwindliches Hindernis entgegen. Was nun die zahlreichen barbarischen und hellenischen Völkerschaften im Einzelnen betrifft, so wird die Darstellung in ihrem weiteren Verlauf über alles bei gegebener Gelegenheit nach und nach Aufschluß geben; was aber die Athener und ihre Gegner, mit denen sie Krieg führten, anlangt, so ist es unerläßlich gleich hier bei Beginn zuerst ihre beiderseitige Macht und Staatsverfassung zu besprechen. Unter ihnen selber aber gebührt der Schilderung unserer Zustände hier der Vorrang.

Die Götter nämlich verteilten einst die ganze Erde nach ihren einzelnen Gegenden unter sich, nicht etwa aus Lust am Streit; denn es wäre doch ein Verstoß wider die gesunde Vernunft, wollte man annehmen, die Götter wüßten nicht was einem jeden von ihnen zukomme, oder aber, sie wüßten zwar was von Rechts wegen anderen zukomme, suchten aber das fremde Gut aus Hab und Streitsucht in ihren eigenen Besitz zu bringen. Auf Grund rechtlicher Verteilung also erhielten sie das Gewünschte und ergriffen Besitz von den ihnen zugewiesenen Gegenden, nach deren Besiedlung sie uns als ihr Eigentum und als ihre Pfleglinge aufzogen wie Hirten ihre Herden, nur daß sie nicht mit körperlichen Zucht- und Zwangsmitteln gegen uns vorgingen wie Hirten, die ihre Herden durch Schläge in Ordnung halten; vielmehr wirkten sie ihrer Einsicht gemäß auf unsere Seelen durch Überredung, durch die sie uns wie durch ein Steuerruder vom hinteren Ende des Schiffes aus lenkten; so führten und leiteten sie das gesamte Menschengeschlecht. Es suchten denn nun die Götter ein jeder die ihm zugewiesene Gegend durch Ordnung und Schmuck zu heben; Hephaistos aber und Athene, von Natur zusammengehörig als Geschwister von väterlicher Seite her, zugleich auch durch Liebe zur Weisheit und Kunst zu gleichem Streben verbunden, hatten beide zusammen dieses unser Land als gemeinsamen Anteil erhalten, weil es alle natürlichen Bedingungen für Pflege der Tugend und Einsicht in eigenartiger Weise in sich vereinigte. Hier ließen sie treffliche Männer als Ureinwohner erstehen und regten ihren Geist zur Anordnung der Staatsverfassung an. Die Namen dieser Männer sind zwar erhalten, ihre Taten aber wegen des Hinschwindens der Träger der Überlieferung und wegen der Länge der Zeit in Vergessenheit geraten. Wie nämlich früher schon bemerkt, war das jeweilig überlebende Geschlecht eine bergbewohnende und der Schrift unkundige Menschenhorde, die von den Herrschern im Lande nur die Namen vernommen hatte, und dazu einiges Wenige von ihren Taten. Sie begnügten sich also damit, ihren Nachkommen die Namen dieser Männer beizulegen; die Verdienste aber und die Gesetze ihrer Vorfahren kannten sie nicht bis auf einige dunkle Gerüchte über Einzelnes; denn viele Geschlechter hindurch vom Mangel am unmittelbar Notwendigen bedrückt – sie selbst wie ihre Kinder –, hatten sie für nichts anderes Sinn als für Abhilfe gegen ihre Entbehrungen; darauf allein auch bezogen sich ihre Unterhaltungen, wogegen sie sich um die Erlebnisse ihrer Vorfahren und um die Geschehnisse alter Zeit nicht kümmerten. Denn die Erzählung alter Sagen und die Erforschung des Altertums halten ihren Einzug in die Staaten erst in Gemeinschaft mit der eintretenden Muße, nämlich dann, wenn sie die Notdurft des Lebens bereits überwunden sehen, früher aber nicht. So ist es denn gekommen, daß sich die Namen der Vorfahren erhalten haben ohne deren Taten. Für diese Behauptung kann ich mich darauf berufen, daß Solon erzählte, die Priester hätten in ihrem Berichte über den Krieg jene Männer der Vorzeit meistenteils mit den Namen des Kekrops, Erechtheus, Erichthonios, Erysichthon und mit allen sonstigen Namen benannt, die von den Vorgängern des Theseus im Einzelnen in Umlauf sind, und ebenso auch die Frauen. Und so ist es denn auch die Gestalt und das Bild der Göttin – wie nämlich damals Frauen und Männer sich in die Geschäfte des Krieges teilten, so sollen auch diesem Brauche entsprechend die damaligen Athener die Göttin in Waffenrüstung als Tempelbild geweiht haben – ein Beweis dafür, daß alle lebendigen Wesen, welche sich paarweise finden, weiblich und männlich, von Natur imstande sind die jeder Gattung (lebendiger Wesen) zukommende Tüchtigkeit auch durchweg gemeinschaftlich zu betätigen.

4. Über diese Landschaft verteilten sich als Bewohner diejenigen Klassen der Bürger, die dem Handwerk oder der Landwirtschaft oblagen, dagegen hatte die Kriegerklasse, von Anfang an durch gottbegeisterte Männer abgesondert, ihre besondere Wohnstätte, versehen mit allem was zum Unterhalt und zur Bildung erforderlich ist. Kein Krieger war Eigentümer von irgend etwas, vielmehr galt ihnen alles als gemeinschaftlicher Besitz, von den übrigen Bürgern aber forderten sie nichts weiter als die Lieferung genügenden Unterhalts; ihre Tätigkeit aber bestand in der Pflege aller der Bestrebungen, die gestern angeführt und den von uns als vorhanden angenommenen Wächtern beigelegt wurden.

Auch was über unser Land (von den Ägyptern) erzählt ward, trägt den Stempel der Glaubwürdigkeit und Wahrheit an sich. Es erstreckten sich nämlich hiernach erstlich seine Grenzen damals bis zum Isthmus und, was die Lage derselben zum übrigen Festland anlangt, bis zu den Höhen des Kithairon und Parnes; von da ab verliefen sie abwärts nach dem Meere (Euripos) hin so, daß die oropische Landschaft rechts lag, nach links hin aber der Asopos die Grenze bildete; sodann aber ward an Fruchtbarkeit alles sonstige Land auf Erden von unserem Lande übertroffen, weshalb es denn auch imstande war ein großes Heer zu unterhalten, das sich mit Landarbeit nicht abzugeben brauchte. Ein schlagender Beweis für die Güte des Bodens liegt darin, daß, was jetzt noch davon übrig ist, an Ergiebigkeit und Fruchtbarkeit und Nährkraft für alle Arten

von Geschöpfen es mit jedem anderen Lande aufnimmt. Damals aber zeichnete es sich nicht nur durch die Güte, sondern auch durch die gewaltige Fülle seiner Gaben aus. Inwiefern dürfte also nun die Behauptung Glauben verdienen und gerechtfertigt sein, unser jetziges Land sei ein Überrest des damaligen? Das Ganze, vom übrigen Festlande aus langhin in das Meer sich vorstreckend, liegt da wie ein Vorgebirge. Denn das Meeresbecken, welches es umgibt, zeigt durchweg am Gestade eine ansehnliche Tiefe. Bei den vielen gewaltigen Überschwemmungen, die in den neuntausend Jahren – denn so viele Jahre sind seit jener Zeit bis auf die jetzige verflossen – stattgefunden haben, häuft sich die in diesen Zeiten und unter diesen Umständen von den Höhen abgleitende Erdschicht nicht wie in anderen Gegenden zu einem irgend nennenswerten Damm auf, sondern wird von der Strömung im Kreise herumgewirbelt und verschwindet in der Tiefe. So ist denn, ähnlich wie bei den kleinen Inseln, jetzt im Vergleiche zu damals wie von einem erkrankten Körper nur das Knochengerüst übriggeblieben, indem alle fette und weiche Erde abgeschwemmt und nur der magere Körper des Landes zurückgeblieben ist. Damals aber, als es noch unversehrt war, hatte es Berge mit hoher Erddecke, wie auch seine Ebenen, jetzt als „steinicht" bezeichnet, voll fetter Erde waren. Auch Holz hatte es reichlich auf den Bergen, wovon noch jetzt deutliche Spuren vorhanden sind; denn von den Bergen bieten zwar manche jetzt nur den Bienen Nahrung, doch ist es noch gar nicht lange her, daß das Dachgebälke großer Häuser noch wohlerhalten dastand, das man aus den Bäumen der Berge hergestellt hatte. Daneben gab es auch viele hohe veredelte Fruchtbäume, und Weide für das Vieh gab es in unglaublicher Menge. Ferner erfreute sich das Land durch Zeus eines jährlichen Regengusses, der ihm nicht wie jetzt durch Abfluß über den kahlen Boden weg verloren ging; denn der Boden nahm diese reiche Wasserfülle in sich selbst auf und bewahrte sie in einer schützenden Schicht von Tonerde; so konnte er das eingesogene Wasser von den Höhen in die Vertiefungen fließen lassen und bot so aller Orten reichliche Nahrung für Quellen und Flüsse. Noch jetzt gibt es an ehemaligen Quellen heilige Anzeichen, welche die Wahrheit dieser Erzählung bestätigen.

5. Was also die Landschaft im Ganzen betrifft, so war sie von der Natur auf diese Weise ausgestattet worden; dazu gesellte sich noch wie zu erwarten, die sorgsame Pflege durch Landwirte, die diesem Namen wirklich Ehre machten und in dieser ihrer Arbeit ihre eigentliche Aufgabe sahen, dabei Sinn hatten für das Schöne und alles Höhere, bevorzugt durch den Besitz des besten Bodens, bei reichlichster Wasserfülle und durch ein Klima, das nichts zu wünschen übrig ließ. Was aber die Stadt anlangt, so zeigte sie damals folgende Anlage: Zunächst bot die Burg (Akropolis) mit ihren Umgebungen dem Auge damals ein ganz anderes Bild als jetzt; denn jetzt zeigt sie sich entblößt ihres alten Erdreichtums: eine einzige, außergewöhnlich regneri-

sche Nacht hat das Erdreich fortgeschwemmt, da gleichzeitig auch Erdbeben und eine ungeheure Wasserflut eintraten, die dritte vor der verheerenden deukalionischen Flut. Ihr früherer Umfang in alter Zeit reichte bis hinab an den Eridanos und Ilissos, schloß die Pnyx in sich und hatte der Pnyx gegenüber den Berg Lykabettos zur Grenze; auch zeigte sie durchweg noch hoch aufgeschichtetes Erdreich und war oben bis auf Weniges eben. In der Umgebung der Burg, unmittelbar an den Abhängen derselben, wohnten die Handwerker und die Landleute, die das nächstliegende Land bebauten; die Höhe selbst aber hatte das Kriegergeschlecht ausschließlich zu seiner Wohnstätte gemacht rings um das Heiligtum der Athene und des Hephaistos herum und sie wie den Garten eines gemeinsamen Hauses mit einer alles umfassenden Mauer umzogen. Nach Norden zu lagen die von ihnen bewohnten Häuser, wo sie im Winter ihre gemeinsamen Mahlzeiten hielten und alles zur Hand hatten, was für das staatliche Gemeinschaftsleben in bezug auf Wohnungen für sie selbst und die Priester wünschenswert war, abgesehen nur von Gold und Silber, deren Gebrauch sie durchweg strengstens mieden. Denn sie hielten eine Mittelstraße inne zwischen Hochmut und niedriger Sinnesweise und begnügten sich demnach mit einer bescheidenen Einrichtung ihrer Wohnungen, in denen sie selbst wie auch noch ihre Kindeskinder alt wurden, um sie wieder anderen von gleicher Art immer in dem nämlichen Zustande zu übergeben. Was aber die Südseite anlangt, so ließen sie sie frei und benutzten sie im Sommer als Gärten, Ringschulen und Speisesäle, da es ja dann keiner Baulichkeiten bedurfte. Von Quellen gab es nur eine einzige, an der Stelle der heutigen Burg, als deren Reste noch jetzt ringsum die kleinen Rinnsale zu sehen sind, nachdem die Quelle selbst durch die Erdbeben zugrunde gegangen war. Sie versorgte die damaligen Anwohner sämtlich mit reichlicher Wassermenge, für Winter und Sommer von gleicher Güte. In dieser Weise also wohnten sie dort, als Beschützer ihrer Mitbürger wie auch als Führer der übrigen ihnen freiwillig sich anschließenden Hellenen, vor allem eifrig darüber wachend, daß die Zahl ihrer kriegsfähigen Männer und Frauen, die schon damals etwa zwanzigtausend betrug, für alle Zeit dieselbe bliebe.

6. Auf Grund dieser ihrer Eigenart sowie der Gerechtigkeit, mit der sie ihr eigenes Land und das der Hellenen verwalteten, standen sie in ganz Europa und Asien ob ihrer Körperschönheit und ihrer mannigfachen geistigen Vorzüge in hohem Ansehen und überragten an Namhaftigkeit alle ihre Zeitgenossen. Nun aber will ich euch Freunden zu gemeinsamer Kunde auch von ihren Gegnern berichten, wie es bei ihnen stand und von welchen Anfängen aus sich ihre Macht entwickelt hat, sofern nicht etwa mein Gedächtnis mich im Stiche läßt in Dingen, die ich, noch ein Knabe, einst hörte.

Doch muß ich meinem Bericht erst noch eine kurze Bemerkung vorausschicken, damit ihr euch nicht wundert, wenn ihr hellenische Namen hört, wo es sich doch um Männer von fremder Stammesart handelt; denn ihr sollt den Grund davon erfahren. Solon, der ja die Absicht hatte diese Namen für seine Dichtung zu verwenden, forschte nach ihrer eigentlichen Bedeutung und fand, daß die Ägypter, jene ältesten nämlich, welche sie aufgezeichnet hatten, dieselben in ihre Sprache übertragen hatten. Er selbst erwog nun auch seinerseits noch einmal den Sinn jeden Namens und schrieb sie sich, in unsere Sprache übertragen, auf. Und diese Niederschrift war im Besitze meines Großvaters und jetzt in dem meinigen und ist von mir in meinen Knabenjahren sorgfältig durchgenommen worden. Wenn ihr also Namen zu hören bekommt wie man sie auch hier hört, so darf euch das nicht wundernehmen, denn ihr kennt ja nun den Grund davon. Von dem langen Bericht aber lautete der Anfang folgendermaßen.

7. Bei Verteilung der ganzen Erde unter die Götter erhielten – wie bereits früher bemerkt – die einen einen größeren, die anderen einen kleineren Anteil und sie richteten Heiligtümer und Opfer für sich ein. So erhielt denn auch Poseidon die Insel Atlantis, auf der er seinen Nachkommen aus der Verbindung mit einem sterblichen Weibe ihre Wohnstätte gab und zwar an einer Stelle von folgender Beschaffenheit. Vom Meere her nach der Mitte der ganzen Insel hin lag eine Ebene, wie es keine schönere und an Bodenbeschaffenheit trefflichere gegeben haben soll. An sie schloß sich, wieder nach der Mitte zu, vom Meere etwa fünfzig Stadien entfernt, ein nach allen Seiten niedriger Berg an. Ihn bewohnte einer der dort zu Anfang aus der Erde entsprossenen Männer namens Euenor mit seiner Gattin Leukippe. Ihrer Ehe entstammte eine einzige Tochter, Kleito. Als das Mädchen das Alter der Mannbarkeit erreicht hatte, starben Mutter und Vater. Poseidon aber, von Liebe zu ihr ergriffen, verband sich mit ihr und so umgab er denn den Hügel, auf dem sie wohnte, ihn abglättend, ringsum mit einer starken Schutzwehr. Abwechselnd nämlich fügte er kleinere und größere Ringe von Meerwasser und Erde umeinander, und zwar zwei von Erde, drei mit Meerwasser von der Mitte der Insel aus wie mit dem Zirkel abgemessen, überall gleichweit voneinander abstehend, so daß der Hügel unzugänglich für Menschen wurde; denn Schiffe und Schiffahrt gab es damals noch nicht. Ihm selbst aber, als einem Gott, war es eine leichte Mühe die Insel mit allem Nötigen auszustatten, indem er teils zwei Wassersprudel, den einen warm, den anderen kalt der Erde entquellen, teils mannigfaltige und reichliche Frucht aus ihr hervorgehen ließ. An Kindern zeugte er fünfmal Zwillingssöhne; er zog sie auf, teilte die ganze atlantische Insel in zehn Teile und sprach von dem ältesten Paare dem Erstgeborenen den mütterlichen Wohnsitz, zu mit dem rings herum liegenden Teile, den größten und besten, und machte ihn zum Könige über die anderen, die anderen aber auch zu Herrschern; denn jedem gab er die Herrschaft über viele Menschen und vieles Land. Auch Namen legte er ihnen bei, und zwar dem Ältesten und

Könige den, von dem ja auch die ganze Insel und das Meer, welches das Atlantische heißt, ihren Namen erhielten, weil der Name des ersten der damaligen Könige Atlas lautete. Dem nachgeborenen Zwillingsbruder, welcher als Anteil den äußersten Teil der Insel erhielt von den Säulen des Herakles bis zum Gadeirischen Lande, wie es noch jetzt in jener Gegend genannt wird, gab er den Namen, der hellenisch Eumelos, in der Landessprache Gadeiros lautete, und dieser Umstand mag auch zugleich dieser Landschaft ihren Namen gegeben haben. Von dem zweiten Zwillingspaare nannte er den einen Ampheres, den anderen Euämon; von dem dritten legte er dem älteren den Namen Mneseus, dem nach ihm geborenen den Namen Autocthon bei; vom vierten nannte er den älteren Elasippos, den jüngeren Mestor; vom fünften endlich erhielt der früher geborene den Namen Azaës, der spätere den Namen Diaprepes. Diese nun sowohl selbst als auch ihre Nachkommen wohnten dort viele Menschenalter hindurch nicht nur als Herrscher über viele andere Inseln im Meere, sondern auch wie schon früher bemerkt, als Gebieter über die innerhalb (der Säulen des Herakles) Wohnenden bis nach Ägypten und Tyrrhenien.

Vom Atlas stammte denn ein zahlreiches, auch in seinen übrigen Gliedern hochangesehenes Geschlecht; was aber den König anlangt, so übergab immer der älteste dem ältesten der Nachkommen die Herrschaft; so bewahrten sie diese viele Menschenalter hindurch; dabei häuften sie eine Fülle von Reichtum an, wie er wohl weder vorher in irgendeinem Königreiche zu finden war noch so leicht späterhin sich wieder finden wird, wohlversehen mit allem, was der Bedarf der Stadt wie der des übrigen Landes forderte. Vieles nämlich wurde ihnen als Herren unterworfener Gebiete von außen zugeführt, das Meiste aber zum Bedarfe des Lebens bot die Insel selbst: zunächst alles was durch den Bergbau an gediegenem Gestein und schmelzbarem Metall aus der Erde gefördert wird, darunter auch eine Metallart, von der wir jetzt nur noch den Namen kennen, die aber damals mehr war als bloßer Name, nämlich die des Goldkupfererzes (Oreichalkos), welches damals, an vielen Stellen der Insel aus der Erde gefördert, unter diesem alten Menschengeschlecht nächst dem Golde am höchsten geschätzt ward. Ferner bot sie alles was der Wald für die Arbeiten der Zimmerleute zu liefern hat in großer Fülle, auch nährte sie reichlich zahme und wilde Tiere. Und so war denn auch das Geschlecht der Elefanten sehr zahlreich auf ihr vertreten. Denn es fand sich nicht nur für die übrigen Tiere, die in Sümpfen, Teichen und Flüssen wie auch für die, welche auf Bergen oder in der Ebene leben, kurz nicht nur für sie alle fand sich ausreichende Weide, sondern auf gleiche Weise auch für jenes von Natur größte und gefräßigste Tier. Außerdem trug und nährte sie trefflich alles, was auch jetzt noch die Erde an wohlriechenden Erzeugnissen gedeihen läßt, an Wurzeln, Gras, Holz oder Säften, sei es daß diese Säfte aus Blüten oder aus Früchten

hervorquellen. Dazu kam noch die „milde Frucht" und die trockene, deren wir zur Nahrung bedürfen, sowie alle die Frucht, die uns zur Speise dient und die wir mit einem zusammenfassenden Namen „Gemüse" nennen, ferner die, welche baumartig wächst und Trank und Speise und Salböl liefert, ferner die schwer aufzubewahrende Frucht der Obstbäume, welche uns zur Kurzweil und zur Erheiterung geschaffen ist, sowie alle, welche wir als Reizmittel des gesättigten Magens dem Erschlaffenden als erwünschte Gabe zum Nachtisch auftragen – alles dies brachte die Insel, deren Klima damals Sonnenwärme mit Feuchtigkeit verband, in vortrefflicher und erstaunlicher Güte sowie in unermeßlicher Menge hervor. Indem nun die Herrscher dies alles von der Erde empfingen, gründeten sie Tempel, Königshäuser, Häfen und Schiffswerften und gaben auch dem ganzen übrigen Lande seine Einrichtungen, wobei sie folgende Ordnung einhielten.

8. Zuerst überbrückten sie die Wasserringe, welche die alte Mutterstadt umgaben, um einen Weg aus und zu der Königsburg zu schaffen. Die königliche Burg aber errichteten sie gleich zu Anfang an dem Wohnorte des Gottes und ihrer Vorfahren und so empfing sie denn der eine vom anderen, in der weiteren Ausschmückung nach Kräften stets seine Vorgänger übertreffend, bis sie denn diesem ihrem Wohnsitz durch die Größe und Schönheit ihrer Werke ein Aussehen verliehen hatten, das Staunen erregte. Sie gruben nämlich vom Meere aus einen Kanal, drei Plethren breit, hundert Fuß tief und fünfzig Stadien lang bis zu dem äußersten Ringe und ermöglichten so die Schiffahrt vom Meere dahin wie in einen Hafen, indem sie den Damm in einer Breite durchbrachen, die den größten Schiffen Einfahrt gewährte. Und so durchbrachen sie auch die Erdringe, welche die Wasserringe trennten, in der Nähe der Brücken so weit, daß man gerade mit einem Dreiruderer von einem zum andern fahren konnte. Die Öffnungen aber überbrückten sie, so daß man unter diesen Überbrückungen wegfuhr; denn die Ränder der Erdringe hatten eine hinreichend über das Wasser emporragende Höhe. Es hatte aber der größte von den Ringen, in welchen das Meer hineingeleitet worden war, eine Breite von drei Stadien, und ihm war der nächstfolgende Erdring gleich. Von dem zweiten Ringpaar hatte der nasse Ring eine Breite von zwei Stadien, der trockene war mit dem vorhergehenden nassen gleich breit. Eines Stadiums Breite hatte der Wasserring, der die in der Mitte liegende Insel unmittelbar umgab. Die Insel aber, auf welcher die königliche Burg lag, hatte einen Durchmesser von fünf Stadien. Diese nun umgaben sie rings herum mit einer steinernen Mauer, ebenso die Erdlinge von der einen Seite der ein Plethron breiten Brücke bis zur andern Seite, an der Brücke aber bei den Durchgängen zum Meere errichteten sie Türme und Tore. Die Steine dazu, teils weiß teils schwarz teils rot, brachen sie ringsum unten am Rande der in der Mitte liegenden Insel und unten an den Ringen außerhalb wie innerhalb; bei dem Brechen derselben verfuh-

ren sie aber so, daß sie dadurch zugleich nach Innen doppelte Hohlräume als Schiffsarsenale gewannen, vom Felsen selbst überdeckt. Die Gebäude aber, die sie aufführten, waren teils einfarbig, teils aber waren sie auch aus verschiedenfarbigen Steinen zusammengesetzt, zur Augenweide; denn diese Zusammenstellung übt einen natürlichen Reiz aus. Sodann faßten sie die um den äußersten Ring herumlaufende Mauer in ihrem ganzen Umfang mit Erz ein, indem sie es ähnlich wie Salböl verwendeten; die innere umkleideten sie mit geschmolzenem Zinn und die Mauer um die Burg selbst mit Goldkupfererz, welches einen feurigen Glanz hatte.

9. Die königliche Wohnung innerhalb der Burg war folgendermaßen eingerichtet. In der Mitte befand sich dort ein der Kleito und dem Poseidon geweihter, dem öffentlichen Besuch entzogener Tempel, eingefaßt mit einer goldenen Mauer, derselbe, in welchem sie einst das Geschlecht der zehn Fürsten erzeugt und hervorgebracht hatten. Dorthin brachte man auch jährlich aus allen zehn Anteilen einem jeden dieser Nachkommen die Erstlinge als Opfergaben. Der Tempel des Poseidon selbst hatte eine Länge von einem Stadium, eine Breite von drei Plethren und eine für das Auge dementsprechende Höhe, in seiner ganzen Form aber verleugnete er nicht eine gewisse Verwandtschaft mit Barbarentum. Den ganzen Tempel überzogen sie von außen mit Silber, mit Ausnahme der Zinnen, diese aber mit Gold. Was aber das Innere betrifft, so konnte man die elfenbeinerne Decke ganz mit Gold, Silber und Goldkupfererz verziert sehen, alles andere aber an Mauern, Säulen und Fußboden belegten sie mit Goldkupfererz. Auch stellten sie goldene Bildsäule darin auf, und zwar den Gott selbst auf einem Wagen stehend als Lenker von sechs geflügelten Rossen und in solcher Größe, daß er mit dem Scheitel die Decke berührte ringsherum aber hundert Nereiden auf Delphinen, denn so viel gab es ihrer nach dem Glauben der damaligen Menschen. Außerdem fanden sich darin noch zahlreiche Bildsäulen als Weihgeschenke von Privatleuten. Um den Tempel außen herum standen goldene Bilder von allen insgesamt, von den Weibern und von allen denen, die von den zehn Königen abstammten, auch viele andere große Weihgeschenke sowohl von Königen wie von Privatleuten teils aus der Stadt selbst teils von den außerhalb Wohnenden, über welche jene herrschten. Auch der Altar entsprach an Größe und Art der Herstellung dieser Ausstattung, und die Königswohnung war auf gleiche Weise ebensowohl der Größe des Reiches wie auch der Ausschmückung der Heiligtümer angemessen.

Die Quellen aber, die mit dem kalten und die mit dem warmen Wasser, die eine unerschöpfliche Wasserfülle boten und die beide, jede in ihrer Art, durch ihren natürlichen Wohlgeschmack und die Güte ihres Wassers für den Gebrauch nach beiden Seiten sich wunderbar eigneten, verwerteten sie in nützlichster Weise: ringsum nämlich in

der Nähe derselben legten sie Gebäude und für Bewässerung besonders empfängliche Baumpflanzungen an; dazu ferner richteten sie ringsum Wasserbehälter ein, teils unter freiem Himmel, teils zu warmen Bädern für den Winter in bedeckten Räumen und zwar abgesondert voneinander die für den König und die für die Untertanen, und noch andere für Frauen und auch für die Pferde und die übrigen Zugtiere, durchweg mit der angemessenen Ausstattung für die einzelnen versehen. Das abfließende Wasser aber leiteten sie in den Hain des Poseidon, der sich dank der Güte des Bodens durch die Schönheit und den wunderbar hohen Wuchs seiner Bäume mannigfachster Art auszeichnete, zum Teil auch auf die äußeren Erdwälle durch Kanäle über die Brücken weg. In der Umgebung dieser Wasserleitungen waren teils zahlreiche Heiligtümer für eine Reihe von Göttern, teils Gärten und Ringplätze in großer Zahl angelegt, sowohl für die gymnastischen Übungen der Männer selbst wie für die Übungen mit Rossegespannen, gesondert auf jedem der beiden Erdringe. Überdies befand sich auch in der Mitte der größeren Insel eine auserlesene Rennbahn, ein Stadium breit und der Länge nach sich um den ganzen Umkreis erstreckend zur uneingeschränkten Wettkampfleistung für die Gespanne. Um dieselbe lagen zu beiden Seiten die Wohnungen für die Mehrzahl der Trabanten. Den Zuverlässigeren aber war auf dem kleineren und näher an der Burg gelegenen Erdring die Wacht übertragen; denen hingegen, die an Treue sich vor allen anderen hervortaten, waren ihre Wohnungen auf der Burg selbst in der unmittelbaren Nähe des Königs angewiesen. Die Schiffsarsenale waren voll von Dreiruderern und mit allem, was zur Ausrüstung von Dreiruderern gehört bestens versehen.

So also war es mit der Ausstattung des Wohnsitzes der Könige bestellt. Wenn man aber die drei außerhalb befindlichen Häfen überschritten hatte, so traf man auf eine vom Meere beginnende und von da im Kreise umlaufende Mauer; von dem größten Ringe und Hafen war sie überall fünfzig Stadien entfernt und lief, (im Kreise) sich schließend, wieder zur Ausgangsstelle zurück, nämlich zur Mündung des Kanals, der vom Meere ausging. Dieses Ganze aber war umgeben von dichtgedrängten Wohnungen, der Ausfahrtsplatz aber und der größte Hafen wimmelte von Schiffen und Kaufleuten, die von allen Orten dort zusammenströmten und durch ihr massenhaftes Auftreten bei Tage wie bei Nacht Geschrei, Getümmel und Lärm mannigfacher Art verursachten.

10. Was sich auf die Stadt und auf jenen alten Wohnsitz bezieht, das ist nun von mir ziemlich so, wie es damals erzählt wurde, vorgetragen. Nun gilt es das übrige Land nach seiner natürlichen Beschaffenheit und der Art der Verwaltung zu schildern. Zunächst ward das Gelände im ganzen als Hochland und als schroff nach dem Meere zu abfallend geschildert, nur das Gebiet um die Stadt herum als durchweg eben. Diese die Stadt umschließende Ebene ward

aber selbst von Gebirgen umschlossen, die sich bis zum Meere hinabzogen, während sie ihrerseits eine glatte und gleichmäßige Fläche bildete, im ganzen von länglicher Gestalt wie ein Rechteck, auf der einen Seite dreitausend Stadien, in der Richtung vom Meere her in der Mitte zweitausend Stadien lang. Im Verhältnis zur ganzen Insel lag dieser Teil nach Süden zu, geschützt gegen den Nordwind. Die Berge aber, welche sie umgaben, übertrafen, wie die Lobpreisungen des damaligen Geschlechtes ergeben, an Menge, Größe und Schönheit alle jetzt vorhandenen; sie umfaßten viele Flecken mit zahlreicher Bevölkerung, ferner Flüsse, Seen und Wiesen, die allen Arten zahmer und wilder Tiere Nahrung boten, sowie zahlreiche Waldungen, die bei der großen Mannigfaltigkeit der Baumarten für alle Handwerker im ganzen wie im Einzelnen unerschöpflichen Rohstoff lieferten. Folgendes nun war die natürliche Beschaffenheit der Ebene und die Gestaltung, die sie durch die Fürsorge vieler Könige in langer Zeit erhalten hatte. Sie hatte die Gestalt eines regelmäßigen, länglichen Vierecks; was daran fehlte, war gerade gerichtet worden, indem ein Graben rings herum gezogen worden war. Was die Tiefe, Breite und Länge desselben anlangt, so klingt es bei einem Werk von Menschenhand zwar unglaublich, wenn erzählt ward, daß zu den anderen Arbeitsleistungen auch noch dies hinzukomme, doch muß ich berichten, was ich gehört habe. Ein Plethron tief nämlich ward er gegraben und überall ein Stadion breit; um die ganze Ebene also herumgezogen gab das eine Länge von zehntausend Stadien. Er nahm die von den Bergen herabströmenden Gewässer auf und, rings um die Ebene herumfließend und die Stadt zu beiden Seiten berührend, ließ er sie auf folgende Weise ins Meer abfließen. Von seinem oberen Teile her wurden nämlich von ihm geradlinige Kanäle meist hundert Fuß breit in die Ebene geführt, welche wieder in den vom Meere aus gezogenen Kanal einmündeten, und zwar jeder dieser Kanäle hundert Stadien von dem andern entfernt. Auf ihnen schafften sie denn das Holz von den Bergen in die Stadt und brachten auch die sonstigen Landeserzeugnisse zu Schiffe heran durch Verbindungskanäle, die sie zwischen den Hauptarmen in der Quere und nach der Stadt hin anlegten. Zweimal im Jahre ernteten sie ein, wozu ihnen im Winter der Regen des Zeus verhalf, während sie im Sommer das der Erde entquellende Wasser aus den Kanälen herbeileiteten.

Was aber die Volksmenge anlangt, so bestand die Anordnung, daß jedes Landgrundstück in der Ebene aus der kriegstüchtigen männlichen Bevölkerung einen Anführer stellen sollte; die Größe jedes Landloses aber betrug durchschnittlich zehn Quadratstadien, die Gesamtzahl aller dieser Mannschaften betrug sechzigtausend. Auf den Gebirgen und im übrigen Lande gab es, wie erzählt ward, eine unendliche Menschenmasse, alle aber waren nach Ortschaften und Flecken einem dieser Landlose und dem betreffenden Anführer zugewiesen. Die Führer mußten der geltenden Ordnung gemäß je sechs immer einen Kriegswagen stellen,

im ganzen zehntausend Wagen, zwei Rosse und Reiter, ferner ein Zweigespann ohne Sessel, auf dem ein Krieger mit kleinem Schild seinen Platz hatte, der im Kampfe heruntersteig, und neben diesem Kämpfer noch ein Lenker für die beiden Rosse; außerdem mußte jeder noch zwei Schwerbewaffnete stellen und je zwei Bogenschützen und Schleuderer, je drei leicht bewaffnete Stein- und Speerwerfer und vier Seeleute zur Bemannung der zwölfhundert Schiffe. So war das Kriegswesen des königlichen Staates eingerichtet, von den übrigen neun aber hatte jeder seine besonderen Einrichtungen, über die zu berichten zu viel Zeit erfordern würde.

11. Für die Verteilung der Ämter und Ehrenstellen aber waren von Anfang ab folgende Anordnungen getroffen. Von den zehn Königen war ein jeder in seinem Gebiete mit dem Wohnsitz in seiner Stadt Herr über die Bewohner und über die meisten Gesetze, so daß er strafte und hinrichten ließ, wen er wollte. Die Herrschaft und Gemeinschaft unter ihnen selbst aber ward aufrecht erhalten nach den Anordnungen des Poseidon, wie sie ihnen das Gesetz und die Inschrift überlieferte, die von den Urvätern auf einer Säule aus Goldkupfererz eingegraben war; sie stand mitten auf der Insel im Heiligtum des Poseidon. Dort versammelten sie sich abwechselnd bald jedes fünfte, bald jedes sechste Jahr, um die ungerade Zahl nicht vor der geraden zu bevorzugen, und berieten hier in persönlicher Berührung über die gemeinsamen Angelegenheiten, untersuchten ferner, ob sich einer einer Übertretung schuldig gemacht hätte, und saßen darüber zu Gericht. Waren sie aber schlüssig, ein Gericht abzuhalten, so gaben sie einander zuvor folgendes Unterpfand. In dem heiligen Bezirke des Poseidon trieben sich frei weidende Stiere herum; nun veranstalteten die zehn (Herrscher) ganz allein, nachdem sie zu dem Gott gefleht, er möge sie das ihm erwünschte Opferstück fangen lassen, eine Jagd ohne Eisen bloß mit Stöcken und Stricken; denjenigen Stier aber, den sie fingen, schafften sie auf die Säule hinauf und schlachteten ihn auf der Höhe derselben über der Inschrift. Auf der Säule aber befand sich außer dem Gesetze noch eine Schwurformel mit wuchtigen Verwünschungen gegen die Ungehorsamen. Wenn sie nun nach gesetzmäßigem Vollzuge des Opfers alle Glieder des Stieres dem Gotte als Weihegabe darbrachten, warfen sie in einen dazu vorbereiteten Mischkessel für jeden einen Tropfen geronnenen Blutes, das Übrige übergaben sie dem Feuer, nachdem sie die Säule ringsherum gereinigt hatten. Hierauf schöpften sie mit goldenen Trinkschalen aus dem Mischkessel und schwuren, von ihren Schalen ins Feuer spendend, sie würden nach den Gesetzen auf der Säule richten und Strafe verhängen, wenn einer von ihnen sich vorher einer Übertretung schuldig gemacht hätte, was aber die Zukunft anlange, so würde keiner absichtlich sich einer Gesetzesübertretung schuldig machen und weder selbst anders als gesetzmäßig herrschen noch einem Herrscher gehorchen, der sich in seinen Anordnungen nicht nach den Gesetzen des Vaters

richte. Nachdem ein jeder von ihnen dies für sich selbst und für seine Nachkommen gelobt hatte, trank er und weihete die Schale in das Heiligtum des Gottes. Dann könnten sie sich Zeit für das Mahl und für die notwendige Körperpflege. Sobald aber die Dunkelheit hereinbrach und das Opferfeuer erloschen war, legten alle ein dunkelblaues Gewand von wunderbarer Schönheit an und so, bei der Glut der Eidesopfer am Boden sitzend und alles Feuer um das Heiligtum herum auslöschend, ließen sie nächtlicher Weile dem Rechte als Richter und Gerichtete seinen Lauf, wenn einer von ihnen den anderen irgendeiner Übertretung beschuldigte. Das Urteil aber, welches sie gefällt, trugen sie, sobald es Tag ward, auf eine goldene Tafel ein, die sie als Gedenktafel aufstellten mitsamt den Gewändern. Es gab aber noch viele andere Gesetze über die besonderen Gerechtsame der einzelnen Könige, die wichtigsten Bestimmungen aber waren die, daß sie niemals einander bekriegen, sondern sich alle gegenseitig beistehen sollten, wenn etwa irgendeiner von ihnen in einem der Staaten das königliche Geschlecht zu vernichten unternähme; dabei sollten sie aber gemeinsam, wie die Vorfahren, über Krieg und sonstige Unternehmungen beraten und die Oberleitung dem Geschlechte des Atlas überlassen; doch sollte der König nicht das Recht haben, einen seiner Verwandten zum Tode zu verurteilen, wenn nicht mindestens sechs von den zehn Herrschern ihre Zustimmung gäben.

12. Diese so gewaltige und so großartige Macht, die damals in jenen Gegenden bestand, ließ Gott nun in kriegsmäßigem Zusammenschluß gegen unsere Gegenden hier vorbrechen, und zwar, wie es heißt, aus folgendem Grunde. Viele Menschenalter hindurch, so lange des Gottes Natur sich in ihnen noch fühlbar machte, blieben sie den Gesetzen gehorsam und verleugneten nicht ihre Verwandtschaft mit der Gottheit. Denn ihre Sinnesweise war von hoher Art, wahrhaftig und durchaus großherzig; etwaigen Schicksals-

schlägen gegenüber sowie im Verkehr miteinander zeigten sie sich gelassen und zugleich einsichtsvoll; in ihren Augen hatte nur die Tugend wahren Wert; warum achteten sie die vorhandenen Glücksgüter gering und machten sich nichts aus der Masse des Goldes und übrigen Besitzes, die ihnen eher wie eine Last erschienen. Weit entfernt also, trunken von dem Schwelgen in ihrem Reichtum, ihrer selbst nicht mächtig, zu Falle zu kommen, erkannten sie nüchternen Sinnes in voller Schärfe, daß all dies äußere Gut nur durch die Freundesgemeinschaft, gepaart mit Tugend, gedeihe, dagegen dahinschwinde, wenn alle Sorge und Wertschätzung eben nur ihm zugewendet ist, und dann werde denn auch die Tugend mit in den Abgrund gerissen. Infolge dieser Denkungsart und des fortwirkenden Einflusses der göttlichen Natur gedieh ihnen alles, dessen wir vorher gedacht haben. Als aber, was Göttliches in ihnen war, durch starke und häufige Mischung mit Sterblichem mehr und mehr dahinschwand, und menschliche Sinnesweise die oberhand bekam, da erst zeigten sie sich unfähig sich mit dem Vorhandenen richtig abzufinden, schlugen aus der Art und erniedrigten sich in den Augen aller Urteilsfähigen dadurch, daß sie von allem Wertvollen das Schönste zugrunde richteten, während sie den Urteilslosen, die kein Auge haben für den Wert eines auf wahrhafte Glückseligkeit gerichteten Lebens, nunmehr erst recht herrlich und preiswert erschienen, da sie sich ganz der rechtswidrigen Habsucht und Machtgier hingaben: Der Gott der Götter aber, Zeus, der nach Gesetzen regiert und einen scharfen Blick für dergleichen hat, beschloß, da er ein tüchtiges Geschlecht in so kläglichen Zustand versetzt sah, sie durch Strafe zu züchtigen, auf daß sie dadurch zur Besinnung gebracht und gebessert würden. So berief er denn alle Götter in ihren ehrwürdigsten Wohnsitz zusammen, der, in der Mitte der ganzen Welt gelegen, den Blick über alles gewährt, was des Werdens teilhaftig geworden, und richtete an die Versammelten folgende Worte.

Anhang 2: Fossilliste

Appendix A
Foraminiferen von Archangelos und von der Fundstelle Akrotiri I. Nach Seidenkrantz M.S. und Friedrich, W.L. 1992. (Die Zahlen geben die Häufigkeit in Prozent an.)

BENTHISCHE FORAMINIFEREN

Ammonia beccarii s.s. (Linné, 1758 = Nautilus beccarii)1.0
Ammonia beccarii, var. sobrinus (Shupack, 1934 = Rotalia beccarii, var. sobrina) 17.7
Anomalinoides ornatus (Costa, 1850 = Nonionina ornata) 0.8
Asterigerinata mamilla (Williamson, 1858 = Rotalia mamilla) 4.6
Asterigerinata planorbis (d'Orbigny, 1846 = Asterigina planorbis) 0.1
Biloculinella depressa (d'Orbigny, 1826 = Biloculina depressa) 0.1
Bulimina gibba Fornasini, 1902 0.2
Cancris auriculus (Fishtel & Moll, 1798 = Nautilus auricula) 0.1
Cassidulina laevigata d'Orbigny, 1826 1.8
Cassidulina obtusa Williamson, 1858 0.5
Cibicides lobatulus (Walker & Jacob, 1798 = Nautilus lobatulus) 11.9
Cibicides refulgens Montfort, 1808 0.5
Discorbinella sp. 0.1
Elphidium aculeatum (d'Orbigny, 1846 = Polystomella aculeata) 0.7
Elphidium advenum (Cushman, 1922 = Polystomella advena) 0.4
Elphidium articulatum (d'Orbigny, 1839 = Polystomella articulatum) 0.2
Elphidium complanatum (d'Orbigny, 1839 = Polystomella complanata) 1.2
Elphidium complanatum, var. tyrrhenianum Accordi, 1951 0.6
Elphidium crispum (Linné, 1758 = Nautilus crispum) 5.2
Elphidium fichtellianum (d'Orbigny, 1846 = Polystomella fichtelliana) 2.2
Elphidium macellum (Fishtel & Moll, 1798 = Nautilus macellus) 4.6
Elphidium sp. 0.1
Eponides turgidus Phleger & Parker, 1951 0.1
Fissurina sp. 0.1
Gavelinopsis praegeri (Heron-Allen & Earland, 1913 = Discorbina praegeri) 0.1

Globocassidulina subglobosa (Brady, 1881 = Cassidulina subglobosa) 1.9
Globulina gibba d'Orbigny, 1826 0.5
Guttulina sp. 0.5
Gyroidina soldanii d'Orbigny, 1826 0.2
Heterolepa pseudoungeriana (Cushman, 1922 = Truncatulina pseudoungeriana) 2.9
Heterolepa ungeriana (d'Orbigny, 1846 = Rotalia ungeriana) 0.4
Laryngosigma lactea (Walker & Jacob, 1798 = Serpula lactea) 0.5
Melonis barleeanus (Williamson, 1858 = Nonionina barleeana) 4.3
Miliolinella cf. M. fichteliana (d'Orbigny, 1839 = Triloculina fichteliana) 0.1
Miliolinella subrotunda (Montagu, 1803 = Vermiculum subrotundum) 2.5
Neoconcorbina millettii (Wright, 1910 = Discorbis millettii) 6.4
Ninion limbum (d'Orbigny, 1826 = Nonionina limba) 2.4
Osangularia culter (Parker & Jones, 1865 = Planorbulina culter) 1.0
Paromalina bilateralis Loeblich & Tappan, 1957 0.1
Patellina corrugata Williamson, 1858 0.1
Planorbulina mediterranensis d'Orbigny, 1826 0.2
Planulina ariminensis d'Orbigny, 1826 1.1
Pyrgo tubulosa (Costa, 1856 = Biloculina tubulosa) 0.2
Pyrgo elongata (d'Orbigny, 1826 = Biloculina elongata)0.2
Quinqueloculina lamarchiana d'Orbigny, 1839 0.2
Quinqueloculina lata Terquem, 1876 0.2
Quinqueloculina longirostra d'Orbigny, 1826 0.1
Quinqueloculina oblonga (Montagu, 1803 = Vermiculum oblongum) 0.7
Quingueloculina padana Perconig, 1954 0.1
Quinqueloculina seminulum s.l. (Linné, 1758 = Serpula seminulum) 6.3
Quinqueloculina venusta Karrer, 1868 0.1
Quinqueloculina vulgaris d'Orbigny, 1826 1.2
Rosalina bradyi (Cushman, 1915 = Discorbis globularis, var. bradyi) 0.1
Rosalina cf. R. bradyi (Cushman, 1915 = Discorbis globularis, var. bradyi) 0.7
Rosalina carnivora Todd, 1965 0.1
Rosalina concinna d'Orbigny, 1826 0.2
Rosalina globularis d'Orbigny, 1826 1.0
Rosalina aff. R. macropora (Hofker, 1951 = Discopulvinolina macropora) 2.3

Sigmomorphina semitecta (Reuss, 1867 = *Polymorphina semitecta*) 0.1
Spiroloculina depressa d'Orbigny, 1826 .... 0.1
Spiroloculina excavata d'Orbigny, 1846 .... 0.4
Stomatorbina concentrica (Parker & Jones, 1864 = *Pulvinulina concentrica*) 1.3
Textularia candeiana d'Orbigny, 1839 .... 0.1
Textularia pseudogramen Chapman & Parr, 1937 ... 0.4
Textularia pseudorugosa Lacroix, 1931 .... 0.1
Trifarina angulosa (Williamson, 1858 = *Uvigerina angulosa*) 0.5
Triloculina inflata d'Orbigny, 1826 .... 0.8
Triloculina oblonga (Montagu, 1803 = *Vermiculum oblongum*) 0.4
Triloculina trigonula (Lamarck, 1804 = *Miliolite trigonula*) 0.1
Uvigerina flintii Cushman, 1923 .... 0.2
Valvulineria complanata (d'Orbigny, 1846 = *Rosalina complanata*) 0.1
Andere Miliolidae 0.5
Indeterminata 1.7
MATERIAL: 831 benthische Exemplare.

PLANKTISCHE FORAMINIFEREN
Orbulina universa d'Orbigny, 1839 .... 45.0
Neogloboquadrina pachyderma (Ehrenberg, 1861 = *Aristerospira pachyderma*) 22.5
Globigerinoides conglubatus (Brady, 1879 = *Globigerina conglubata*)
Globigerinoides ruber (d'Orbigny, 1839 = *Globigerina ruber*) 20.0
Globigerinella siphonifera (d'Orbigny, 1839 = *Globigerina siphonifera*) 7.5
Globorotalia inflata (d'Orbigny, 1839 = *Globigerina inflata*) 5.0
MATERIAL: 40 planktische Exemplare.

Appendix B
Foraminiferen Funde von der Fundstelle Akrotiri II

BENTHISCHE FORAMINIFEREN
Ammonia beccarii s.l. (Linné, 1758 = *Nautilus beccarii*) 2.7
Asterigerinata planorbis (d'Orbigny, 1846 = *Asterigina planorbis*) 2.7
Cassidulina laevigata d'Orbigny, 1826 .... 2.7
Cibicides lobatulus (Walker & Jacob, 1798 = *Nautilus lobatulus*) 2.7
Nummoloculina contraria (d'Orbigny, 1846 = *Biloculina contraria*) 2.7
Pyrgo comata (Brady, 1881 = *Biloculina comata*) ... 2.7
Pyrgo elongata (d'Orbigny, 1826 = *Biloculina elongata*) 5.4
Pyrgo tubulosa (Costa, 1856 = *Biloculina tubulosa*) ... 2.7

Quinqueloculina lamarchina d'Orbigny, 1839 ... 2.7
Quinqueloculina lata Terquem, 1876 .... 5.4
Quinqueloculina padana Perconig, 1954 .... 14.5
Quinqueloculina seminulum (Linné, 1758 = *Serpula seminulum*) 32.4
Quinqueloculina vulgaris d'Orbigny, 1846 .... 10.8
Sphaeroidina bulloides d'Orbigny, 1826 .... 5.4
Triloculina inflata d'Orbigny, 1826 .... 5.4
MATERIAL: 37 benthische Exemplare.

PLANKTISCHE FORAMINIFEREN
Globorotalia inflata (d'Orbigny, 1839 = *Globigerina inflata*) 8.0
Globigerinella siphonifera (d'Orbigny, 1839 = *Globigerina siphonifera*) 4.0
Globigerinoides conglubatus (Brady, 1879 = *Globigerina conglubata*) 4.0
Orbulina universa d'Orbigny, 1839 .... 68.0
Indeterminata 16.0
MATERIAL: 25 planktische Exemplare.

Appendix C
Foraminiferen Funde von Kap Loumaravi

BENTHISCHE FORAMINIFEREN
Ammonia beccarii, var. *sobrinus* (Shupack, 1934 = *Rotalia beccarii*, var. *sobrina*) 0.4
Anomalinoides ornatus (Costa, 1850 = *Nonionina ornata*) 14.1
Bolivina pseudoplicata Heron-Allen & Earland, 1930 ... 0.2
Bulimina aculeata d'Orbigny, 1826 .... 0.2
Cassidulina crassa d'Orbigny, 1839 .... 0.4
Cassidulina laevigata d'Orbigny, 1826 .... 0.2
Chilostomella mediterranensis Cushman & Todd, 1949 4.5
Cibicides fletcheri Galloway & Wissler, 1927 ... 0.2
Cibicides lobatulus (Walker & Jacob, 1798 = *Nautilus lobatulus*) 0.9
Cibicidoides pachydermus (Rzehak, 1953 = *Truncatulina pachyderma*) 12.2
? Discorbis sp. 1.4
Eggerella bradyi (Cushman, 1911 = *Verneilina bradyi*) 0.4
Elphidium complanatum (d'Orbigny, 1839 = *Polystomella complanata*) 1.3
Elphidium complanatum, var. *tyrrhenianum* Accordi, 1951 ... 0.2
Elphidium macellum (Fishtel & Moll, 1798 = *Nautilus macellus*) 0.2
Epistominella sp. 0.2
Fissurina orbignyana Seguenza, 1826 .... 0.2
Florilus asterizans (Fichtel & Moll, 1798 = *Nautilus asterizans*) 0.4

Globocassidulina subglobosa (Bradyi, 1881 = *Cassidulina subglobosa*)   1.7

Gyroidina neosoldanii Brotzen, 1936   0.9

Gyroidina soldanii d'Orbigny, 1826   12.7

Heterolepa pseudoungeriana (Cushman, 1922 = *Truncatulina pseudoungeriana*)   0.7

Hyalinea balthica (Schroeter, 1783 = *Nautilus balthicus*)0.2

Kareriella bardyi (Cushman, 1911 = *Gaudryina bradyi*) 0.2

Lenticulina orbicularis (d'Orbigny, 1826 = *Robulina orbicularis*)   0.2

Lenticulina thalmanni (Hessland, 1943 = *Robulus thalmanni*)   0.2

Loxostomoides sp.   0.2

Martinotinella sp.   0.2

Melonis barleeanus (Williamson, 1858 = *Nonionina barleeana*)   17.5

Nonion limbum (d'Orbigny, 1826 = *Nonionina limba*)
                                                         2.6

Oridorsalis stellatus (Silvestri, 1898 = *Truncatulina tenera* ?, var. *stellata*)   0.4

Pyrgo elongata (d'Orbigny, 1826 = *Biloculina elongata*)0.2

Rosalina cf. *R. bradyi* (Cushman, 1915 = *Discorbis globularis*, var. *bradyi*)   0.2

Sphaeroidina bulloides d'Orbigny, 1826   1.3

Stomatorbina concentrica (Parker & Jones, 1864 = *Pulvinulina concentrica*)   0.2

Trifarina angulosa (Williamson, 1858 = *Uvigerina angulosa*)   0.4

Uvigerina flintii Cushman, 1923   1.1

Uvigerina mediterranea Hofker, 1932 21.5 *Uvigerina*

peregrina Cushman, 1923   0.7

Uvigerina proscidea Schwager, 1866   0.2

Valvulineria complanata (d'Orbigny, 1846 = *Rosalina complanata*)   0.6

Indeterminata   0.7

MATERIAL: 543 benthische Exemplare

PLANKTISCHE FORAMINIFEREN

Globigerina bulloides d'Orbigny, 1826   1.0

Globigerinoides conglubatus (Brady, 1879 = *Globigerina conglubata*)

Globigerinoides ruber (d'Orbigny, 1839 = *Globigerina ruber*)   31.4

Globorotalia crassaformis (Galloway & Wissler, 1927 = *Globigerina crassaformis*)   0.1

Globorotalia inflata (d'Orbigny, 1839 = *Globigerina inflata*)   24.4

Globorotalia scitula (Brady, 1882 = *Pulvinulina scitula*)0.2

Neogloboquadrina dutertrei (d'Orbigny, 1839 = *Globigerina dutertrei*)   0.3

Neogloboquadrina pachyderma (Ehrenberg, 1861 = *Aristerospira pachyderma*)   7.4

Orbulina universa d'Orbigny, 1839   34.8

Sphaeroidinella dehiscens (Parker & Jones, 1865 = *Sphaeroidina dehiscens*)   0.1

Turborotalita quinqueloba (Natland, 1938 = *Globigerina quinqueloba*)   0.9

Inderteminata: 1.4

MATERIAL: 1203 planktische Exemplare

Anhang 3: Florenliste

Die Florenliste von Santorin

nach Thomas Raus in: Helmut Schmalfuss: *Santorin –
Leben in Schutt und Asche* (Josef Markgraf) 1990

A. PTERIDOPHYTA
(Farngewächse)

EQUISETACEAE
(Schachtelhalme)
 Equisetum ramosissimum

OPHIOGLOSSACEAE
(Natternzungengewächse)
 Ophioglossum lusitanicum

POLYPODIACEAE
(Tüpfelfarngewächse)
 Adiantum capillus-veneris
 Anogramma leptophylla
 Asplenium ceterach
 Asplenium obovatum
 Asplenium onopteris
 Cheilanthes acrostica
 Cheilanthes maderensis
 Cheilanthes vellea
 Polypodium cambricum
 Pteridium aquilinum

SELAGINELLACEAE
(Moosfarne)
 Selaginella denticulata

B. GYMNOSPERMAE
(Nacktsamer)

CUPRESSACEAE
(Zypressengewächse)
 Cupressus sempervirens
 Juniperus phoenicea

EPHEDRACEAE
(Meerträubelgewächse)
 Ephedra foeminea

PINACEAE
(Kieferngewächse)
 Pinus brutia

C. DICOTYLEDONES
(Zweikeimblättrige)

AIZOACEAE
(Mittagsblumengewächse)
 Aptenia cordifolia
 Carpobrotus acinaciformis
 Lampranthus sp.
 Mesembryanthemum crystallinum
 Mesembryanthemum nodiflorum

AMARANTHACEAE
(Fuchsschwanzgewächse)
 Amaranthus blitoides
 Amaranthus caudatus
 Amaranthus deflexus
 Amaranthus graecizans
 Amaranthus retroflexus
 Amaranthus viridis

ANACARDIACEAE
(Sumachgewächse)
 Pistacia lentiscus

APOCYNACEAE
(Hundsgiftgewächse)
 Nerium oleander

ASCLEPIADACEAE
(Seidenpflanzengewächse)
 Asclepias fruticosa

BORAGINACEAE
(Rauhblattgewächse)
Alkanna tinctoria
Anchusa aegyptiaca
Anchusa hybrida
Echium angustifolium
Echium arenarium
Echium lycopsis
Echium parviflorum
Heliotropium dolosum
Heliotropium europaeum
Heliotropium suaveolens
Heliotropium supinum
Lithospermum sibthorpianum
Myosotis arvensis
Myosotis incrassata
Myosotis ramosissima
Nonea pulla

CACTACEAE
(Kakteen)
Opuntia ficus-indica

CAMPANULACEAE
(Glockenblumengewächse)
Campanula erinus
Legousia hybrida

CANNABACEAE
(Hanfgewächse)
Cannabis sativa

CAPPARIDACEAE
(Kaperngewächse)
Capparis spinosa

CAPRIFOLIACEAE
(Geißblattgewächse)
Lonicera etrusca

CARYOPHYLLACEAE
(Nelkengewächse)
Agrostemma githago
Arenaria leptoclados
Cerastium comatum
Cerastium glomeratum
Cerastium glutinosum
Cerastium semidecandrum
Herniaria cinerea

Herniaria hirsuta
Paronychia argentea
Paronychia echinulata
Paronychia macrosepala
Petrorhagia velutina
Polycarpon tetraphyllum
Sagina apetala
Sagina maritima
Silene behen
Silene colorata
Silene cretica
Silene cythnia
Silene gallica
Silene nocturna
Silene sartorii
Silene sedoides
Silene vulgaris
Spergula arvensis
Spergularia bocconei
Stellaria pallida
Vaccaria hispanica

CHENOPODIACEAE
(Gänsefußgewächse)
Atriplex halimus
Atriplex portulacoides
Atriplex recurva
Beta maritima
Chenopodium murale
Chenopodium opulifolium
Salsola kali
Sarcocornia fruticosa

CISTACEAE
(Zistrosengewächse)
Cistus creticus
Cistus salviifolius
Fumana arabica
Fumana thymifolia
Helianthemum aegyptiacum
Helianthemum salicifolium
Tuberaria guttata

COMPOSITAE (Korbblütler)
Aetheorhiza bulbosa
Ambrosia maritima
Andryala integrifolia
Anthemis rigida
Anthemis tomentosa
Anthemis werneri
Artemisia arborescens
Argyranthemum frutescens

Asteriscus spinosus
Atractylis cancellata
Bellium minutum
Calendula arvensis
Calendula bicolor
Carduus pycnocephalus
Carlina corymbosa
Carthamus lanatus
Carthamus leucocaulos
Centaurea mixta
Chondrilla juncea
Chrysanthemum coronarium
Chrysanthemum segetum
Cichorium spinosum
Conyza bonariensis
Crepis foetida
Crepis multiflora
Crepis sancta
Crupina crupinastrum
Diotis maritima
Diffrichia graveolens
Diffrichia viscosa
Echinops spinosissimus
Filago aegaea
Filago contracta
Filago cretensis
Filago eriocephala
Filago gallica
Filago pyramidata
Filago vulgaris
Hedypnois cretica
Helichrysum barrelieri
Helichrysum italicum
Hymenonema graecum
Hyoseris scabra
Hypochoeris achyrophorus
Hypochoeris glabra
Lactuca serriola
Leontodon tuberosus
Matricaria chamomilla
Onopordon argolicum
Onopordon caulescens
Phagnalon graecum
Picris altissima
Picris pauciflora
Picnomon acarna
Reichardia picroides
Scolymus hispanicus
Scorzonera eximia
Senecio glaucus
Senecio vulgaris
Silybum marianum
Sonchus asper
Sonchus oleraceus
Sonchus tenerrimus

Taraxacum laevigatum
Taraxacum megalorrhizon
Tolpis barbata
Tragopogon sinuatus
Urosperum picroides

CONVOLVULACEAE
(Windengewächse)
Convolvulus althaeoides
Convolvulus arvensis
Convolvulus dorycnium
Convolvulus oleifolius
Convolvulus siculus
Cuscuta palaestina

CRASSULACEAE
(Dickblattgewächse)
Crassula alata
Sedum amplexicaule
Sedum hispanicum
Sedum litoreum
Sedum rubens
Sedum sediforme
Umbilicus horizontalis
Umbilicus rupestris

CRUCIFERAE
(Kreuzblütler)
Alyssum simplex
Alyssum umbellatum
Arabidopsis thaliana
Arabis verna
Biscutella didyma
Brassica rapa
Brassica tournefortii
Bunias erucago
Cakile maritima
Capsella bursa-pastoris
Cardaria draba
Clypeola jonthlaspi
Didesmus aegyptius
Erophila praecox
Eruca sativa
Erysimum senoneri
Hirschfeldia incana
Lobularia libyca
Malcolmia chia
Malcolmia flexuosa
Matthiola incana
Matthiola sinuata
Raphanus raphanistrum
Rapistrum rugosum

Sisymbrium irio
Sisymbrium orientale
Sisymbrium polyceratium
Teesdalia coronopifolia

CUCURBITACEAE
(Kürbisgewächse)
Bryonia cretica

ERICACEAE
(Heidekrautgewächse)
Erica manipuliflora

EUPHORBIACEAE
(Wolfsmilchgewächse)
Chrozophora obliqua
Euphorbia acanthothamnos
Euphorbia chamaesyce
Euphorbia dendroides
Euphorbia paralias
Euphorbia peplis
Euphorbia peplus
Euphorbia terracina
Mercurialis annua

FAGACEAE
(Buchengewächse)
Quercus coccifera

FRANKENIACEAE
(Frankeniengewächse)
Frankenia hirsuta

GENTIANACEAE
(Enziangewächse)
Blackstonia perfoliata
Centaurium tenuiflorum

GERANIACEAE
(Storchschnabelgewächse)
Erodium botrys
Erodium chium
Erodium ciconium
Erodium cicutarium
Erodium gruinum
Erodium laciniatum
Erodium neuradifolium
Geranium molle

Geranium robertianum
Geranium rotundifolium
Pelargonium graveolens

GUTTIFERAE
(Johanniskrautgewächse)
Hypericum triquetrifolium

LABIATAE
(Lippenblütler)
Ajuga iva
Ballota acetabulosa
Coridothymus capitatus
Lamium amplexicaule
Marrubium vulgare
Mentha longifolia
Origanum onites
Prasium majus
Rosmarinus officinalis
Salvia fruticosa
Salvia pomifera
Salvia verbenaca
Salvia graeca
Satureja juliana
Satureja nervosa
Satureja thymbra
Sideritis lanata
Teucrium brevifolium
Teucrium capitatum
Teucrium divaricatum

LEGUMINOSAE
(Schmetterlingsblütler)
Anthyllis hermanniae
Anthyllis vulneraria
Astragalus boeticus
Astragalus hamosus
Astragalus pelecinus
Astragalus peregrinus
Astragalus sinaicus
Bituminaria bituminosa
Calicotome villosa
Ceratonia siliqua
Coronilla scorpioides
Hedysarum spinosissimum
Hippocrepis ciliata
Hymenocarpus circinnatus
Lathyrus aphaca
Lathyrus cicera
Lathyrus clymenum
Lathyrus ochrus
Lathyrus sativus

Lathyrus saxatilis
Lathyrus setifolius
Lathyrus sphaericus
Lotus cytisoides
Lotus edulis
Lotus halophilus
Lotus ornithopodioides
Lotus peregrinus
Lupinus angustifolius
Lupinus varius
Medicago arborea
Medicago coronata
Medicago disciformis
Medicago litoralis
Medicago marina
Medicago minima
Medicago monspeliaca
Medicago orbicularis
Medicago polymorpha
Medicago praecox
Medicago rugosa
Medicago truncatula
Melilotus alba
Melilotus indica
Melilotus neapolitana
Melilotus sulcata
Onobrychis aequidentata
Onobrychis caput-galli
Ononis diffusa
Ononis ornithopodioides
Ononis pubescens
Ononis reclinata
Ornithopus compressus
Ornithopus pinnatus
Scorpiurus muricatus
Trifolium arvense
Trifolium campestre
Trifolium cherleri
Trifolium dasyurum
Trifolium glomeratum
Trifolium hirtum
Trifolium infamia-ponertii
Trifolium nigrescens
Trifolium resupinatum
Trifolium scabrum
Trifolium spumosum
Trifolium stellatum
Trifolium subterraneum
Trifolium suffocatum
Trifolium tomentosum
Trifolium uniflorum
Trigonella balansae
Trigonella coerulescens
Trigonella spruneriana
Vicia articulata

Vicia cretica
Vicia cuspidata
Vicia hybrida
Vicia lathyroides
Vicia lutea
Vicia peregrina
Vicia sativa
Vicia villosa

LINACEAE
(Leingewächse)
Linum bienne
Linum strictum

MALVACEAE
(Malvengewächse)
Lavatera arborea Lavatera cretica
Malva parviflora
Malva sylvestris

MORACEAE
(Maulbeergewächse)
Ficus carica

OROBANCHACEAE
(Sommerwurzgewächse)
Orobanche minor
Orobanche pubescens
Orobanche ramosa

OXALIDACEAE
(Sauerkleegewächse)
Oxalis corniculata
Oxalis pes-caprae

PAPAVERACEAE
(Mohngewächse)
Fumaria bastardii
Fumaria densiflora
Fumaria judaica
Fumaria parviflora
Fumaria petteri
Glaucium flavum
Hypecoum procumbens
Papaver argemone
Papaver dubium
Papaver hybridum
Papaver rhoeas
Papaver somniferum
Roemena hybrida

PLANTAGINACEAE
(Wegerichgewächse)
  Plantago afra
  Plantago albicans
  Plantago arenaria
  Plantago bellardii
  Plantago lagopus
  Plantago weldenii

PLUMBAGINACEAE
(Bleiwurzgewächse)
  Limonium graecum
  Limonium narbonense
  Limonium sinuatum
  Limonium virgatum

POLYGONACEAE
(Knöterichgewächse)
  Emex spinosa
  Polygonum arenastrum
  Polygonum convolvulus
  Polygonum equisetiforme
  Polygonum maritimum
  Rumex acetosella
  Rumex bucephalophorus
  Rumex tuberosus

PORTULACACEAE
(Portulakgewächse)
  Portulaca oleracea

PRIMULACEAE
(Schlüsselblumengewächse)
  Anagallis arvensis
  Asterolinon linum-stellatum

RANUNCULACEAE
(Hahnenfußgewächse)
  Anemone pavonina
  Consolida ajacis
  Nigella degenii
  Nigella doeffleri
  Ranunculus creticus
  Ranunculus neapolitanus
  Ranunculus paludosus

RESEDACEAE
(Resedagewächse)
  Reseda alba
  Reseda lutea
  Reseda luteola

RHAMNACEAE
(Kreuzdorngewächse)
  Rhamnus lycioides

ROSACEAE
(Rosengewächse)
  Amygdalus communis
  Sarcopoterium spinosum

RUBIACEAE
(Rötegewächse)
  Crucianella latifolia
  Galium aparine
  Galium murale
  Galium recurvum
  Galium tricornutum
  Galium spurium
  Galium verrucosum
  Rubia tinctorum
  Sheradia arvensis
  Valantia hispida
  Valantia muralis

RUTACEAE
(Rautengewächse)
  Ruta chalepensis

SANTALACEAE
(Sandelholzgewächse)
  Thesium humile

SCROPHULARIACEAE
(Braunwurzgewächse)
  Kickxia elatine
  Linaria chalepensis
  Linaria parviflora
  Linaria pelisseriana
  Linaria simplex
  Misopates orontium
  Parentucellia latifolia
  Scrophularia heterophylla
  Scrophularia lucida
  Verbascum sinuatum

Veronica cymbalaria
Veronica hederifolia
Veronica praecox

SOLANACEAE
(Nachtschattengewächse)
Datura innoxia
Hyoscyamus albus
Lycium schweinfurthii
Mandragora autumnalis
Nicotiana glauca
Solanum luteum
Solanum nigrum

TAMARICACEAE
(Tamariskengewächse)
Tamarix parviflora

THELIGONACEAE
(Hundskohlgewächse)
Theligonum cynocrambe

THYMELAEACEAE
(Seidelbastgewächse)
Thymelaea hirsuta

UMBELLIFERAE
(Doldenblütler)
Bifora testiculata
Bupleurum semicompositum
Bupleurum trichopodum
Githmum maritimum
Daucus carota
Daucus guttatus
Daucus involucratus
Eryngium maritimum
Ferula communis
Foeniculum vulgare
Lagoecia cuminoides
Pimpinella pretenderis
Pseudorlaya pumila
Scaligeria napiformis
Scandix pecten-veneris
Smyrnium olusatrum
Thapsia garganica
Tordylium apulum
Torilis leptophylla
Torilis nodosa

URTICACEAE
(Brennesselgewächse)
Partietaria cretica
Partietaria judaica
Urtica pilulifera
Urtica urens

VALERIANACEAE
(Baldriangewächse)
Centranthus ruber
Valerianella discoidea

VERBENACEAE
(Eisenkrautgewächse)
Vitex agnus-castus

ZYGOPHYLLACEAE
(Jochblattgewächse)
Tribulus terrestris

D. MONOCOTYLEDONES
(Einkeimblättrige)

AMARYLLIDACEAE
(Amaryllisgewächse)
Pancratium maritimum

ARACEAE
(Aronstabgewächse)
Arisarum vulgare

CYPERACEAE
(Riedgräser)
Cyperus rotundus

GRAMINEAE
(Süßgräser)
Aegilops biuncialis
Aegilops neglecta
Aira cupaniana
Aira elegantissima
Alopecurus myosuroides
Arundo donax
Avellinia michelii
Avena barbata
Avena sterilis

Briza maxima
Bromus fasciculatus
Bromus hordeaceus
Bromus intermedi
Bromus madritensis
Bromus rigidus
Bromus rubens
Bromus tectorum
Catapodium marinum
Catapodium rigidum
Corynephorus divaricatus
Cynodon dactylon
Cynosurus echinatus
Dactylis glomerata
Elymus farctus
Festuca arundinacea
Gastridium phleoides
Haynaldia villosa
Holcus setiglumis
Hordeum bulbosum
Hordeum leporinum
Hordeum vulgare
Hyparrhenia hirta
Lagurus ovatus
Lamarckia aurea
Lolium perenne
Lolium rigidum
Lolium subulatum
Lolium temulentum
Melica minuta
Parapholis marginata
Parapholis incurva
Phalaris canariensis
Phleum exaratum
Phleum subulatum
Piptatherum miliaceum
Poa pelasgis
Polypogon subspathaceus
Psilurus incurvus
Rostraria cristata
Schismus arabicus
Setaria adhaerens
Stipa capensis
Trachynia distachya
Triplachne nitens
Vulpia ciliata
Vulpia fasciculata
Vulpia muralis

IRIDACEAE
(Schwertliliengewächse)
Crocus laevigatus
Gynandriris sisyrhinchium
Iris florentina

Iris germanica
Romulea bulbocodium

JUNCACEAE
(Binsengewächse)
Juncus heldreichianus

LILIACEAE
(Liliengewächse)
Allium ampeloprasum
Allium bourgeaui
Allium cupanii
Allium guttatum
Allium neapolitanum
Allium staticiforme
Allium subhirsutum
Aloe vera
Asparagus aphyllus
Asparagus stipularis
Asphodelus aestivus
Asphodelus fistulosus
Colchicum cupanii
Gagea graeca
Muscari commutatum
Muscari comosum
Muscari cycladicum
Muscari weissii
Scilla autumnalis
Urginea maritima

ORCHIDACEAE
(Orchideen)
Anacamptis pyramidalis
Ophrys fusca
Ophrys iricolor
Ophrys lutea
Ophrys scolopax
Orchis anatolica
Orchis papilionacea
Orchis sancta
Serapias vomeracea

POTAMOGETONACEAE
(Laichkrautgewächse)
Posidonia oceanica
Ruppia cirrhosa

ZANICHELLIACEAE
(Teichfadengewächse)
Cymodocea nodosa

Sachregister

Personenregister